U0023186

顧客調查的觀念與技術

作者：Robert B. Woodruff & Sarah F. Gardial
譯者：李茂興

弘智文化事業有限公司

KNOW
YOUR
CUSTOMER

Robert B. Woodruff and Sarah Fisher Gardial

Chinese edition copyright © 2004
By Hurng-Chih Book Co.,LTD.
for sales in Worldwide

ISBN 986-7451-02-3

Printed in Taiwan, Republic of China

全面品質管理系列叢書序文

1991年8月，美國6家大型的跨國企業：美國運通、福特、IBM、摩托羅拉、寶鹼、與全錄，出資贊助「全面品質論壇」（The Total Quality Forum）。這個論壇由學術界領袖與企業菁英組成，每年舉行一次。該論壇的目的是討論美國的全面品質管理實務，以及全面品質管理在美國校園裡扮演的角色，特別在管理與工程學院裡。

這6家贊助廠商的總裁在1991年11／12月號的哈佛商業評論（Harvard Business Review）中以「一封公開信：全面品質管理在校園」一文，總結了這個課題的重要性如下：

「我們相信企業界與學術界都責無旁貸，來學習、教導、與執行全面品質管理。如果美國希望提昇國際競爭力，企業界與學術界領袖就應該團結一致，加緊腳步，宣揚全面品質管理的重要性。如果我們的教育機構與企業想要維持與提昇國際地位，就應該攜手合作，推動全面品質管理在校園中的應用」。

早在1989年，14家歐洲企業龍頭創立了「歐洲品質管理基金會」（European Foundation for Quality Management）。到了1993年，其會員已經增加到近300個組織（包含企業與大學）。在1993年9月的會員手冊中，該基金會提到如下的目標與

顧客調查的觀念與技術

願景：

　　「歐洲品質管理基金會相信，藉由全面品質管理，西歐將成為國際市場的要角。我們的目標是藉由強化品質管理的角色，來創造足以提昇歐洲企業的條件。歐洲品質管理基金會的願景是，成為提昇與推動西歐全面品質管理的重要組織。當全面品質管理成為歐洲社會的集體價值觀，以及歐洲的管理成為國際間的競爭優勢時，這個願景就達成了。」

　　日本在品質管理上的投入更是不凡。這也揭示了本全面品質管理系列叢書的主旨。身為一種管理體系，不論是在美洲、泛太平洋地區、或歐洲，全面品質管理對國際的競爭地位，只會越來越重要。因此，學習全面品質管理的模式與實務，不論在大學、企業訓練中心，或對個人的生涯發展，都是極為重要的課題。

麥克・史朵（Michael Stahl）

叢書主編

本書序文

　　數年來，我們（指本書作者）在研究顧客價值與顧客滿意度方面下了不少功夫。起初，我們只是想瞭解顧客價值與顧客滿意度對於顧客的意義何在，以及在顧客的心中如何連結這些概念。原本我們的研究僅止於此，然而隨著時移事轉，我們愈來愈好奇企業界如何剖析他們的顧客。我們曾與企業界合作這方面的研究，他們十分親切地容許我們在他們的經理人與顧客身上測試我們的想法。我們和許多企業在顧問諮詢專案與主管教育等方面皆保持互動，也參與不少從業人員的研習會，會中業界人士與市調公司彼此交流如何執行市調，這些經驗均有助於我們對於企業如何試圖瞭解其顧客的方法，發展出寶貴的洞察。

　　因為長時間研究顧客有一定的成果，在商業簡報、MBA課程、主管教育方案中，甚至包括我們的合作研究伙伴，都不斷要求我們提出關於顧客價值、顧客滿意度、與研究技術等等的看法。雖然我們在學術期刊中已大量發表過文章，但這些文獻並不是接近學生或業界人士的最佳通路。有鑑於此，我們深感撰寫本書的必要性，以期能更近一步觸及我們的讀者，包括研究所與商學院的學生、企業的從業人員。我們知道一本書要同時顧及學生與業界人士的需求著實不易，但我們仍然樂於一試，因為這兩大族群均關注同一議題：我們應如何提升產品在顧客心中的價值

感。

　　早期我們學習到的重要事物之一是，企業如何解讀顧客價值與顧客滿意度。我們從未直接向經理人詢問這些概念的意義為何，而是去觀察企業的研究成果。我們得到了兩項發現。令人驚訝的是，許多企業主以類似的方法來認識他們的顧客，結果在價值觀與滿意度的概念化程序中，反映出相當程度的同質性。試思考一下這對於競爭優勢的影響。若每個企業主都使用類似的方法來瞭解他們的顧客，那麼這些競爭者只能得到相同的結論，他們無法從研究中獲得獨到的見解。

　　我們第二個發現是：許多企業主對於當下探討顧客價值與顧客滿意度的研究程序並不滿意，我們將在本書中探究這方面的原因。幸運的是，我們的研究顯示仍有機會改善目前的研究方法論。本書的主旨在於為那些想抓住這方面機會的企業提供指南。

　　我們認為，本書所提出的想法將能導致各種改善。我們以一種新的取向探討顧客價值，這將能潛入顧客的世界。我們會指出，顧客價值如何與顧客滿意度聯結。事實上，顧客價值和顧客滿意度是瞭解顧客的研究程序之概念化基礎。此外，本書將提供新的技術以從顧客身上擷取顧客價值方面的資訊，以及示範如何結合這些資訊與顧客滿意度的調查研究。我們同時也討論未來顧客價值可能的改變，這個主題一向是艱鉅的任務。我們衷心希望每位讀者能從閱讀本書時獲得各種啟發，並以這些新資訊來武裝自己與所屬的企業組織。

　　當然，本書無法獨力完成，首先，我們必須感謝我們的家人，因為他們在我們耗費大量的時間與心力撰寫本書時，給予我們大量的支持與諒解。我們也很榮幸能成為田納西大學顧客價值研究小組的成員，我們尤其感謝David Schumann，他和本書

的作者主導整個工作小組。David的真知灼見、領導力和適時的鼓舞可說是啟發我們的泉源。許多其他的小組成員也使我們獲益匪淺。感謝Joseph Rentz、Pratibha Dahbolkar、James Foggin、Richard Reizenstein、Mary Jane Burns、Scott Clemons、Linda Wright、bob Graves、Amy Cathy、Dan Flint和Mike Garver。

我們也要感謝Ernest Cadotte、David Cravens和Al Shocker對本書的建議；感謝Pat Pecorella、Bill Barnes、Tina Davis、Bill adams、Al Carey、John Mariotti、Al Cole和Michael Stahl支持我們的研究。還有Blackwell Publishers，它給予我們充分的自由，允許我們寫出我們認為重要的事物。我們也要感謝Mary Riso和Rolf Janke協助書稿的整理。最後，我們想要謝謝田納西大學商學院的企業效能發展中心贊助我們初期的研究經費。同時也感謝Charles Cwiek和Rick Beckley在圖表方面的協助。

Robert B. Woodruff &

Sarah F. Gardial

第 ① 部

經由認識你的顧客
來建立競爭優勢

CHAPTER 1

以顧客價值傳遞策略
來增進競爭優勢

　　巴克斯特保健公司（Baxter Healthcare Corporation）
是巴克斯特集團（Baxter International）的子公司，也
是醫療用品業的主要廠商之一。巴克斯特的經理人，一
直致力於找尋透過優良的顧客價值傳遞（customer
value delivery），來增進顧客滿意度（customer
satisfaction）的方法[1]。有一次，管理當局想要知道如
何改善對某個重要醫院顧客之即時送貨服務。過去巴克
斯特一直把焦點往自己的內部看，以兩次或三次送貨後
的數量百分比為基礎，來評鑑送貨服務的品質。根據這
些資料來看，其即時送貨服務符合、甚至超過公司內部
的標準。然而管理當局很困惑，因為他們知道顧客並不
是很滿意。

　　巴克斯特決定直接跟顧客對話。管理當局發現，醫
院計算即時送貨服務的方式不同。醫院所紀錄的是，第
一次送貨的數量佔訂單總數的百分比，這說明了巴克斯
特的服務並沒有跟上顧客的標準。巴克斯特於是與醫院
的經理人坐下來討論，協調他們各自認定的，對即時運
送服務之定義的差距。主要的議題是，第一次送貨時，
須包含訂單的多少數量。最後，兩家公司在數量上達成
協議。巴克斯特根據這個結論，改變它的運送服務程
序。現在該醫院對巴克斯特的服務已經滿意許多了。像
這樣的案例鼓勵著巴克斯特撥出二十個以上的人手，致
力於研究改善顧客服務的方法。

　　如果公司能從顧客的觀點來瞭解價值，通常就能找
到傳遞該價值給顧客的方法。通常，較困難的課題在於
找出恰當地滿足顧客的方法。正如巴克斯特所發現的，

顧客調查的觀念與技術

能增進競爭優勢的優質價值傳遞，是從顧客身上獲得的
資訊開始〔1〕。

導論

　　許多觀察家都同意，企業界的競爭越演越烈。全世界有越來越多的公司，致力於找尋方法來建構未來的優勢，以抵抗競爭的威脅。在一九八○年代，許多公司開始對產品與內部程序進行品質改善，為的就是要增加競爭優勢[2]。這一類品質改善計畫對競爭力的影響，讓人印象深刻。不管如何，如今有人認為，目前的局面已經走到了組織必須傳遞優良的品質給顧客，才足以跟上競爭者的腳步而存活下來〔2〕。因此，取得競爭優勢的新來源是必須的。我們相信，創造、溝通、與傳遞優質價值給審慎選定的目標顧客，可以獲得競爭優勢的新來源。[3]

　　價值傳遞策略的焦點在於，用什麼方法來協助顧客滿足他們的需求。廠商的挑戰在於，從顧客的觀點來增進價值－例如，從瞭解顧客如何定義及時送貨或協助顧客解決產品的使用問題。

　　重要的是，強調顧客價值不代表放棄品質改善措施。甚至，顧客價值能輔助品質改善措施，持續地改善產品與內部的運作程序。瞭解顧客如何定義價值，成為決定「改善什麼」的指引。想想前面提到的巴克斯特例子。若僅改善第二次或第三次送貨的品質，並沒有什麼好處－這並非醫院顧客想要的。只有接收到顧客的回饋，經理人才知道要改善什麼。

　　在概念上，顧客價值與公司績效的關聯已有一段長久的時間。例如，在一九五○年代，彼得杜拉克（Peter Drucker）就

主張，顧客價值的觀念對於企業績效，扮演決定性的角色。〔3〕然而，直到最近才有較多的公司開始注意，在策略的制定與執行程序中，應以優質的品質與價值為驅動力。這樣的改變可以從廣告看出，例如以下面的廣告詞為「窗口」，可以看出一家公司的策略性思考，其中，品質與價值是許多口號與主題的核心：

「大都會人壽就是品質。」（大都會人壽）

「建立重視價值的強勢傳統，公司就能夠脫穎而出。」（福特汽車）

「品質，就是我們的全世界。」（摩托羅拉）

「是價值，決定了商業決策。」（東芝）

「性能、相容性、以及能容納未來的發展——這就是 i486DX2 處理器成為今日最有價值之產品的三個原因。」（英代爾）

　　許多經理人相信，品質與顧客價值措施對於達成改善績效非常重要。〔4,5〕最近的研究證明他們是對的。〔6,7〕我們可以從圖1.1看出顧客滿意與績效之循環關係。經由回應顧客的需要，顧客價值傳遞策略能夠建立高度的顧客滿意。顧客滿意度，接著對於「最終績效」有雙層的影響。首先，滿意的顧客更可能與廠商維持長期的關係。許多組織都發現，長期顧客的經濟價值相當大。再者，現在廣為人接受的想法是，維持舊顧客的成本，比開發新顧客來得低。〔8,9〕讓顧客滿意還有另一個作用，就是他們可能會向潛在的顧客說好話。這些正面的評語，會讓公司更容易獲得新顧客。

　　顧客價值傳遞策略之所以成功的另一個原因是，今日市場的

顧客調查的觀念與技術

現實面，即現代的顧客比以前難纏。〔10〕他們喜歡打交道的，是那些能夠回應他們所有要求，又重視其個人福祉的公司。例如，商務旅客評鑑航空公司時，受重視的感覺跟行李運送與登機報到服務的品質一樣重要。速食的顧客認為，最受歡迎的餐廳服務，禮貌重於服務速度。道理已不言而喻：組織必須找尋新方法，來滿足顧客需求，及傳遞優質的價值。

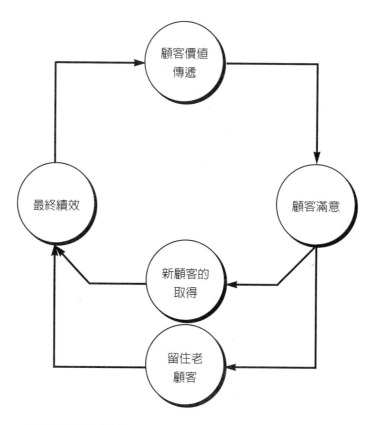

圖1.1　顧客之回應循環

本書將詳述組織該用什麼方法來瞭解他們的顧客。在本章，我們須打下概念基礎，視此一學習程序為顧客價值傳遞策略的重要元素。我們認為，競爭優勢的重要來源，就在於經理人如何使用顧客身上的資訊來發展與執行有效的價值傳遞策略。我們將介紹一個蒐集與分析資訊的程序，協助經理人瞭解顧客所重視的價值，以及價值如何轉化為顧客滿意。這個程序，我們稱為顧客價值測量，為本書其他部分的基礎架構。

顧客價值傳遞策略

每項顧客價值傳遞策略都是整合一系列關鍵決策的結果。圖1.2指出這些決策，以及它們之間的關聯。我們發現這個程序非常有用，可以用來思考如何獲得在市場上的競爭優勢。〔12,13〕底下讓我門來探討這個程序所包含的每一項活動。

傳遞價值前必須明確知道顧客想要的是何種價值。重要的是，顧客價值不是來自產品或服務本身，而是顧客為了其目的，使用某廠商的產品或服務後所感受到的經驗。例如，汽車駕駛人希望在惡劣的天候狀況下，仍能有良好的操控性。或鋁業公司的汽車製造商顧客，則會希望設計出更輕的車，以增加固定耗油量能夠行駛的公里數。

價值，是顧客的感覺，所以每個組織都必須找出方法來確認顧客是如何看待價值－包括現在和未來。因此，「確認價值」是籌劃一項顧客價值傳遞策略的起點（見圖1.2）。例如，一家大型食品公司旗下的飲料公司，會先進行顧客研究，以瞭解顧客在從事運動與體育活動時做些什麼；購買、儲存、使用哪些種類的

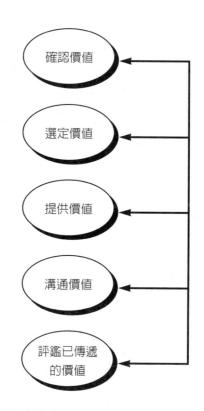

圖1.2　顧客價值傳遞策略的規劃程序

來源：Mary Jane Burns and Robert B. Woodruff," Delivering Value to Consumers: Implications for Strategy Development and Implementation," in Chris T. Allen et al, eds, Marketing Theory and Applications, Chicago: American Marketing Association, 1992, 209-216

飲料；在這些情境下使用各種飲料的原因。從這個研究中，公司的經理人可以知道許多不同的顧客所想要的價值。

　　圖1.2的第二個活動「選定價值」，開始將從顧客身上學習

到的東西轉化成價值傳遞策略。在這麼多區隔與各種他們追求的價值中，你的焦點要放在哪裡？這是個複雜的決策。在確認不同市場或區隔的價值時，你必須考慮到組織的能力，以及主要競爭對手的優點與弱點。此時必須把組織做得最好（或有潛力做得最好）的部分－即核心能耐－與各個區隔想要的價值相結合，這是一項挑戰。例如，先前提到的飲料公司，它希望能夠知道其競爭優勢在哪裡。它檢視了許多不同的區隔所想要的價值，並比較它與其他類似品牌的競爭力，也包括適合運動情境的其他種飲品（例如，水）。由這些分析結果，確定這些區隔與公司應該重視哪些價值。

　　圖1.2的下一個活動「提供價值」，則是要把價值傳遞策略轉化成行動。組織提供之產品的每個部分都要經過考慮，包括（1）因應顧客需求而設計的產品或服務，（2）提升顧客對產品之滿意度的支援服務（例如維修、使用建議、保固、消費者「熱線」等等），（3）讓顧客能方便取得產品的配銷服務，以及（4）從訂價來提昇價值。這些價值傳遞的提供物都應該與廠商提供選定的價值之內部程序相連結。假設上述的飲料公司現在正進行到這個階段。它須檢視公司的每個部分，來確定重要的價值如何傳遞到特定的消費者區隔中。

　　若你認為顧客能夠立刻且完全理解公司所提供的價值，這通常是個錯誤。你必須「溝通價值」，讓顧客知道你的組織能夠提供哪些消費經驗。〔14〕一個整合的溝通宣傳活動須結合若干促銷活動，一起協助顧客瞭解這些價值。例如，飲料公司的經理人可能考慮把消費者見證該飲料如何增進其運動績效的文案，跟大賣場的展示活動合併，來強化相同的資訊。

　　圖1.2最後一個步驟是「評鑑價值」，監督價值傳遞計畫執

行的情形。顧客對他們得到的價值滿意嗎？這些價值是否被認為
優於競爭者所傳遞的價值？「最終結果」（Bottom line）測量價
值傳遞績效，諸如銷售量、市場佔有率、與獲利情況，或許可以
對於上述問題提供一些答案。然而，滿意度調查、顧客投訴，以
及挑選部分客人進行探索訪談，這些都能夠提供更實用的資訊，
來瞭解真實的情形。這些資料能顯示特定的價值傳遞環節之績效
水準，以及有問題的地方與原因。例如，飲料公司用可以根據
「選定價值」階段所選定、具策略重要性的價值，來定期探索顧
客滿意度。

以價值傳遞來獲得優勢

　　要是你認為，競爭優勢僅來自於能夠提供給顧客獨一無二的
產品，這種想法實在太單純了。你當然希望顧客認為你能夠提供
其他競爭者所沒有的東西。然而，這種想法是狹隘的，因為還有
其他額外與補償的方法，足以創造優勢。組織應該發展出優質的
能力，來設計與執行跟顧客價值明顯相關且重要的內部程序。
　　我們來探討一下圖1.2。整個規劃與執行價值傳遞策略的程
序，都可以讓公司獲得優勢。每項活動都有創造出競爭優勢的潛
力。
　　想想第一步，「確認價值」。較高的資訊能力使經理人比他
們的競爭者，能更深或更快地瞭解顧客價值。例如，為什麼日本
汽車製造商可以用Acura、Lexus、和Infinity，成功的打進美
國的豪華房車市場呢？為什麼凱迪拉克、林肯、賓士和BMW
會失守呢？你可以說，這是因為日本公司比美國或歐洲的汽車製
造商，更瞭解美國的豪華房車買主需要何種價值。Acura，以及

隨後的Lexus和Infinity，配備的性能品質佳，價格卻較低，而且由服務較好的經銷商販售。這樣的價值傳遞策略，很顯然能提供美國消費者所需要的。

競爭優勢也可能來自完善的「選定價值」決策。或許這說明了為何許多公司會回到他們的核心能耐，希望能更有效地競爭。要提供優質的價值傳遞，需要注意到所有細節。例如，波瑪斯公司（Promus Corporation）結束其賭場業務，以便把管理人力集中在能夠獲利的旅館事業上。

想要提高競爭優勢的公司，通常會從事價值的提供與溝通等活動。這些活動取決於組織能否在特定的市場中執行策略的能力，這樣的執行力，在所有的競爭者當中可能有很大的差距。例如，某汽車製造商說它想採取高度個人化的服務導向，但這麼說是一回事，能否執行這些程序，確保能夠一致地回應個別消費者的要求，那又是另一回事。

最後，「評鑑已傳遞的價值」可以藉由提高對問題的回應能力，來創造獲得優勢的機會。當然，在解決問題之前，你必須先知道哪裡發生問題，此時，正確與即時的顧客資訊便是關鍵。回應顧客的益處，眾所皆知，這可以讓你的顧客產生正面的感受。這種感覺一部份來自於問題的立即解決，另一部份來自於顧客相信他們未來可以信任你。

評鑑已傳遞的價值還可以協助你更加瞭解公司之提供物的優點。你必須向顧客提醒這些優點，並且這些資訊可以成為整合各種創意的資訊來源之一。我們知道一個例子，某休閒遊艇公司從調查中發現，他們的顧客很喜歡其快艇的美感。在這個例子中，「價值」來自船東設計快艇的美感素養與客人對它們的讚賞。這項資訊讓公司有理由藉由廣告、小冊子、展示會來強調快艇的設

計，以持續強化這些感覺。

經由顧客價值方面的資訊來創造競爭優勢

我們相信，組織常常忽略了一個可以增進競爭優勢的機會，就是發展精巧的程序來瞭解他們的顧客。在顧客價值傳遞上競爭，是一種高度資訊導向的管理方式，因此所有相關人員都應該精於瞭解他們的顧客。雖然每個組織都已經設有某種程序來達成這個目標，但我們相信，其中還有改善的空間。大多數的經理人都同意這一點。問題在於，要如何改善這些程序？

一般說來，光是改變研究技術是不夠的。組織的顧客價值獲知程序想要長期改善的話，需要從頭到尾重新檢視整個程序。然而，在你要去找出已經存在的優點與缺點之前，你必須具備一些概念，知道整個程序應該是什麼模樣。為了這一點，我們在下面一節，檢視了顧客價值的學習程序。本書隨後的章節會繼續討論此一程序的各項活動，我們希望，提出的各項改善議題能提供給組織用來瞭解其顧客。

顧客價值確定程序

本節一開始，我們先做個說明：當你要開啟顧客價值確定程序之前，必須已經知道「哪些」現有或潛在的顧客，在策略上對組織有較高的重要性。找出這些顧客，是市場機會分析（MOA）的活動之一，因此確定顧客價值應該視為較大的市場機會分析程序的一部分。我們會在第二章回頭來討論這一點，即討論如何把

顧客價值確定程序整合到市場機會分析程序中。現在，試考量對你重要的一個特殊市場或區隔。你要如何做，才能瞭解當中的顧客？

顧客價值確定程序

要瞭解你的顧客，需要時間、精力與耐力。不是只有一個來源就足夠。上軌道的公司會整合數個來源，諸如與顧客接觸的經驗以及各種研究資料，變成一個整合的程序來瞭解顧客。圖1.3顯示這種程序，我們稱之為顧客價值確定程序（CVD）。

找出顧客價值構面　顧客價值確定程序一開始，必須要找出顧客的需求或價值。可以確定的是，顧客想要從與供應商的關係中得到的東西相當的多。這些東西，就叫做顧客價值構面，你一定要知道它們是些什麼東西。顧客價值構面可能指產品（例如，品質、耐用性）或服務（諸如，準時送達或訂單的完整性）的一些要素或特點，但是也可能是無形的經驗，諸如顧客對供應商的信賴感，或在困頓時，相信供應商可以倚靠。總而言之，你對顧客價值的理解，是整個顧客價值確定程序的關鍵，因為這是所有事情的開端。因此，本書的第三章，將發展出一個架構，來思考顧客價值。

要找出顧客價值構面，就必須要與顧客互動。你可以從例行的商業運作中，與顧客接觸，瞭解到這些面向。但是這樣往往不夠，通常需要進行研究來探索更深入與更完整的顧客價值。我們相信，質性測量技術，諸如深度訪談、焦點團體與參與觀察法，都是必須的。第七章、第八章、以及附錄一，都會討論這些重要

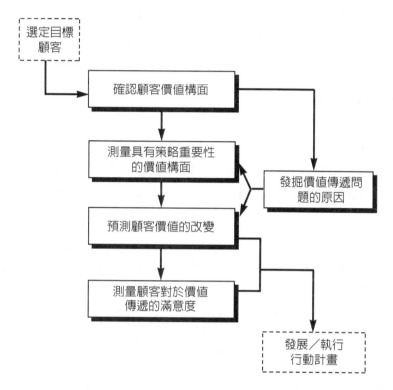

圖1.3 顧客價值確定程序（CVD）

的技術。

　　確定有策略重要性的價值構面　顧客價值程序的前一個活動很可能可以產生很多價值構面。雖然顧客有各種要求，但並不是所有的構面向對於他們決定購買哪家產品或對於他們的滿意度，都有同樣的影響力。顧客價值確定程序的第二個活動就是，找出

這些最重要的價值構面。這個步驟主要取決於「重要性」的意義，以及你決定如何加以測量。我們會在第七章、第十章、與附錄三，繼續討論這些議題。

　　預測顧客價值的變化　前面的兩項活動，能夠找出顧客「現在」想要的價值。我們知道這些想法是會改變的，但是很少有組織會試圖去預測這些改變。不管如何，如果我們能夠事先知道顧客價值可能的改變，我們就能改善顧客價值傳遞策略來加以因應。為了取得先機，在顧客價值確定程序中會花一些努力去進行顧客價值預測。如同其他的預測技術一般，這個階段的挑戰在於，瞄準若干資料來源，盡可能做最精確的預測。我們會在第九章與附錄二，討論這些預測的方法。

　　確定顧客對於價值傳遞的滿意度　上述三種活動的焦點在於瞭解顧客重視的是什麼，但這只是一部份而已。我們也需要知道，顧客對我們的價值傳遞有什麼看法。下一個活動，顧客滿意度測量（CSM），可以達成這個目的。我們不能假設目標區隔中的顧客，對於我們的做法有相同的評鑑。顧客滿意度測量指訪問相對上較大量、較有代表性的顧客樣本，來瞭解該區隔的顧客之滿意程度。顧客滿意度測量，也可以用來確認先前顧客價值確定程序中所找到的價值構面。我們會在第四章、第十章和第十一章，討論滿意度測量方面的議題與技術。

　　找尋價值傳遞問題的原因　滿意度研究的結果，能夠澄清顧客對於價值傳遞的各特定面向之滿意程度。滿意度分數高代表優點，滿意度低代表績效有明顯的問題。然而，就算是最好的研

究，也沒有辦法知道這些問題為什麼存在。顧客價值確定程序的後續活動，可以運用小規模的質性研究，來找出這些問題的原因（見第十章與第十一章）。這些研究結果，對於如何改善顧客眼中的形象，是非常重要的。

顧客價值確定程序的重要特徵

顧客價值確定程序是一個持續進行的程序，需要持續加以管理。我們會在本書中一再強調該程序的幾個議題，包括：

- 整合顧客價值與顧客滿意度的測量。
- 當前顧客價值的測量，以及未來顧客價值的預測。
- 收集形成顧客對於價值與滿意度之看法的動機與邏輯
  想法等資料。

首先，顧客價值確定程序結合各項分析：顧客想要什麼（顧客價值測量），以及他們對於你傳遞給他們的價值抱持何種看法（顧客滿意測量）。組織經常都是把顧客價值研究與滿意度研究分開（或只進行其中之一，通常是滿意度），忽略了可以結合這些努力的機會。事實上，顧客價值資料若沒有滿意度資料，就不夠完整，反之亦然。

第二，雖然大部分的顧客價值確定程序跟顧客現在對價值的看法有關，但還有一項活動的焦點在於預測這些看法未來可能發生的變化。開始時，我們相信你必須改善組織所採取的研究程序，來瞭解目前的顧客價值與顧客滿意度。然而，一旦顧客價值確定程序上了軌道，接下來就必須尋找一些方法來預測未來。再

強調一遍，洞燭先機，先掌握顧客價值傳遞應有的改變，是競爭優勢的重要來源。

　　第三，顧客價值確定程序不但可以測量顧客價值與滿意度，還可以探究為什麼顧客會那麼想，有那樣的感受。顧客行為的深層動機與想法是什麼？在哪些情形或情境下，顧客會使用你公司的產品與服務？我們相信，瞭解這些動機與思考方式，以及情境因素，可以提昇顧客價值資料的價值。它們可以協助供應商更有創意地思考，如何強化傳遞給顧客的價值。例如，休閒遊艇製造商發現，遊艇客戶常常忘記如何進行例行的保養工作、修理、與操作。經理們於是進行腦力激盪，看他們如何能夠協助船主記得去進行這些活動。一個想法是，製作錄影帶，介紹每個活動的步驟。因為所有的遊艇都備有錄放影機，這些錄影帶可以很輕易迅速的在船上使用。

　　最後，顧客價值確定程序應該是一個持續進行的程序。再一次的，顧客是會改變的。你今天獲得的顧客價值與滿意度，並不能持續到下一季，更不用說明年了。頂尖的公司會緊記這個教訓。例如，在一九八○年代中期，所有的證據都顯示，花崗岩公司（Granite Rock Company）的績效良好。它的管理當局相信，他們的顧客將絡繹不絕。雖然前景看好，但該公司還是擬定研究，希望多瞭解其顧客。結果證實了，顧客非常滿意這家公司的產品品質。但另有一個驚人的發現，指出顧客覺得花崗岩公司在滿足特殊需求方面，顯得呆板沒有彈性。管理當局因此大刀闊斧進行改革，變得更能回應顧客所有的需要。這些改革的結果，使該公司獲得了一九九二年美國的巴氏品質獎（Malcolm Baldrige National Quality Award）。因此，不論你認為自己做得多好，千萬不能輕忽鬆懈。你必須跟上顧客的需求，確保他們

知道你會回應他們的需求。

摘要

在本章中，我們提到，當今的組織面臨前所未有的激烈競爭，顧客的要求也越來越高。在這種環境下，成功的供應商應該持續找尋新的方法，來增進競爭優勢。把焦點放在顧客價值傳遞策略，可以使經理人的眼光放得更遠，並能時時考慮到外界的顧客，以及如何回應顧客的需求。我們相信，能夠發展出優質策略來傳遞顧客所想要的價值之公司，才能擁有最持久的競爭優勢。組織必須把焦點放在能夠有效執行這些策略的內部程序。

以顧客價值為基礎的競爭優勢，高度取決於我們對外界顧客的認識，以及他們對價值的看法。大多數組織會去執行某種瞭解顧客的程序，也顯現出顧客對它們並不滿意。事實證明，比你的競爭對手更瞭解顧客，是增進競爭優勢的重要來源之一。然而，只有那些定期評鑑與改善「認識顧客」之程序的組織，才能獲得這項好處。本書的宗旨在於協助組織進行這方面的評鑑。

在本章裡，我們介紹一個用來瞭解顧客的程序，稱之為顧客價值確定程序。這個程序提供了一個標準或基準，可用來評鑑組織既有之瞭解顧客的程序。本書的其他章節將陸續探討該程序的所有環節。本書的第二部份，探討顧客價值確定程序的邏輯概念，其中包括思考（1）顧客如何覺知到價值，（2）顧客價值與顧客滿意度之間有何關係；（3）如何管理顧客價值確定程序，以及（4）如何把你對顧客的認識，轉化為企業決策。在第三部分，我們討論各種測量顧客價值、預測顧客價值改變，以及

測量顧客滿意的技術。在開展這些章節之前，我們認為，把顧客
價值測量程序放在更大的市場機會分析程序中來檢視，是非常重
要的。第二章，就來討論這個觀點。

參考書目

[1] Bennett, Amanda, "Making the Grade with the Customer," *Wall Street Journal*, November 12, 1990, B1.

[2] Petersen, Donald E., "Beyond Satisfaction," in *Creating Customer Satisfaction*. New York: The Conference Board, Research Report No. 944, 1990, pp. 33–34.

[3] Drucker, Peter F., *The Practice of Management*. New York: Harper & Brothers Publishers, 1954.

[4] Anderson, Eugene W. and Mary W. Sullivan, "The Antecedents and Consequences of Consumer Satisfaction for Firms," *Marketing Science*, 12 (Spring 1993), pp. 125–143.

[5] Jacob, Rahul, "TQM – More Than A Dying Fad?" *Fortune*, October 18, 1993, pp. 66–72.

[6] Narver, John C. and Stanley F. Slater, "The Effect of Market Orientation on Business Profitability," *Journal of Marketing*, 54 (October 1990), pp. 20–35.

[7] Webster, Frederick E., "The Rediscovery of the Marketing Concept," *Business Horizons*, May–June 1988, pp. 29–39.

[8] Birch, Eric N., "Focus on Value," in *Creating Customer Satisfaction*. New York: The Conference Board, Research Report No. 944, 1990, pp. 3–4.

[9] Sellers, Patricia, "Getting Customers to Love You," *Fortune*, March 13, 1989, pp. 38–49.

[10] "Meet the New Consumer," *Fortune*, Autumn/Winter 1993, pp. 6–7.

[11] Sellers, Patricia, "What Customers Really Want," *Fortune*, June 4, 1990, pp. 58–68.

[12] Bower, Marvin and Robert A. Garda, "The Role of Marketing in Management," in *Handbook of Modern Marketing*, Victor P. Buell, ed. New York: McGraw-Hill, Inc., 1986, Chapter 1, pp. 3–13.

[13] Burns, Mary Jane and Robert B. Woodruff, "Delivering Value to Consumers: Implications for Strategy Development and Implementation," in *Marketing Theory and Applications*, Chris T. Allen et al, eds. Chicago: American Marketing Association, 1992, pp. 209–216.

[14] Waldrop, Judith, "Educating the Customer," *American Demographics*, September 1991, pp. 44 – 47.

[15] Triplett, Tim, "Satisfaction is Nothing They Take for Granite," *Marketing News*, May 9, 1994, p. 6.

注釋

1. In this chapter, we use several terms that are more fully explained in subsequent chapters. For those readers who want to see how we define these terms, we provide a glossary of terms at the end of the chapter.

2. Throughout the book, we use the term "product" very broadly to mean both tangible products and more intangible services. We believe that everything the book has to offer about customer value determination applies equally well to suppliers of products and of services. In

名詞解釋

顧客價值傳遞策略（Customer value delivery strate-gies），指組織所做關於要讓他們的目標顧客接收到哪些價值之決策。

顧客價值（Customer value），指顧客知覺到他們在某個特定的消費情境中，希望藉由產品與服務的提供，來達成他們想要的目的或目標。

顧客滿意（Customer satisfaction），指顧客在特定的情況下，使用某特定組織所提供之產品或服務後，對於所得到的最終價值所抱持正面或負面的感覺。這種感覺可以是對於消費情境的立即反應，也可以是對於一系列消費情境之經驗的整體回應。

競爭優勢（Competitive advantage），指組織傳遞給顧客的價值，顧客認為該價值優於其他競爭對手。

回應（Responsiveness），指組織為了滿足顧客的特定要求而採取的行動。

顧客價值獲知程序（Customer value learning process），指組織用來瞭解顧客想要的價值之所有蒐集資訊、分析、與詮釋等活動。

顧客價值確定程序（Customer value determination process），指一種特殊的顧客價值獲知程序，對於當前的顧客價

值與顧客滿意度之測量、以及對於未來的顧客價值之預測整合為系統化的資訊活動。

市場機會分析（Market opportunity analysis），指一種系統化程序，用來瞭解潛在的目標市場，以及會影響組織在此等市場之績效的各種力量。

顧客價值構面（Customer value dimensions），指產品與服務提供物的特殊面向，是顧客在特定情境下，所想要的結果或使用後所想要的結果。

市場機會分析程序
中的顧客價值

美國的銀行界過去一直從全面性服務（full-service）的經濟策略中獲益，現在他們則遭受挑戰。實質威脅的第一個訊號，來自非傳統競爭者所推出的新服務。利差較高的共同基金，以及有相同流動性的金融性商品，紛紛爭奪銀行的儲蓄戶。大型的公司，諸如通用汽車與通用電子，開始提供商業貸款服務。聯邦與州政府都透過解禁來鼓勵競爭。更糟的是，許多顧客越來越喜歡跟不同的供應商購買個人理財服務。銀行不能再指望他們的全面性服務策略，可以像以前一樣繼續吸引消息靈通的顧客。

這些變動的市場條件，帶來了多大的威脅？有家銀行讓他的高層經理人進行一項競爭演練，要求他們扮演不同競爭者的角色，設計策略來搶奪現有銀行的市場佔有率，並從中得到寶貴的教訓。驚人的結論是，銀行現行的做法根本無力對抗那些新策略。

許多銀行都在找尋增加競爭優勢的方法。有些試圖變得更能回應顧客的需求。然而，這種做法，需要改善經理人瞭解顧客、市場與機會等資訊的程序。至少，銀行必須瞭解顧客重視哪些價值，以及如何創造、溝通、傳遞價值給他們。但要做的還不只是這些，顧客受到許多市場力量的影響。對這些，銀行必須有全盤的瞭解。只有這樣，才能量身訂做出良好的價值傳遞策略，才能在這個高度變動的市場條件下，符合顧客的要求。[1,2]

顧客調查的觀念與技術

導論

　　過去十年內，市場競爭有戲劇性的變化。正如我們在第一章所提到的，競爭越來越全球性，越來越激烈，顧客的選擇也越來越多。顧客轉而在產品的選擇上，變得越來越老練。不論是競爭對手或顧客都必須應付低經濟成長。在世界的許多區域，這些力量合起來，使得顧客變得更加苛求，以及會去尋找較高的價值來滿足他們的需要。組織若不改變，來適應這些動態的市場條件，將會面臨嚴酷的苦戰。就算是世界級的公司，諸如通用汽車、IBM和希爾斯（Sears）都已發現，過去的運作方法逐漸行不通，無法達到像以往那樣的績效水準。〔3〕

　　組織應該如何應付今天的動態市場呢？越來越多的組織再次地聚焦在他們的核心能耐上，用決策品質來定義成功，諸如，應該把哪些顧客列為目標顧客、要如何服務顧客、以及跟對手相比自己的哪些績效較具優勢。這些決策要如何作？這個問題沒有簡單的答案，但有件事卻很清楚。市場策略與戰術上的決策，無可避免的，都要以經理人對顧客、市場與機會的「認識」為基礎。「認識」是一種資訊活動，資訊驅動著決策。

　　冒著過度簡化的風險，我們來考慮許多經理人可以取得的兩種基本型資料。內部資料，指測量組織內部運作的面向，諸如生產、新產品發展、物流、銷售、支援性服務、以及廣告。成本、處理效能、銷售量、資產利用率等資料建立起來的資料庫，可以協助你瞭解組織運作的狀況。相對的，市場調查等資料，則提供另一種相當不同的決策資料庫。這些外部資料可以讓你往外看，

瞭解顧客、市場,以及影響他們的各種力量。

　　經理人對內部資訊或外部資訊的偏好,各不相同。[1]這些偏好形成不同的導向,影響著部門、事業單位、以及整個組織的決策。試花一分鐘來看看圖2.1。這是四種不同的管理導向,根據對資料的強調程度來劃分。切記,各導向之間的差別並不是何種資料可取得;而是,經理人使用何種資料來做出他們的決策。

　　讓我們從圖2.1的左上格看起,直覺導向經理人。這類經理人對內部與外部資料,均不重視。結果,他們傾向以個人的直覺與經驗為決策基礎。例如,新成立的公司業主,可能是以個人的判斷來決定公司的運作方式。新公司或小型公司處理內部與外部資料的能力可能較弱,所以經理人除了用這種導向之外,別無選擇。但是,即便在大型、有制度的組織內,我們也看到經理人以他們組織直覺的能力自豪,而傾向大幅度倚賴個人判斷。

　　相反的,內部導向經理人(圖2.1左下格)大量倚賴內部資料,很少注意市場資訊。結果,他們很清楚組織內部的運作,但對外界的市場動態則瞭解有限。就算是執行全面品質管理措施的經理人,也可能落入這一類,尤其是他們若只關注程序的改善,對於顧客價值或內部相關程序如何傳遞此等價值,並沒有深刻的理解的話。例如,我們知道有家公司,其產品設計工程師花了相當多的時間與資源,致力於改善產品績效,後來卻發現顧客根本未察覺新舊產品的差別。即便工程師認為這樣的改善很重要,但並沒有傳遞明顯的價值給顧客。

　　外部導向經理人(圖2.1右上格)倚賴他們對市場的瞭解,這一類比較複雜,因為有下面三種可能的變化:

　　•競爭者導向經理人,最重視外在的競爭者資料。他們

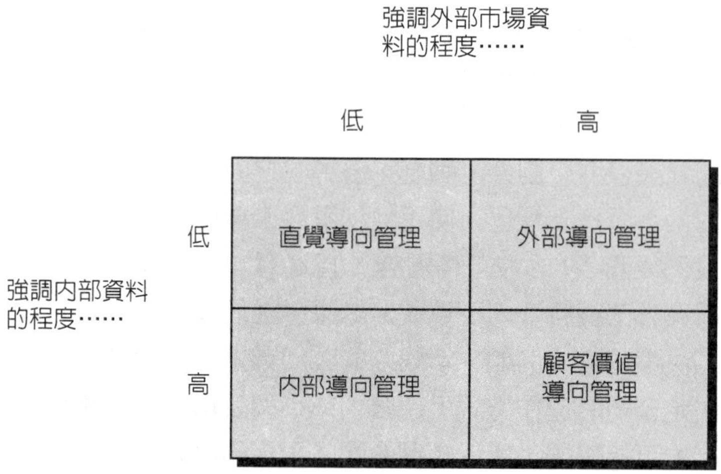

強調外部市場資
料的程度……

	低	高
低	直覺導向管理	外部導向管理
高	內部導向管理	顧客價值 導向管理

強調內部資料
的程度……

圖2.1. 各種管理導向

　　時常找尋對手的弱點，以供自己利用。他們會試著去
控制競爭對手，或跟隨對方的舉動起舞。競爭對手對
內部的產品、服務與程序所設的標竿，是這一類經理
人最喜歡的資訊工具。

‧顧客導向經理人，他們會透過諸如滿意度研究中的測
量，來瞭解顧客，並以此做為決策的基礎。這些經理
人會去作顧客想要的事，因為「顧客永遠是對的。」
他們只大致注意一下對手。他們似乎相信「如果我們
能滿足我們的顧客，就不太需要擔心對手做些什麼
了」。

‧市場導向經理人，他們對顧客與對手的重視程度會比

較平均。他們希望能滿足顧客，但也想探索競爭對手
影響顧客去購買的做法。他們會去研究對手的績效與
顧客的需求，來決定什麼是優質的價值。

　　在這些不同的外部導向管理風格中，內部資料在決策程序中
無足輕重。最糟的是，對於內部的程序跟顧客尋求的特定價值之
關聯性，根本一無所知。舉例來說，一個事業部的業務經理，一
直鼓吹的是資料處理是公司主要的核心能耐。該事業部已經累積
了相當多的資料，是有關該事業部推行業務的地理區域之特色。
他很願意把這些資料提供給顧客。然而，當他被問到，這些資料
能給顧客帶來什麼價值時，卻擠不出答案。他並不能完全理解，
顧客如何使用這些資料，來改善他們的企業績效。

　　最後，我們來看顧客價值導向的經理人（圖2.1的右下
格），他們需要內部程序的資料與描述顧客與對手的外部市場資
料。他們達到競爭優勢的方式是，持續找尋方法，來改善那些與
傳遞價值給特定顧客有關的重要程序。沒有價值的程序，會受到
限制或刪除。例如一個大型的工業公司已發展出一套資訊系統，
結合內部程序資料與外部顧客價值與滿意度資料，以協助業務單
位的經理人，注意「那些」能夠創造價值，增進顧客忠誠度的程
序。在此一個案中，資訊系統經理人使事業部的管理團隊變得更
加顧客價值導向。

　　圖2.1的四種管理導向中，你是哪一種？你處於你想要的位
置嗎？你如何過渡到不同的導向？資訊活動與程序在過渡中扮演
什麼角色？每個組織都應該討論這些問題。因為經理人的管理導
向會影響公司在市場上的績效，如何作出對自己和組織都好的決
策頗為重要。如果你跟今天組織內大部份的經理人一樣，你將可

以從改善對於外部的顧客、市場與機會之瞭解程序而獲益不少。全面檢查顧客價值確定程序（CVD），會是個好的起點，但是還有其他更多要做的。

　　本章在於指出，如何將顧客價值確定程序放入更大的市場機會分析程序（MOA）裡頭，後者是個外部資訊的整合程序，目的在於協助經理人瞭解市場機會。在下一節，我們將討論管理導向如何影響組織內的市場機會分析。我們將比較兩種不同的方法，然後簡短地討論顧客價值確定程序所需的市場機會分析活動。最後，我們將討論如何管理市場機會分析程序。

市場機會分析的方法

　　所有負有市場決策職責的經理人，對他們的市場都有一套「心理模式」。〔4〕基本上，心理模式指一組對於各種力量如何在市場中運作的信念。這些心理模式對於決策極為重要，因為它們會影響經理人如何詮釋他們所看到的市場資訊。舉例來說，幾年前，通用汽車的經理人顯然相信，美國人不會買小車，日本汽車製造商無法製造足以威脅通用之市場佔有率的車子。這樣的信念，長久以來影響著重大決策，間接幫助日本汽車成功地入侵美國市場。通用汽車直到現在才開始從市場逐漸奪回佔有率與商譽。

　　經理人的心理模式對於決策可能有災難性的影響，這種例子多不勝數。下面是彼得杜拉克（Peter Drucker）關於這一點的說法：

　　商業失敗的一個重要原因是，對於各種情況─諸如
稅率、社會立法、市場偏好、配銷通路、智慧財產權等
等─所做的假設，也就是我們認為它們「必然」如何如
何，或至少「應該」如何如何。一個合適的資訊系統，
必須包含能讓執行者質疑各種假設的資訊。〔5〕

市場機會的正式模式

　　有些組織會尋求資訊工具的協助，來克服他們的經理人過度
信賴心理模式的缺點。這樣的工具就是正式、概念化的市場機會
模式。這一類的模式有好幾種，他們能夠有效地引導資訊程序的
發展，以及收集與組織外部市場機會的資料。[2]麥克波特
（Michael Porter）的五力模式，就是最常見的選擇。[3]

　　在其影響深遠的著作中，波特提出概念基礎，來解釋在市場
中運作的力量。他主張產業應該是此等分析的核心單位。以其研
究為基礎，波特指出決定市場機會的五力包括：（1）顧客的議
價能力，（2）供應商的議價能力，（3）新進者的威脅，（4）
替代的產品與服務之威脅，以及（5）產業中廠商之間的敵對態
勢。他建議經理人，在決定要不要進入某個產業或打算增進競爭
優勢之前，應去瞭解這些力量如何創造機會－或限制機會。

　　我們認為，波特的模式是個很重要的貢獻。在組織中，可以
用這個架構來取代經理人個人的心理模式。採用這樣的架構，可
以（1）促使整個組織在執行與提報市場分析計畫時具有一致
性，（2）對於分析市場機會所需的資料提供一份檢核清單，以
及（3）確保重要的因素沒有遺漏。我們知道有許多組織，已經
用這五力的資料，來重新設計他們的市場機會分析程序。

顧客調查的觀念與技術

　　每個心理模式都以背後的假設為基礎，波特的模式也不例外。舉例來說，這個模式假設產業中的參賽者（即買主、供應商、競爭者、新進者與替代者）沒有共同的目標和利益，並且都想維持和增加自身的利益。他們在交易議價時會依賴「相對權力」，也就是每一方影響各方來達成自身目標的能力。這一類的假設，會影響到參賽者找尋機會的方式。如果你接受權力驅動著機會，那麼你會去留意其他的參賽者，不論他們是顧客或對手，然後跟那些能夠讓你有最大權力的對象結合。

　　檢視產業實務，並歸結出權力是市場的主要力量並不難。議價談判是很普遍的現象，例如，美國消費產品的大製造商，過去因為他們的規模與配銷通路，所以佔盡優勢。權力使交易的一方，可以從另一方得到額外的讓步。最近頗為成功的大型低價通路商，諸如Kmart、Target跟Wal-Mart，在大部份的配銷通路上，已逐漸顛覆過去的權力平衡。因為這個改變，大型製造商諸如Frito-Lay和Magnavox等公司，被迫重新設計他們的交易方式。增加銷售人員、分享物流資訊、價格折讓、以及關係的建立等等，就是這些廠商對有權力的通路商之回應。

　　心理模式的假設，也可能影響處理外部資訊的程序。有些資料會被賦予最高的優先性。例如，如果你相信權力可以創造機會，你很可能會特別注意那些描述供應商、競爭對手與顧客之弱點的資料。你也會尋找公司已佔有優勢的機會，利用它來增進組織的勢力。一個被權力驅使的廠商，可能會暫時刻意以低價傾銷，來削弱對手的競爭力，或惡意地破壞對手的新產品試賣，來扭曲對手對市場機會的評鑑。大的零售商可能威脅拒買某個小廠商的貨，來增加其議價空間。

　　存在著許多不同的市場機會模式，每一個似乎呼應著某種管

理導向。試看看圖2-1的管理導向，想想哪個最符合波特模式。如果你是競爭者導向經理人，你可能比較喜歡這個模式。然而，你想想看，你也可以變成顧客導向或顧客價值導向。如果這樣的話，你就得考慮採用其他的替代模式。

市場機會的價值交換系統模式

　　另一個與權力大異其趣的市場運作機制，可以從越來越多的組織與其他組織建立長期關係的現象，來獲得線索。想想下面這些組織想要達成的目標：

- 寶鹼（Procter& Gamble）與Wal-Mart建立的供應關係持續進行著，並整合其組織的各個部分，以求更大的整體績效。
- 通用電子與其他公司建立了超過一百項以上的合作關係。
- 惠而浦建立了一個大型的消費者免付費專線服務，讓顧客更容易傳達他們的要求與不滿，及獲得更快的回應。
- 歐洲數個財團組成空中巴士公司，以增進在全球航空市場的競爭力。

　　在上述每個例子裡頭，競爭對手、供應商、以及顧客是結合在一起，致力於發展能夠互惠的長遠關係。在思考關係時應該超越單一的交易。組織必須在許多互動中，將彼此的承諾與忠誠視為常態現象。在今日的市場上，我們相信，合作已經逐漸變成一

個影響機會之性質的關鍵力量。以合作為基礎的市場機會模式，會是什麼模樣呢？圖2-2的價值交換系統模式，就是答案。

　　這個模式假設市場機會來自最終的使用者，因為是他們的需求創造了市場。這些顧客透過通路，跟賣方連結，這接著串聯起中間商（諸如零售商、中盤商、批發商等等）、製造商、以及此等廠商的供應商。舉例來說，想想慢跑鞋的市場。像愛迪達、耐吉、紐巴倫、還有銳跑，這幾個競爭品牌，同時為個人消費者與組織（例如：大學的運動課程）等最終使用者，提供慢跑鞋與周邊服務。這些廠商直接將產品賣給組織顧客，也透過盤商來販售他們的產品，諸如運動用品專賣店和大賣場。慢跑鞋的廠商必須跟許多供應商合作，以取得各種零件、原料與服務。

　　雖然在配銷通路中各獨立的組織必須合作把價值傳遞給最終消費者，接著，最終消費者也用他們的行為，比如購買、忠誠

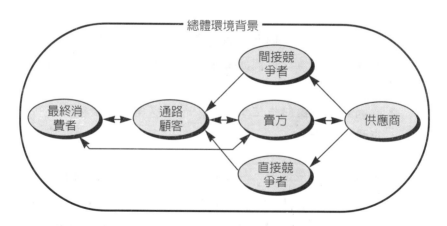

圖2-2　市場機會的價值交換系統模式

度、承諾、口耳相傳等方式，把價值傳回給整個通路。合作關係會影響這些互動。配銷通路商越重視相互利益，他們就更會拓展這一類關係，諸如電子資料的交換、準時送貨，以及品質標準的相互協定。

　　合作對業務的推行有加分的效果，這有幾個非常好的原因。一個原因是，建立長期關係，具有成本優勢。從供應商的觀點來看，要維繫一個舊顧客所花的成本，只有尋求新顧客的五分之一。〔6〕再者，組織間的合作，可以結合核心能耐，進而集體降低動態市場中隱含的風險。⁴議題是，若這整個系統想要有效地運作，系統中的每一份子都必須重視這個藉由價值交換而建立的關係。以合作關係為基礎的市場機會模式，能促進這方面的努力。

顧客價值導向組織的市場機會分析架構

　　價值交換的系統模式，是波特的五力分析之外，一個市場機會分析的替代模式。前者對於資訊活動主張一個相當不同的組合與順序（見圖2-3）。〔7〕從圖2-3的最上層開始往下看，你會瞭解市場機會分析程序，是如何相連結的四個主要階段。第一階段，分析市場的價值交換通路系統所處的總體大環境。第一階段的目的是要協助經理人員瞭解，市場機會如何受到經濟、文化、社會、科技、政府、以及自然力等等的影響。試回想一九九○年代早期的經濟蕭條。許多人曾預測這一波低迷的景氣，會對美國以及全世界的購物習慣，造成長遠的影響。普遍預測消費者會開源節流，降低物慾，以及對未來的財務保障更關心。〔8〕這時候需要有創意的策略，來應付這些新的狀況。

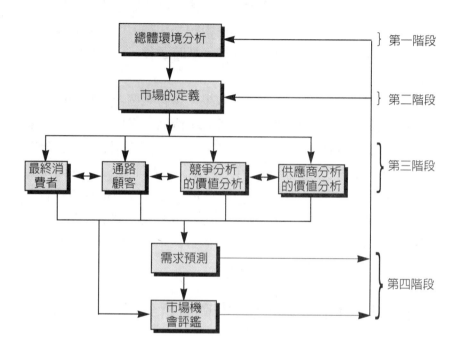

圖2-3　一個市場機會的分析架構

　　市場機會分析的第二階段，在於找出有特定機會的市場與顧客。這種活動是找出有機會的替代市場。很顯然，這是相當重要的階段。一方面，其結果會高度影響組織定出市場目標的策略性決策。另一方面，所有後續的市場機會分析階段都是承續著這個步驟。舉例來說，何種競爭者成為分析的焦點，取決於管理當局對於哪個市場和哪些顧客最感興趣。設想一下，豪華汽艇的潛在顧客有很大一部份也會考慮購買船屋。如果你是賣休閒遊艇生意的人，就必須去瞭解船屋等競爭對手所提供的相關價值，做為策

略性思考的一部分。

　　第三階段在於協助經理人去瞭解市場的主要參賽者之間互動的性質與動態。此時的資訊活動集中於瞭解供應商、競爭對手、商業顧客、以及最終使用者之間的價值交換。對最終使用者與通路顧客來說，顧客價值確定程序都是這個階段的關鍵程序。顧客尋求何種價值，對賣方傳遞的價值是否感覺滿意，以及滿意程度與賣方想要的顧客行為，例如再度購買、正面的評價、高銷量與高忠誠度等等之間的關連性如何？競爭對手的價值傳遞也必須加以分析，以找出他們的優點與缺點。

　　最後，市場機會分析的第四階段，聚焦於評鑑特定市場的機會。部分來說，此等評鑑必須要能預測這些市場未來的需求。獲利能力是評鑑此等機會的重要準則。其他的評鑑指標也是必要的，以確保所有的面向都能考慮到。這些包括：

- 經濟指標
  - 銷售量成長
  - 市場佔有率成長
  - 獲利潛力
  - 投資報酬率
  - 現金流動
- 持續優勢指標
  - 排除新進者競爭的產業障礙
  - 有未開發的市場區隔
  - 相對優勢的證明
  - 自身弱點的保護
- 綜效指標

　　—增加推出互補性產品的機會

　　—使顧客的偏好轉移到公司的產品身上

　　—佔住利基，打消對手的競爭意願

・公司與品牌的形象指標

　　—符合公司形象

　　—提升公司形象

　　—提升產品線形象

　　例如，機會也可能來自同一生產線之產品群或某個產品組合的綜效。當本田汽車想要在美國的豪華轎車市場上推出一款新車時，察覺到這種機會的重要性。該公司把公司在雅歌車款的顧客身上建立起來的商譽加以資本化，藉著提供 Acura 給那些想要換開豪華房車的人。

　　以價值交換為基礎的市場機會分析，提供了一個設計與執行處理外部資訊程序的架構。該架構最重要的特色在於，市場機會分析的各個階段與活動之間的相互關係。譬如說，顧客價值確定程序不但倚賴，也對於市場機會分析程序的其他活動有所貢獻。在下一節，我們將探討部分的相互關係。

把顧客價值確定程序納入市場 機會分析程序中

　　從圖 2-3 可知，我們將顧客價值確定程序定位為「最終使用者的價值分析」與「通路顧客的價值分析」之核心程序。本書的其他部分將擴充顧客價值確定程序的活動。然而此時，我們必須

要瞭解一個議題是，市場機會分析的每個要素必須彼此配合，才
能更清楚地描繪出更大的市場機會，顧客價值確定程序也不例
外。讓我們來探討顧客價值確定與市場機會分析的其他要素之間
有何關聯。（在繼續研讀下去之前，你可能會想溫習一下圖1-3
的顧客價值確定程序）。

顧客價值確定程序與總體環境分析

　　因為顧客想要的價值是變動的，因此，顧客價值導向的管理
風格之重要特徵是，把焦點放在未來。你必須投注部份的時間於
預測可能的局勢變化〔9〕。顧客價值確定程序對於這些資訊的
貢獻，在於預測顧客價值的改變。總體大環境分析是這項活動的
主要資訊來源。

　　我們將在第九章討論到，顧客價值改變的主要刺激來自大環
境的變遷。試想想資訊科技的日新月異。電腦、電話、以及有線
電視技術結合在一起，為供應商創造了嶄新、不同的機會，去與
顧客建立關係。例如，電話公司提供語音信箱服務，對答錄機市
場造成嚴重威脅。這些服務顯示了電話也可以作為多功能的工
具，使得顧客改變他們對價值的看法，願意接受電話公司提供的
其他多樣化服務。科技只是眾多這類大環境的力量之一，在預測
顧客的價值認知情形時，需要把這些因素納入考慮。

顧客價值確定程序與最終使用者市場的定義

　　不是所有的顧客都重視同樣的事情。例如，將遊艇用來招待
生意夥伴的顧客，其價值觀就跟那些使用遊艇作為家庭渡假的顧

客不同。這樣的差距是存在的，因此在進行顧客價值確定程序時，你必須決定哪種顧客的重要性較高。市場機會分析程序也會把這個因素納入考慮，因此在開始進行顧客價值確定程序前，會先確定最終使用者市場的定義。

定義市場的程序，並不在本書的討論範圍內。不過，我們可以提供一些觀察。我們發現，圖2.4可以協助你思考你需要從市場定義階段裡知道些什麼。

選擇市場（selecting markets）　顧客價值確定程序可以應用在已存在市場及新市場的顧客上。每個組織都必須決定花多少費用來研究這兩種市場。最好是，組織已經佔有的市場能夠清楚定義。至於要開發新市場，則較困難。公司可以用幾種方法來找尋新的市場機會。方法之一是，向競爭對手已佔有的市場前進。例如，日本汽車製造商想要開拓西歐市場，雖然該市場早就有美國、英國、西歐等競爭對手。還有，瑪里歐特（Mariott）在決定是否要進入市場之前，曾花了六個月的時間，研究美國與歐洲平價旅館的狀況〔10〕。

另一種新市場則是由不同類型的產品來服務的市場。依定義，功能相近的產品服務類似的需求，因此有潛力進入彼此的市場。沛綠爾（Perrier）公司就有非常成功的市場開發經驗，把他們以形象為基礎的瓶裝水產品，成功地打入由非酒精飲料公司所壟斷的市場。最近，可口可樂用「一早喝可樂」（Coke in the morning）的促銷宣傳，也搶去了咖啡公司部份的銷售量。

最後，當顧客的需求之優先順序改變時，也會產生新市場。你的組織可以針對這些新興市場，傳遞合適的價值。試回想當美國消費者開始重視個人健康與健身活動時，對自行車需求量的影

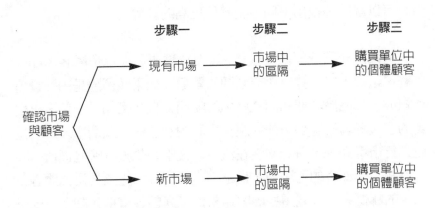

圖2.4　確認市場與顧客

響。成人發現自行車運動有助於提升耐力與心肺功能，這使得原本習慣供應兒童市場的自行車製造商，從中看到新的商機。

　　選擇區隔　不管是已經存在或新的市場，通常都由數個區隔所組成。因此，各個區隔的顧客價值應該是不同的。例如，商務旅行箱的容量需求，跟家庭度假用的旅行箱應該不一樣。要清楚這些差距，顧客價值確定程序必須分別探討不同的區隔。幸運的是，市場區隔的技術已經廣泛為人所知與使用。大部分的市場調查公司，都可以協助你設計研究計畫來探討可開發的市場區隔。

　　有時候，CVD資料可能引發對先前的市場區隔之再評鑑。我們看過一些案例，不同區隔的顧客所尋求的價值非常類似，導致我們對於此等區隔的有效性產生疑問。如果兩個區隔的顧客想要相同的東西，那麼就不需要兩套不同的價值傳遞策略。在這種情形下，你應該重新回到市場機會分析的市場定義階段。CVD

資料可以協助你找出不同、開發性更高的區隔。

選擇調查研究對象　最後，CVD需要你從單位顧客（如：家庭、組織）中，找尋研究訪問的對象。如果該區隔是由消費者所組成，那麼應該要訪問家庭中的哪個人呢？例如，一個汽車賣場的客服經理注意到，前往服務中心的女性顧客逐漸增多。於是就進行市場調查，研究女性在汽車修護中心想獲得哪些價值。

在工業顧客的區隔裡，也是相同的情形。應該要研究顧客公司中的哪個人？因為這些顧客通常比家庭顧客來得大許多，要研究的對象可能也比較多。有些人可能負責一般採購，但有些人卻能影響跟某家供應商購買的決策。這些人通通屬於顧客公司的「採購中心」。要對整個採購中心所尋求的價值有全盤瞭解，往往須接觸同一個組織裡的四、五個或更多的人。

總而言之，如果你能事先審慎的選擇你要研究的對象，就能從CVD程序中，得到更豐富與有用的資訊。越重要的顧客所重視的價值，在制定策略性決策時，應該得到更大的權重。

顧客價值確定程序與競爭者分析

在第一章，我們提過，顧客價值研究通常會找出許多價值構面。你不可能一次處理所有的構面。顧客價值確定程序（CVD）可以協助你選擇與聚焦在那些最具策略重要性的顧客價值構面上（見圖1.3）。策略重要性的指標之一是，你能否藉由特定的價值構面之傳遞而獲得競爭優勢。執行這個指標時，需要對傳遞該價值構面的競爭者，有更多的認識，這也就是競爭者分析能夠對CVD有所貢獻的地方。

我們若想要知道顧客對我們的競爭對手之優勢與缺點有何看法，藉著評鑑特定的價值構面在業界的傳遞情形，以及對手的做法等等，競爭者分析可以提供這種洞見。你可以直接從顧客身上得到這些資訊，即要求他們對一個或更多的主要競爭者進行評分，評鑑他們在各種價值構面上的績效。接著你可以將這些分數跟自己的組織傳遞價值的分數加以比較。[5] 例如，有一家醫院想研究某個主要競爭對手的優缺點。其管理當局發現，該對手在「讓我覺得自己是個有價值的人」這個價值構面上，病患的評分並不高。顯然，該醫院的氣氛相當冷漠，而病患並不喜歡這一點。因此該醫院認為這是個機會，可以藉由傳遞給病患親切的感覺來創造競爭優勢。

一般而言，市場機會分析技術較佳的組織已經體認到，要進行廣泛的機會評鑑，必須整合所有的要素。某個要素的資訊，時常能夠對另一個要素的分析有所貢獻，這對於CVD來說，尤其如此。如果你能妥善地管理整個市場機會分析程序，你就能從CVD中，獲得更大的好處。

市場機會分析程序在組織中的管理

市場機會分析，包含CVD，必須能夠執行。若此等外部資料不能影響策略與輔助決策，那麼就等於浪費資源。這一點顯而易見，但我們還是常聽到經理人抱怨，市場研究資料耗費太多資源，卻未能影響重要的決策。這種抱怨是實情，其中有許多原因。然而，大部分的原因反映出市場機會分析程序的管理問題，這些是可以改善的。正如同其他內部程序一般，市場機會分析程

序也需要持續加以改善。

市場機會分析程序的缺口模式

如果執行完善，市場機會分析可以提供資訊給經理人，協助作成重要決策。（見圖2.5的左欄）經理人對資訊的要求，是要回答有關市場機會的問題。問題能否得到完善的解答，取決於進行市場機會分析的觀念、工具、技術之品質。此時是資料先產生出來，接著依資訊的意圖加以分析，然後轉化為決策。其結果（以績效來衡量）取決於決策掌握市場機會的完善性，以及執行決策的有效性。

我們認為，對市場機會分析程序進行管理，可以使整個以資訊為基礎的決策程序進行得更順暢。你必須能預期哪裡可能發生問題，如此才能加以防範。圖2.5的右欄，就指出這些問題可能發生的地方。我們稱之為「缺口」（gap），因為它們很可能發生在從某個步驟進行到下一個步驟。

市場機會分析的資訊缺口　第一個缺口來自於，經理人無法確定該問哪些問題。如果你不能問對問題，市場機會分析將無法發揮用處。假如你負責創造與傳遞優質的價值給目標顧客，然而，你所問的卻是競爭對手有哪些內部的營運弱點，想在戰術上使其退出市場。如果競爭對手的弱點真的存在的話，競爭者分析可以找出答案，但是這些資料回答了正確的問題了嗎？可能沒有。以這些資料作成的決策，可能跟把價值傳遞給顧客並無關係。事實上，這種資料可能還會讓你分心，忘了原先的職責，或甚至招來不公平競爭的指控。

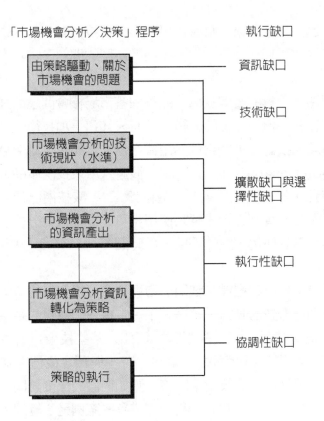

圖2.5　市場機會分析程序在組織內的管理

市場機會分析的技術缺口　即便問對了問題，還是得選擇正確的資訊來提供答案。當然，你必須考慮用現在最好的市場機會分析技術，是否能夠回答重要的問題。大部分的時候是可以，但也有例外的情形。試想想看，假如設計新產品的團隊想知道十年後顧客追求哪些價值，但能夠預測顧客未來十年會重視哪些價值的技術並不存在。此時你就面臨了技術缺口，而且在短期內不可

能解決。過去幾十年來，雖然市場機會分析技術有長足的進步，但還是有些問題無法回答。你必須換問不同的問題。

　　市場機會分析的擴散缺口　能夠回答市場機會問題的技術，可能已經存在，但是在你的組織中，有人知道這項技術嗎？如果你不知道該項技術，那麼它就無用武之地。比如說，聯合分析技術（conjoint analysis technique）很適合用來找出產品或服務的哪些屬性，對顧客最為重要（見附錄三），該技術已然存在超過十年了，然而直到最近才廣為使用。可見市場機會分析技術，若要為業界廣泛使用，往往需要一段時間。

　　市場機會分析的選擇性缺口　市場機會分析資料的蒐集與分析，只能創造潛在的動力—經理人不一定會依照資料的結論來行動。發生這種情形，有一些原因。例如，某些技術可能受到低估。例如，我們在第七章會討論到，有些與顧客價值有關的問題，最好用質性研究的技術來回答，諸如個體的深度訪問、焦點團體、和直接觀察法。然而，我們知道有些案例是，經理人覺得這些方法蒐集到的資料不具效度，因此一直忽視質性研究的報告結果。

　　有時候，這種選擇性缺口有更深層的理由。直覺導向與內部導向的經理人並不重視大部分的外部資料，他們習慣把這些排除在決策之外。更有甚者，我們知道有些經理人對市場機會分析的特定資訊，會有威脅感，因此避之唯恐不及。顧客滿意度研究就是一個例子，經理可能就是不想知道顧客對他所負責的業務是否滿意。一般而言，不管原因為何，如果選擇忽略資料，那麼它就無法影響決策。

　　市場機會分析的執行性缺口　假設你已取得市場機會資料，並加以研讀一番，則接下來的挑戰是，能否轉為具有策略性或戰術性意涵的行動，以及又會面臨另一些問題。也許資料並不完整，例如某銀行期望某分行的經理人能去改善顧客價值中的某個構面，因為從調查中得知顧客並不滿意，但是這些經理人並不知道該如何做，因為調查中未進一步探討顧客為什麼不滿意。結果經理人只得去猜測該採取哪些行動，但這種嘗試錯誤的做法往往令人挫折。

　　有時候，某個部門為自己的意圖所蒐集的資料，會被其他部門的經理人拿去用。如果這些資料不是十分吻合後者的使用意圖，那麼效果必然打折扣。例如，假設一家汽車製造公司的廣告部門得知消費者很在意「在壞天氣下駕駛的安全感」，這項信息轉為廣告十分可行，但是對於產品設計工程師而言，這項信息會顯得過於模糊或空泛。因此，資料的用途要從使用者的角度來看。

　　市場機會分析的協調性缺口　最後，試想像一下組織的管理團隊所做的策略性決定，由其他部門加以執行的情形。這些執行的經理人，對於顧客、市場與機會，可能有不同的看法。舉例來說，在出版界裡頭，通常都是由編輯部來設計教科書。當新的教科書要發表時，編輯部的人員就會在年度的業務會議中，向業務部提出簡報。這時候，對於教科書的責任就從編輯部轉移到業務部。我們知道新產品推出的一個案例是，設計團隊與業務團隊並未充分分享市場機會分析的資料。不幸的是，業務經理所鎖定的目標顧客，跟教科書設計時針對的讀者群不同。結果造成市場的混淆。

　　上述這六種缺口確實會帶來潛在的威脅，但卻能加以管理控制。每個缺口都代表一種機會，值得找出方法去縮小缺口，進而改善市場機會分析的程序。下一節，我們就來討論這些方法。

管理進行中的市場機會分析程序

　　每種缺口都有不同的改善方式。下面所列是可以執行的選擇。

- 發展組織的方法，來加速市場機會分析「知識」的傳播。
- 整個組織的訓練以一般化的市場機會分析程序模式為依據。
- 改善企業的文化與薪酬制度，以激勵經理人參與和使用市場機會分析資料。
- 明確指派市場機會分析程序各環節的歸屬權與職責。
- 確保整個市場機會分析程序會持續進行。
- 定期檢視與評鑑市場機會分析程序的完整性、資料分享、執行單位和涉入程度、各項工具與技術的使用、管理上的相關事項、成本與績效平衡、資料的時效性與準確性等等。

　　我們相信，組織應該發展一些方法，來加速市場機會分析技術的傳播。要達到這個目標，有許多可行的方法。例如，某個廣告公司聘請一位技術專家，來閱讀有關行銷與消費者行為的專門文獻，希望能蒐集適用的觀念、理論、工具手法，以及研究結

論，然後向經理人提出報告。還有其他的方法可以影響傳播。你可以考慮採用：（1）發送市場機會分析技術的相關文獻給潛在的使用者、（2）請主管人員參加教育課程、（3）請經理人參加研習會，諸如美國行銷協會討論顧客滿意度調查的年會，以及（4）向新進人員與顧問請益。

請注意，有些改善活動所針對的不只一個缺口。例如，為組織內所有潛在的使用者提供市場機會分析訓練。每個人都應該從相同的觀念開始，瞭解如何進行市場機會分析，以及它們為何可行。甚至於，每個組織必須孕育一種文化與薪酬制度，激勵經理人把市場機會分析程序作為決策的重要資訊來源。切記，顧客價值導向的經理人是由資料來驅動的。

上述的清單中，最重要的建議或許是，市場機會分析程序各環節的設計、執行與運用之歸屬權。通常這些歸屬權並未清楚指派。事實上我們發現，組織各個部門往往各自發展自己的市場機會分析程序，彼此並不一致。或者，市場調查部門理所當然地認為歸屬他們，即使此等部門並不負策略性決策的責任。我們相信，缺乏組織性的歸屬權，很可能會加深市場機會分析程序的各種缺口。譬如，若不同的部門紛紛進行自己的市場分析，那麼肯定會有嚴重的協調性缺口。

事實上，歸屬權的問題一向不受重視。不同的意見充斥其中。一種觀點是，把市場機會分析程序的歸屬權指派給組織的最高層。畢竟，高層經理人員應該負責所有內部系統與程序的設計與改善，而且他們處於最好的位置去確保市場機會分析程序能有效地運用在各部門的決策上。另一種觀點是，指定市場機會分析程序的歸屬權給那些以顧客價值為基礎來進行策略性決策的跨功能團隊。這個做法可以確保在同一市場區隔中發展與執行策略的

所有經理人，在瞭解市場機會方面有相同的程序。不論選擇哪一個觀點，重要的是，要明確地指派歸屬權，如此一來，市場機會分析程序才能改善。

摘要

本章的目的在於指出一個較大的資訊架構，並能定好CVD的位置。我們一開始先討論各種不同的管理導向，並指出CVD能運用得多好，是決定於管理導向。雖然有各種不同的管理導向，我們指出外部的市場資料對那些規劃與執行價值傳遞策略的經理人非常重要。市場機會分析程序是一項工具，讓經理人能瞭解顧客、市場與機會在哪裡。

接下來，我們討論兩個不同、用來解釋市場機會的模式：即麥克波特的五力產業模式及本書的價值交換系統模式。因為每個模式轉化的市場機會分析程序不同，因此選擇適當的模式格外重要。對於那些想要跟顧客建立長久關係的組織而言，我們認為價值交換系統模式較適用。以這個模式為基礎，我們介紹了一個市場機會分析程序的架構，並指出評鑑市場機會所需的各種次程序（subprocess）及其順序。

這個市場機會分析程序最重要的特徵是，各個市場機會分析的次程序彼此依賴、互相影響。我們藉著討論CVD如何取決於（1）總體大環境的分析、（2）市場的定義、以及（3）競爭對手分析，來詳述這一點。

最後，本章提出一個關於管理市場機會分析程序的重要議題。光是收集與分析外部的資料是不夠的。我們主張，市場機會

分析程序必須管理到對於管理決策的貢獻能發揮到極致。更重要的是，我們主張，市場機會分析程序的歸屬權要明確指派，以確保此等重要的資訊處理活動能持續改善。

在本書下一個部分，我們會把焦點集中在市場機會分析架構中，CVD程序的各個要件。在第三章與第四章，我們將對於顧客價值的性質討論一個重要的觀點，以及顧客價值如何與顧客滿意度聯結。此一關係非常關鍵，不但關連到第一章有關CVD程序的設計，也關連到CVD程序後續的發展，這在第五章會有更詳盡的探討。在第六章，我們將建議各種方法，即如何將CVD的資訊應用在組織中。

參考書目

[1] Bacon, Kenneth H., "Banks' Declining Role in Economy Worries Fed, May Hurt Firms," *Wall Street Journal*, July 9, 1993, A1, A5.

[2] Brannigan, Martha, "Two Big Rival Banks in Southeast Take on New-Age Competitors," *Wall Street Journal*, July 8, 1993, A1, A4.

[3] Loomis, Carol J., "Dinosaurs?," *Fortune*, May 3, 1993, pp. 36–42.

[4] Senge, Peter M., "The Leader's New Work: Building Learning Organizations," *Sloan Management Review,* 12 (Fall 1990), pp. 7–24.

[5] Drucker, Peter F., "The Information Executives Truly Need," *Harvard Business Review*, 73 (January-February 1995), p. 61.

[6] Sellers, Patricia, "Getting Customers to Love You," *Fortune*, March 13, 1989, pp. 38–49.

[7] Cravens, David W., Shannon H. Shipp, and Karen S. Cravens, "Analysis of Cooperative Interorganizational Relationships, Strategic Alliance Formation, and Strategic Alliance Effectiveness," *Journal of Strategic Marketing*, 1 (March 1993), pp. 55–70.

[8] Sellers, Patricia, "Winning over the New Consumer," *Fortune*, July 29, 1991, pp. 113–126.

[9] Hamel, Gary and C. K. Prahalad, "Competing for the Future," *Harvard Business Review*, 72 (July/August 1994), pp. 122–130.

[10] Dumaine, Brian, "Corporate Spies Snoop to Conquer," *Fortune*, November 7, 1988, pp. 68–76.

注釋

1. For more discussion of this point, see Day, George, *Market Driven Strategy*. New York: The Free Press, 1990, Chapter 6.

2. It is beyond the scope of this chapter to review all formal models of market opportunity. For other discussions of market analysis models, see Day, George S., *Analysis for Strategic Market Decisions*. St. Paul, MN: West Publishing Company, 1986; and Donald R. Lehmann and Russell S. Winer, *Analysis for Marketing Planning*. Burr Ridge, IL: Richard D. Irwin, Inc. 1994.

3. Comments in this section on Porter's model are based on material in two books: Porter, Michael E., *Competitive Advantage: Creating and Sustaining Superior Performance*. New York: The Free Press, 1985; and Michael E. Porter, *Competitive Strategy: Techniques for Analyzing Industries and Competitors*. New York: The Free Press, 1980.

4. For a similar framework, see Woodruff, Robert B. and Ernest R. Cadotte, "Market Opportunity Analyses for New Ventures," *Survey of Business,* 12 (August 1990),

pp. 1–12.

5. For more on this topic, see Rayport, J.F. and J.J. Sviokla, "Managing in the Marketspace," *Harvard Business Review*, 72 (November/December 1994), pp. 141–153.

6. For more on segmentation, see Cravens, David W., *Strategic Marketing*. Burr Ridge, IL: Richard D. Irwin, Inc., 1994, Chapters 5 and 6; and Wind, Yoram, "Issues and Advances in Segmentation Research," *Journal of Marketing Research*, 15 (August 1978), pp. 317–337.

7. We discuss this kind of analysis more fully in Chapter 11.

第②部

瞭解顧客價值和
顧客滿意度

CHAPTER 3

顧客價值的新觀點

等待時間的長短往往是決定顧客對組織之服務滿意與否的主要原因之一。對許多行業來說，這一點更是千真萬確；無論小至雜貨店結帳的隊伍、醫師的候診室、或影印機的外勤維修服務等等都是。然而，提供服務的廠商要如何回應這些問題，則和他們如何定義問題有很大的關係。例如，旅館或許會將問題定義為「服務台的隊伍太長」；如此，管理部門很可能會考慮解決服務台和處理程序的問題，其中包括增加人手或採用新科技的解決方法。

要是定義問題的方式不同時會如何呢？例如，某旅館可能會把眼光看得遠一點：減少（或消除）顧客從抵達飯店至進入房間的時間。對問題下這樣的定義，較偏重對顧客的結果，較不偏重業務作業的某個特殊面向，會使管理部門花較多心思於創造顧客價值。一家旅館最近就採用這種作法，從旅客出機場到飯店的途中，他們就開始在接送巴士中做住客登記，使房客一到旅館，就已經完成了住宿登記手續，而且還拿到房間鑰匙，如此他們就可以不經櫃台而直達客房[1]。當某個產業不再努力於提升或改善其現存作業之特性，反而重新定義其使命為確認與傳遞顧客價值時，可以參考這個例子的精神。

導論

「什麼是顧客價值？」、「我們特殊的顧客價值是什麼？」、

顧客調查的觀念與技術

「如果我們提供價值給顧客，我們會知道嗎？」，無論你如何問，這些問題都是任何行業的基礎，無論是銷售產品或服務、無論是營利或非營利組織、無論是新成立的組織或百年老店，這些都是一定得發問而且須不斷問到的問題，並且這些問題的答案不僅複雜，還會視情況而異。更重要的是，所獲得的答案如果正確且直接時，這些問題可以確保公司能長久屹立不搖。同樣的道理，當答案錯誤時—或更糟，根本無法回答這些問題時—就算不會有立即的影響，組織最終將難逃脫失敗的厄運。

雖然這些問題既重要且根本，但是有太多的組織（公司）應該要回答卻又辦不到。無法瞭解顧客價值的組織經常碰到下述的兩種困擾：（1）無法向顧客提問正確的問題，及/或（2）組織中無法適當地溝通或有效地使用顧客提供的資訊。

第一，根據我們的經驗，許多經理人一開始就問錯了問題，這種狀況在組織中會以不同的方式顯現出來。

- 有些經理人根本不問顧客任何問題。最明顯的例子（雖然這種例子已經不多見了）就是，組織沒有任何適當的程序可以有系統地蒐集顧客的回饋資料。
- 更常見的例子就是，經理人試過現有的顧客資訊程序之後只得放棄。發生這種狀況是因為現存的程序無法提供有效的資料，或經理人覺得要趕上快速的市場變化不太可能，包括變化莫測的顧客屬性。更自負的經理人就是那些覺得他們比顧客「更」清楚答案，並可以「訓練」顧客養成正確想法的經理人（美國汽車製造商在70年代和80年代的經驗，就是這種態度的典型例子）。

・最後，愈來愈多的組織正試著透過顧客滿意度測量
（CSM），嘗試回答這些問題。CSM在過去十年間
以令人驚訝的比例增加。雖然我們會在第四章說明顧
客滿意度的重要性，以及值得重視的原因，但是我們
仍堅信傳統評鑑顧客滿意度的方法，在性質上無法完
整地回答顧客價值的問題。簡言之，傳統的方法向來
較關心於評鑑產品的特性，而不是去瞭解顧客對價值
持有的觀點。

　　第二，許多組織缺乏可以有效提升顧客資料之傳送和運用的
資訊系統和程序，或甚至不存在。或現存的系統因許多因素而有
缺失，其中包括：（1）資料的更新不夠徹底，導致資訊過時；
（2）資訊系統可能無法有效整合組織不同的資源（例如，顧客
滿意度調查資料、業務人員訪談記錄、抱怨資料等等），結果是
採取逐件分別分析的方式；（3）資訊可能無法到達需要藉此做
為決策依據的經理人手裡；（4）就算資訊能夠送到適當的人手
上，使用者也可能不知道其用途何在；以及（5）組織可能並不
鼓勵適切地管理與使用顧客資訊，因為經理人無法將之與職責、
績效評鑑、和薪酬適當連結。遺憾的是，經理人經常受到蒙蔽，
認為現存的資訊系統仍能有效運作，不過事實並非如此。
　　本章的內容，我們將探討前述的第一個問題：許多組織在一
開始就問錯了問題。如果這個問題沒有解決，則探索傳送和運用
相關資訊的後續程序並不恰當。要達到這個目的，我們得先從協
助讀者瞭解什麼是顧客價值開始。
　　首先，我們將以顧客的角度、以及產品和顧客在使用情況下
的互動來定義價值。再來，將提供一個價值層級（value

hierarchy），使經理人能整合對於顧客價值的思考。這個層級會鼓勵經理人以更寬廣的視野來思考價值，俾超越產品的屬性或特性之狹隘觀點，並以顧客的經驗等較高階的結果來取代。最後，將探討顧客價值觀點的優勢及對管理的涵義，並比較顧客價值觀點和傳統探討顧客的方式。

定義顧客價值

　　什麼是顧客價值？這個問題看起來好像很簡單。雖然大家都相信自己知道「價值」是什麼，然而卻有成千上百個不同的定義和觀點〔1,2〕。價值的概念在心理學、社會心理學、經濟學、行銷學、管理學等學門中都有其蹤跡。即使我們將範圍縮小，只專注於考慮特定產品或服務的「顧客價值」，還是會有許多意義。例如，許多組織的顧客價值之意義是「附加價值」（value-added），指為了在提供給顧客的產品或服務中注入特定的屬性和特色，所需要的經濟性成本（價格）。儘管經濟性價值當然是此一難題的一部份，我們有必要更廣義地定義價值，以便由顧客的觀點來瞭解其豐富性。〔3〕

　　本書對於顧客價值的定義如下：顧客價值指，在顧客的認知中他們在特定的情境下所希望發生的結果，以便藉由產品和服務所提供的協助，完成他們所想要的意圖或目標。此一定義中有三種重要的元素。

　　‧產品是達成顧客意圖的手段。產品的使用目的可以廣泛地區分為使用的價值（value-in-use）或擁有的價值

（possession value）。

- 產品是透過結果（由顧客體驗的結果）的傳遞，而非由產品的特性來創造價值。

- 顧客的價值確認會高度地受到特殊使用情境中之限制條件的影響，也最可能因此形成。接著，這些判斷會受制於各種使用情境與時間的物換星移而改變，也會受制於「觸發」（trigger）情境的鼓動。

以下我們將更詳細地討論這三種元素。

消費的目標：使用的價值和擁有的價值

上述顧客價值的定義中，對顧客而言，最重要的面向之一是，產品只是達到目的之手段。事實上，經理人自始至終最需瞭解的不是產品本身，而是顧客想要達到的最終目的是什麼。顧客想要達到的特定目標，和產品與消費經驗一樣繁多與複雜，但是仍可從兩個粗略的分類來瞭解：使用的價值（value in use）和擁有的價值（possession value）。〔1,4〕

「使用的價值」，如同字義所述，就是透過產品的消費直接達成的功能性結果、用途、或目的。〔5〕例如，喝一杯咖啡可以讓消費者在早上頭腦清醒、使用文字處理機可以提高生產力、在製造程序中使用特定供應商的物料可以增加產品的可靠性。其他關於使用價值的例子還包括時間效率、解渴、穩定的運送、娛樂、容易清理等等。這些因顧客需求而產生的特定形式的使用價值，因產品和服務類型之不同而不同。不過，即使是特定的產品或服務也必須符合許多使用價值的目標。例如，在同樣是微波爐

的消費者心中，可能會有不同且經常競爭的目的─例如營養成
份、低價、好口味、烹調簡便等等。

顧客也可以透過擁有產品而獲得價值。此種觀點意味著，若
產品具有重要的象徵性、表達自我、美學等特性，則顧客可以經
由擁有及其他關聯性而沾上此等特性〔6,7〕。這種形式的價值通
常和產品具有令人「以擁有為傲」（pride of ownership）的特
性，例如傳家寶或昂貴的辦公裝潢等。除了顯眼的豪華物品之
外，顧客也可能以擁有便宜的物品為榮（例如大拍賣時撿到的便
宜貨、流行的時裝、或因為興趣而花很多力氣弄到的任何產
品）。同樣的，服務則須具有令人「以消費為傲」（pride of
user-ship）的特性，例如在高級餐廳用餐或商業組織聘用高知
名度的法律顧問。

當然，這兩個目標並非互斥。許多產品同時具有使用和擁有
的價值；擁有賓士車或噴射機的人、時尚人士所購買的新衣服、
或公司新的辦公大樓等等皆是。這種分類並非意味著「非黑即白」
的情況，而是讓讀者知道有多種價值可能和產品連結著。

使用產品的結果

顧客達成他們期望的用途或目標之能力，決定於產品使用的
結果（consequences）。相對於產品本身的特性，所謂的結果指
顧客使用產品後的經驗。顧客會去尋求和期望相符的結果，並避
免相反的結果。

有些產品的消費結果是正面的。這些是顧客透過擁有或消費
產品或服務所期望的效果或益處，其範圍相當寬廣。有些正面結
果的性質可能很客觀─例如，低瑕疵率、容易組合使用、低儲存

成本等等。相對地，有許多正面結果的性質則相當主觀，包括減輕壓力、自信、效率、生產力等等。正面結果也可能由產品或服務的單一屬性而產生（例如前輪驅動車能在雪地上具有較好的操控性）。也可能來自產品的許多屬性和特色。例如，顧客對一輛車的「搭乘舒適性」可能來自許多特性的組合，包括懸吊系統、車子大小、車內裝潢、溫度控制等等因素。

如同正面的結果一樣，負面的結果也包括客觀（例如價格、時間）和主觀（例如「難以使用」）。價格是產品消費最常令人想到的負面結果。不過，負面結果通常都在金錢考量的範圍之外。以更寬廣的角度來看，和產品使用相關的每一種正面結果，若無法為顧客所接受時，就相對地產生一種負面的結果。例如，顧客若無法認同「使用簡便」，則負面的結果可能就是「難以操作」或「花太多時間（力氣）」。負面的結果還可能包括心理成本（例如承受壓力或喪失特權）、花費時間或力氣去購買和消費該產品、機會成本（例如因為選擇了不可靠的供應商而折損生產力或銷貨業績），以及其他各種和產品或服務有關的犧牲。

我們認為，顧客價值是顧客使用產品之後對於各種正、負面結果的取捨交換（trade-off）之認知（詳見圖3-1）。〔8〕提供產品和服務的廠商必須切記，顧客會接收到許多產品使用後的結果，以及這些結果不太可能全然都是正面或負面。例如，新車可能相當舒適、安全、豪華、且操控自如，但是這些正面的結果可能因為必須經常維修、必須和怠慢的服務經銷商打交道、或價格高昂而感受到心理壓力而抵消掉。因此經理人必須嘗試瞭解顧客對於這些結果的取捨認知，以及產品在顧客心目中的價值。

瞭解顧客願意進行的價值交換，實際上也提供給企業各種策略性的機會。例如，在購買傢具方面，顧客向來願意支付較高的

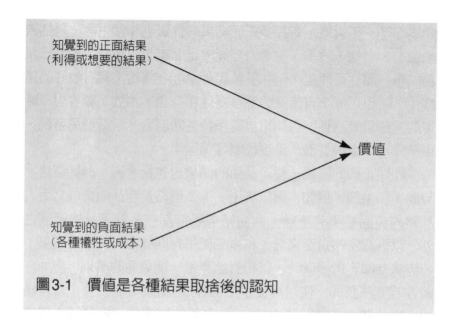

知覺到的正面結果
（利得或想要的結果）

價值

知覺到的負面結果
（各種犧牲或成本）

圖3-1　價值是各種結果取捨後的認知

價格，以換取賣方提供組裝、運送、精巧的傢具展示室、銷售人員的協助、和室內設計諮詢等回饋性利益。

　　一家知名的傢具製造商重新考慮顧客對於成本—利益的取捨認知之後，從而掌握其中的策略性機會。〔9〕如今IKEA已經變成全球最大的傢具零售商，透過全球超過100家店面的網絡，在1992年的營收達43億美金。IKEA鼓勵消費者儘量以自助的方式來選購產品、自行組裝、以及自行運送回家，使公司能降低產品的價格。當然，IKEA會供應產品目錄、鉛筆、紙張、捲尺、以及運送傢具組件到顧客車子處的推車，也出租或販賣車頂行李架以便顧客能運送傢具回家。很顯然，IKEA的成功是他們掌握了顧客對於價值交換的意願，以及以不同於同業的方式來定

義價值。

使用情境的重要性

　　當產品和使用者在某個特殊的使用情境下匯合時,價值就產生了。(請參考圖3-2)〔10,11〕。這個觀點相當重要,因為顧客對產品價值的判斷是基於使用情況的要求。事實上,在未能完全瞭解產品各種不同用途之前,很難判斷產品是否能夠提供價值

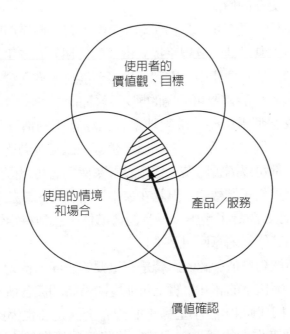

圖3-2　價值確認涉及產品、情況、和使用者的關係。

給個人或組織。例如，顧客會在許多使用情況下考慮購買一瓶酒：例如和家人在家用餐、野餐、招待重要的客人、做為送給朋友的禮物等等。對顧客而言，一瓶特殊的酒其價值會因這些不同的使用情況之要求而有很大的不同。

圖3-2的三角觀點可用來創造顧客價值，日產汽車（Nissan）開發的Maxima車款就是一個好範例〔12〕。該車款定位為家庭（使用者）房車時，日產汽車就開始考慮到使用的不同情況。其中一種特定的情況須考慮「婦女載裝家用品」，因此強調行李箱要更容易開與關。因此，日產汽車設計出平衡車廂蓋（counter balanced lid）的行李箱（產品），讓使用者在使用行李箱時有更多的價值。

另一個例子是NEC要求產業研究員研究人們使用膝上型電腦的情況，尤其是他們發現手提式電腦的使用者在講電話時得單手打開電腦；或在會議中，電腦使用者可能必須向與會者展示電腦螢幕，因此可能需要可分開的展示螢幕面向大家。NEC在生產Versa筆記型電腦時，敏銳地察覺到顧客不同情況的使用需求，因此每一個主要元件（例如展示螢幕、磁盤驅動器、電源、和記憶體）都可以隨拆隨裝。這個設計讓使用者可以因應不同的使用情況來重新組裝機器，無論在家中、辦公室、或旅行途中。事實上，NEC設計了適應（以及創造價值）各種特定情況的機器，讓使用者能夠隨意使用。〔13〕

使用情況對價值確認的影響是有重要的意涵。首先，這意味著對產品「價值」的認知事實上可能會隨著時間與各種使用情況而變。〔14〕例如，在小型房車能夠完全滿足（也因此創造了價值）通勤工作者的個人需求時，若將評判標準擴大至家庭休閒，其價值就減少了。

在另一個指出產品「價值」的認知如何隨著時間而變的例子裡，我們最近訪問英國交通部的員工，想瞭解他們如何判斷合約承攬商在諸如橋樑、建築工程等合約中的價值。我們發現，「價值」可以只由某些特定事件來定義。在通常顯得複雜的競標程序中，這些員工是以包商「在競標期間的坦白和誠實」、「公文的錯誤率低」、「處理事務的靈活彈性」、以及「瞭解顧客需求的能力」等特性，來做為價值評判的基礎。接著，承攬商一旦得標並開始著手實際進行合約專案時，價值的其他構面跟著產生了，諸如「縮短我們的準備時間」、「能夠和我們的人打成一片」、「人員流動率低」、以及「好溝通」等等。產品或服務的供應商必須瞭解價值通常不是「短線操作」，反而應該是細水長流。從圖3-3可以看出顧客對價值的認知（由縱軸表示）如何能夠隨著時間和使用情況（由橫軸代表）而改變。

第二，我們相信一些特別重要的使用情況能夠找出來說明使產品需求與價值改變的原因。請注意圖3-3的價值確認如何因情境觸發事件（occasion trigger）OT_2的出現而明顯下降，以及在情境觸發事件OT_7的出現而再急遽上升。雖然有時候因產品的性能出現差距而導致顧客改變對產品的評判，但是即使產品的性能保持不變，這些評判也可能因情境觸發事件而改變，因為情境觸發事件會造成使用情況的要件改變。

例如，大部份的汽車經銷商都瞭解新車買主於購車後第一次到服務部門時，就是關鍵的情境觸發事件。在這個時間點，顧客可能會以完全不同的價值構面來評判經銷商的回應，而不是以購買時的標準。這些構面是什麼？當情境觸發事件來臨時，為了要正確判斷，經銷商應如何探索這些顧客，以準確地確認情境觸發事件何時會來臨？以及服務部門必須做些什麼來滿足這些情境觸

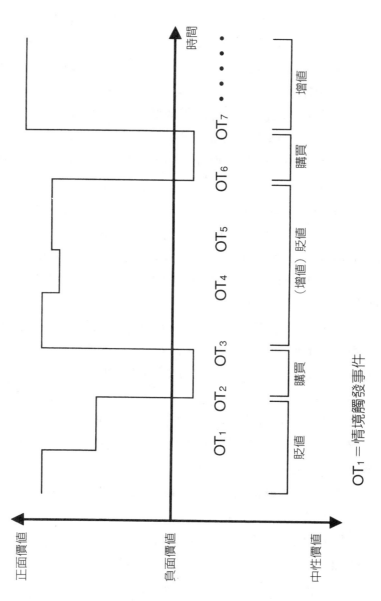

圖3-3　隨著時間改變的價值認知

發事件的要求？這些情境觸發事件是否存在，以及要滿足哪些特定的要求，這些資訊對經理人而言相當重要。

　　最後，我們的研究「發現」另一個和圖3-3有關的有趣現象。我們發現，產品在購買後經常會出現一段「蜜月期」，此時顧客對產品的評價相當高。不過，隨著時間與不同的情況之後，有時會出現「貶值」的現象，此時顧客對產品產生愈來愈多的負面價值確認，並逐漸將壞印象投射在品牌或廠商身上。〔15〕再一次地，這種貶值可能來自產品的瑕疵，然而也可能來自對於使用情況之要求的改變，當初在購置產品時，這些要求甚至可能還未存在。我們相信，貶值的想法一旦形成，惡性循環或自証預言就會存在。顧客可能會積極的尋求機會來換掉產品或服務的提供廠商。我們除了從顧客身上訪談到此種傾向之外，也碰到非常瞭解此種傾向發生在他們顧客身上的經理人。

小結

　　很顯然，產品價值是個相當複雜的概念。因為我們將價值定義為具有多重構面（其中包括消費和擁有這兩種價值）、是一種取捨的程序（由許多不同的正面和負面結果取捨互換）、是一種動態的程序（價值確認會隨著不同的使用情況而變化），因此，試圖瞭解和測量價值很明顯是一項挑戰。為了這個目的，需要一種條理分明與系統化的方法來思考和判斷顧客價值。「顧客價值層級」正是這樣的思考架構。

顧客價值層級

價值的層級觀

手段／目的理論（means/end theory）可以指出顧客如何看待產品價值的層級性。〔16-19〕更明確地說，該理論以三種層次說明產品如何和顧客產生關聯（how products relate to customers）：也就是屬性、結果、和想要的最終狀態（desired end-states）（圖3-4）。如同我們所見的，這些層次在逐漸由低層次移到高層次時，會變得逐漸抽象，和顧客的關係也變得愈來愈切身。

屬性（Attributes）。　此為最具象的層次，顧客以產品的屬性來定義產品：所謂的產品/服務，就是產品的特性和組成要素。如果要求顧客描述產品（「它是一部多用途四輪驅動的四門房車，皮革內裝、還有防鎖死煞車」）或服務（「我們和接待人員談過，她會派來維修人員，在修好影印機之後，我們就會收到帳單」），屬性向來是最常被提到的部份。有人可能會思考為，這些是特殊的產品/服務所提供的「選項」（options）。屬性往往客觀地定義，因此可能會有許多屬性和屬性的組合（bundlings of attributes）構成特定的產品或服務。

圖3-5顯示我們和汽車車主的深度訪談所建構的價值層級。這個層次包括許多顧客在討論她們的車子時所提到的屬性。這些屬性與汽車本身的實質要素（開關的位置、各種儀器配置、規

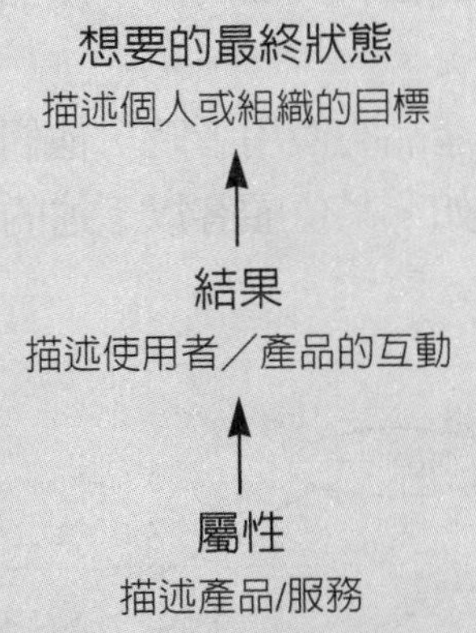

想要的最終狀態
描述個人或組織的目標

↑

結果
描述使用者／產品的互動

↑

屬性
描述產品/服務

圖3-4　價值層級

格、豪華內裝、油料效能等），以及伴隨著汽車之銷售和維修的無形特徵（銷售人員促成交易的技術、器械的耐用性、服務部門的回應性等等）有關。

我們必須指出，公司向來都以屬性來定義他們所重視的成果。關於這一點，顧客滿意度調查就能夠提出令人信服的證據，因為他們幾乎一成不變的以產品屬性或特性來測量滿意度（在第四章我們會有更多的討論）。無疑地，瞭解和提升產品屬性是很重要，這是組織對顧客相當重要的承諾，我們稍後會再討論這一點。然而，逐漸明顯的事實是，當組織的焦點停留（stops）在某個屬性，以及不想要進到更高一層的價值層級時，這就是困境（失敗）的開始。

結果（Consequences）。　中間的層次指顧客較主觀地認定

產品使用後的結果（正面和負面的）：產品對使用者的貢獻、結果（樂見與不樂見的）。

　　在訪問許多不同產品的使用者時，他們常以使用結果來描述各自的產品經驗。例如，某位顧客以下述的方式來討論涼鞋的硬

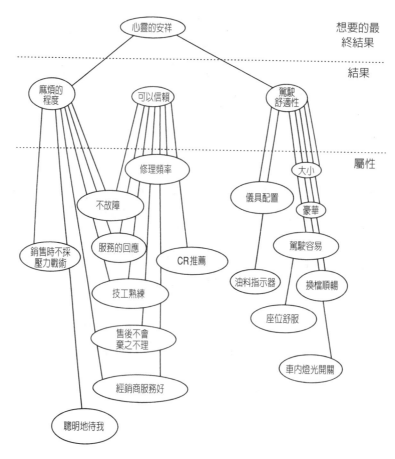

圖3.5　某位顧客的價值層級

皮鞋底：「這鞋底硬得很，穿起來好像扁平足啪噠、啪噠的，因為鞋底沒辦法彎」。

同樣的，遊艇主人在討論遊艇儀器的配備時，則以：「你得有軟骨功才能看到哩程表，因為哩程表通常裝在船底的兩個艙門間，你的身體沒辦法下去」。這些例子強調了評鑑的觀點由屬性轉向使用的結果和經驗。

我們可以從奧斯摩比汽車（Oldsmobile）對該公司奧羅拉（Aurora）汽車的產品設計程序的描述，找到結果導向的好例子。該款汽車在1994年進軍頂級房車市場。〔20〕在1998年初，奧斯摩比汽車的工程師拜訪了賓士汽車和BMW等歐洲頂級房車的車主。當然，這些車主提到了一些屬性，例如說皮革座椅、原木飾板、多汽門引擎、和四輪碟煞等。然而，奧斯摩比的設計師在確定「歐洲頂級車的經驗」時，最重要的因素是這些汽車「激發信心和安全感，車子沈靜穩重，使駕駛人能不受顛簸的干擾」。接下來奧斯摩比的工程師要去找出屬性如何整合才能夠產生這樣的結果。他們最後以「堅固的車身結構」為關鍵，並且開始定義材料、設計和組裝（屬性），以便產生想要的結果。

圖3-6描述不同種類的價值層級。這代表企業知覺到供應商的價值傳遞。再一次，屬性和結果層次的差別受到強調。在這個例子裡，供應商提供的屬性可能包括有適任的人員、及時傳遞、確實的補貨、EDI服務等等。至於對採購的企業造成的結果，可能包括協助傳遞價值給下游顧客、減少存貨、縮短停工期等等。圖3-6例示了價值層級的概念如何能不僅應用在服務的供應者身上，同時也能應用在B2B和製造商與顧客的關係上。

另一個思考屬性和結果之差距的方法是，考慮必須問哪些問題，才能分別瞭解。在屬性的層次，我們可以單純地要求顧客描

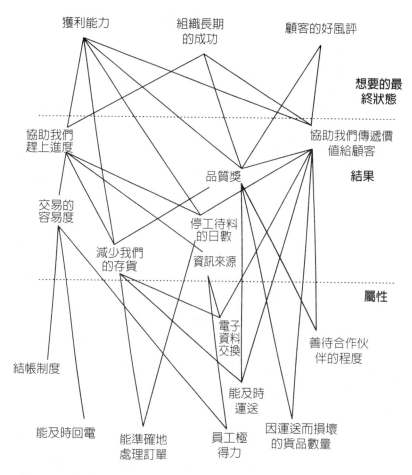

圖3-6 企業對企業（B2B）的價值層級

述產品或服務。不過，在結果的層次上，我們可能須問些聚焦在顧客身上的問題，例如「你如何使用這個產品？」、「使用這個產品之後，會如何呢？」、「這個產品對你的貢獻是什麼？」。

　　如同前述，使用產品的結果包括正面（利得、想要的結果、或實現某件事）與負面（犧牲、成本、以及得到不想要的結果）。結果的性質和屬性比起來可能較抽象，且產品使用者會更主觀地看待使用結果。顧客可能較容易認同對產品屬性的描述，但是對於結果的看法很可能相當不一致。例如，兩個顧客可能會客觀地描述和同意某種筆記型電腦的特殊鍵盤設計（屬性），不過，他們可能不會完全同意這個設計是否好用（結果）。

　　對於結果必須牢記在心的另一特徵是，雖然一些屬性和一些結果可能有「一對一」的對應性，但也可能許多屬性的組合對應著一種結果。例如，福特汽車發現，許多顧客抱怨坐在車後鞋子會磨損。針對這個負面結果的反應，該公司做了許多調整，包括調整座位下方的斜度、加寬座位調整軌的空間、調整軌以光滑的塑膠來替代原先的金屬材料等。〔21〕思考這些結果的方式之一是，這些結果是瞭解顧客為什麼會較偏愛某些特定的屬性或屬性之組合的關鍵。偏愛某種屬性是因為它們能夠導致想要的最終狀態或避免討厭的結果。

　　想要的最終狀態（Desired End States）　在層次的頂端是想要的最終狀態：這是指使用者的核心價值觀、目的、和目標。對個人、家庭、購買單位、及組織而言，這是最根本的激勵因子，也是產品和服務所要達成的最終目標。手段／目的理論定義此一最抽象的層次為包括安全感、家人的愛、以及成就等內心深處所持有的價值觀。這些價值觀或許直接和產品的消費有關，例如低脂菜餚可以維持健康，或間接有益於個人生活的其他面向，例如「運動飲料可以讓我在棒球聯盟比賽中發揮得更好，使我能為社區效力」。雖然定義想要的最終狀態時，顯然會包括這些核

心的價值觀，但基於本書的目的，我們擴大了此一定義。首先，我們涵蓋了能激勵消費者的消費目標或意圖（例如多樣化、豐富性、及好口味）。相對於核心的價值，後者代表著個人或組織扮演消費者角色時所關切的一組較低階、與消費相關的事項。此外，我們明白地將組織型的顧客視為和個人一樣來思考。組織扮演消費者時所想要的最終狀態包括長期的成功、對社區的貢獻、顧客的好風評、好品質的產品、或股東的財富等等。

還有，從我們的訪談實例中顯示，顧客想要的最終狀態掌控著他們購買和使用產品的決定。某位遊艇的主人談到他是為了家庭的目的才購買的：「我們買這艘遊艇是希望家中的小孩子會樂於和我們多相處幾年。」同樣的，健身中心的顧客則表示：「我覺得凡事順心多了，對生活的展望也好多了」。圖3-5的顧客相當重視心情的舒坦，無論在她的日常生活，或她與汽車的關係都是。（或許應該說明一下，她認為自己的生活是由不穩定的線條和經過修修補補的「瑕疵品」所組成。藉著選擇具有特殊屬性（產品和售後服務）、並能提供三種主要結果（沒有任何麻煩、安全、容易駕駛）的汽車，她試著使自己的心情維持舒坦。

價值層級的重要特徵

當我們考慮實際運用這個概念時，層次的許多特徵就會顯現出來。

首先，如同先前所說的，價值層級有三種層次——屬性、結果、和想要的最終狀態——相互關連在一起，低層次是完成高層次價值的手段。產品的屬性是完成傳遞給顧客之結果的「手段」。如圖3-5所示，器械的裝置、規格、以及舒適的座椅是顧客覺得

能夠駕駛更舒適的三種屬性。另一個屬性與結果之關係的例子可以在史垂克萬用工具廠（Power Tool Division of Stryker）〔22〕身上找到。當史垂克的員工進入顧客的工廠參觀他們的工具在什麼地方、如何使用時，他們看到令人驚訝的事實：該公司產品的使用者一半以上是女性。他們注意到史垂克產品的設計使這些顧客很難握緊該公司生產的工具。對這種負面的「結果」或「犧牲」（sacrifice），他們重新考慮產品的相關屬性（設計或結構）。結果史垂克公司在半年後，重新設計了以橡膠化的塑膠材質來製成不同規格的握把，以方便顧客握緊。他們後來發現這些產品在日本市場賣得相當好，因為日本人的手通常較小，這是出乎意料的結果。

同樣的，透過產品的使用所獲得的「結果」如何進一步協助自己抵達「想要的最終狀態」，每一個顧客各有其認知。例如，汽車提供的安全性能和方便駕駛能夠使某些人心情舒坦（見圖3-5）。

第二，如前述，層次越高，抽象的程度越高。在「屬性」這個層次往往有最客觀和具體的定義，在「結果」（使用後的利得或犧牲）的層次則變得較抽象，而想要的最終狀態則是所有層次中最抽象者。結果之一是，在測量和瞭解顧客價值層級中之較高層次時會變得更具挑戰性。顧客和組織可能無法在層級的較高層次上立即說出他們對產品的欲望，而那些想要瞭解和測量顧客之觀點的嘗試，則要更深入地「挖掘」結果和想要的最終狀態才能瞭解。（這個議題我們會在第七章詳細討論）。

層級的另一個特徵則和經歷時間的穩定度有關。層次越高，穩定度傾向增加。根據心理學家的說法，價值觀是個人擁有最持久和最穩定的一些屬性。雖然他們可能會隨著時間而改變，但這

種改變通常非常緩慢。同樣的情形也發生在組織身上。在中間的層次上，顧客所要的結果往往比想要的最終狀態較不穩定，特別是已知結果有隨著各種使用情況而改變的傾向。但是，和產品的屬性比起來，它們還是比較穩定且不容易改變。顧客在市場上接觸的屬性或屬性之組合會隨著時間而不斷改變；產品的生命週期逐漸縮短，科技以令人咋舌的速度改變，使現有的產品有更多樣化的選擇。例如，在1992年，光是在美國的超級市場新上架的食品、保健、美容、以及寵物等產品就有15,000種之多。此外，這些產品當中有將近70%是「現有品牌祭出不同的種類、配方、規格、或包裝」〔23〕。因此，產品屬性層次是經理人加以快速變化的對象，結果和想要的最終狀態則是相對上較穩定的策略性焦點。

最後，再回到我們先前的討論，我們必須記住產品或服務根本沒有「固定」的價值層級。我們的研究顯示，使用情況會是價值的決定因子，因此，當使用情況有所變更時，這個價值層級的要素可能會顯著地變化。例如，史密斯＆魏森公司（Smith and Wesson）多年來競爭傳統上以男性為主的武器市場；然而，最近這兩家公司發現他們的女性顧客群有成長現象，這促使他們重新思考如何在不同的使用情況下傳遞價值。例如，女性較可能在皮包內放置武器，而不是放在手槍皮套或衣服內。顧客群改變的結果之一是，槍枝銳利的邊緣常會使顧客皮包的內裡勾紗（負面的結果），導致該公司接到許多抱怨。像這種出乎意料的結果使得史密斯＆魏森公司重新考慮如何提供價值給逐漸擴大、不同的使用狀況。〔24〕

在先前的例子裡，我們曾討論過交通部的員工和包商在不同的專案進行階段打交道會考慮不同的價值構面，諸如篩選階段

（審核資格和競標）與合約管理階段（工程案的履約情況）。從
圖3-7和圖3-8可以看出在這兩個階段的價值層級如何不同。

顧客價值層級的實務應用

　　一般常問的問題是，經理人為何要不厭其煩地去瞭解和測量
整個價值層級。這其中我們覺得有許多令人信服的理由，包括下
列各項：

- 經理人不應該只用屬性來嚴格定義其產品或服務的內
  容。
    - 經理人必須瞭解，顧客價值是顧客根據其價值層級
      之較高層次來判斷，包括在「結果」這個層次上的
      取捨交換。
    - 能夠透徹瞭解整個價值層級的經理人，就會在比較
      產品或服務之替代內容方面有較好的基準。
    - 瞭解屬性和結果之間的連結，可以協助經理人找出
      能夠提供多種利益給顧客且具「高影響力」的屬
      性。
- 不像決策應採由下而上（bottom-up approach）的做
  法，價值層級應採由上而下的做法，即經理人應先瞭
  解較高的層次，接著再將這些知識轉換成特定的屬性
  或特色。
- 將注意力集中在變化多端、不穩定之產品特性的經理
  人，會發現他們在追逐移動的目標，事實上「結果」
  和「想要的最終狀態」可以使決策有較穩定的基礎。

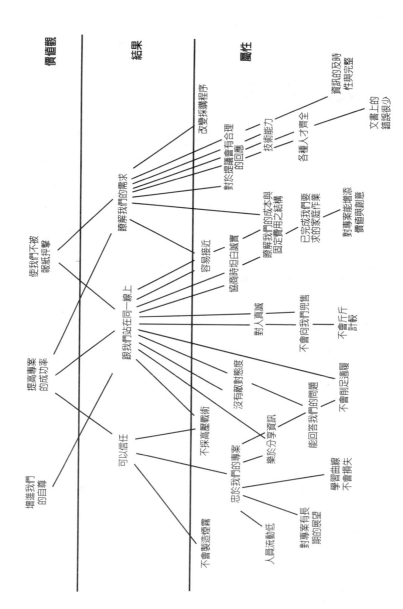

圖 3-7　英國交通部在篩選承包商階段的價值層級

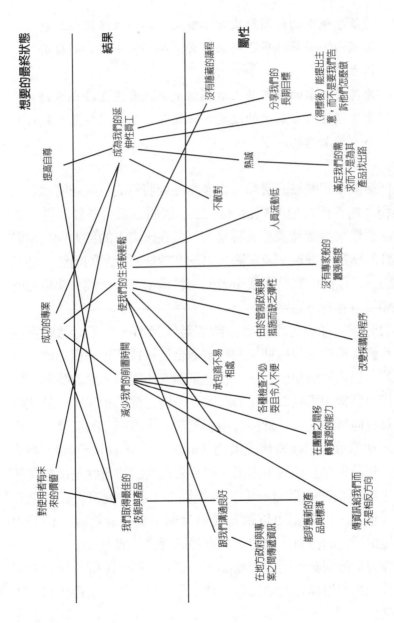

圖 3-8　英國交通部在合約管理階段的價值層級

- 價值層級中的較高層次在本質上有朝向未來某種狀態的傾向，而屬性層次則聚焦於產品過去或現在的提供物上，。
- 價值層級中的較高層次能提供更多機會使產品或服務產生顯著與有創意的改變，而聚焦於屬性只能產生較小、較漸進的改變。

持結果層次觀點的優點　許多產品或服務的供應商將他們的產出視為屬性或特色的組合。〔25〕他們以組合各種組件、特徵、或製程來生產其產品或服務，以及在研發上的努力則經常針對屬性的增補、推敲、及刪除，目的在於提昇產品的內容。他們經常將自己產品的屬性和競爭者的屬性選項加以比較，使自己的產品和競爭者有所區別。

對照下，顧客的價值層級能清楚地指出，為了傳遞顧客價值，我們必須瞭解何種結果的特定組合是—或不是—產品使用者所要的，以及何種想要的最終狀態是顧客所要的。除非我們可以瞭解價值層級中那些較上端的層次，否則在篩選和決定產品或服務應具有何種屬性時，就沒有指引經理人「方向」的明燈；更沒有任何基準可以判斷替代提供物（alternative offerings）的重要性。一份研究在結論中指出，產品最重要的特徵就是那些與較高結果層次相關的選項。〔26〕很顯然，許多實務人員愈來愈重視「價值」的創造可以做為競爭優勢；更具體地說，他們相信，提供穩定的優質「價值」會直接影響獲利能力。〔27〕

瞭解價值層級也能提醒產品或服務的供應商瞭解—沒有兩個顧客或兩個市場區隔的價值層級會完全一樣，這些差距帶來了挑戰和機會。例如，安速潔（Safety Kleen）是一家商業廢棄物處

理公司，該公司發現那些規模較小的企業顧客會要求一大堆面對面的專屬服務，以滿足其需求；這是因為他們對於處理商用廢棄物相關法規瞭解不足的結果。相反的，這些需求卻不在大型企業的價值層級內，因為大型企業的員工對法規問題較敏銳與熟悉。因此，安速潔公司較能夠提供大型顧客「精選的」服務，以滿足其獨特的需求。〔28〕

此外，如果製造商真的瞭解顧客的價值層級，他們就能夠找出能提供給顧客多種結果且有「高影響力的」屬性或特色，這樣就能提昇價值。例如，LCD裝置可以提供給汽車駕駛人許多好處，包括較容易閱讀、擁有新科技的酷炫感等等。因為未能認清能提供給顧客的所有利益，製造商可能會發現他們低估（在某些情況則是訂價過低）了產品或服務的一些特色。

「由上而下」的產品設計　第二，顧客價值層級對於產品或服務的設計會建議「由上而下」的做法。許多產品導向的組織都是由產品的屬性開始，找出屬性的組合並由設計工程師去「做出更好的東西」；然後，組織再去尋找對他們的產品有興趣的潛在顧客和市場。「由上而下」的做法是組織開始先深入瞭解對顧客重要的結果和最終狀態，然後反推回去設計產品或服務，以傳遞這些結果和最終狀態（如同我們先前所提的奧斯摩比Aurora汽車的例子）。

價值層級中較高層次的穩定度　第三，我們上面討論過層級中層次較高穩定度也越高。本項特徵最顯著的涵義就是，那些致力於聚焦於屬性層次的經理人，總是在追尋那些時時迅速改變或轉移的目標。以屬性為焦點可以產生那種在競爭中領先的興奮

感，卻常常無法為產品或服務的供應商產生策略性的優勢。

這種觀念實例就發生在消費性電子產業。製造商發現，他們的「創新」只有短期的優勢，因為很快就會被競爭者仿冒。另一方面，若以價值層級中的較高層次為焦點，策略性目標會比較穩定而不易改變。在這種做法之下，管理當局仍可以有各種機會來決定他們要以何種方式將顧客期望的結果傳遞給顧客，而且這樣的目標可以集中在較長的時間內。再一次地考量奧斯摩比 Aurora 汽車的例子，如果工程師專注於開發一種汽車能使駕駛人在路上有「被保護」的感覺，要傳遞這樣的感受可能會有許多種方式。與單一的設計變更比起來，要求這種結果是一種進步的、持續改善的研發程序，其中包括了產品的許多構面能隨著時間加以修改。

「未來」觀　當顧客對某種特定的產品設計或想法回應相當好時，且想得更長遠時，他們不太能以抽象的方式去回答「產品（服務）五年後會是什麼樣子？」的問題。每個嘗試過的經理人都知道。顧客並不適合去為那些他們未經歷過的產品進行內容物的投射、設計、或想像。〔29,30〕原因可能很多，不過有兩個原因最明顯。

首先，顧客非常容易執著於「是什麼」。他們往往以他們已經知道的或經歷過的素材來思考，這顯然限制了他們看得更遠的能力。（在心理學的記憶研究中已提到類似的效應，即人們對問題的回應能力可能會被某些最初暗示的答案所限制。）這種執著於「是什麼」的傾向顯然僅會導致對既有產品的提供物或屬性產生漸進式的改變。然而，在許多案例中，產品或服務的供應商都在尋找更具戲劇性的突破，使能重新定義產品或服務。這些突破

會導致顧客價值與競爭優勢的顯著提升。但是顧客並不善於想出這些突破。

　　顧客不是很好的預言家之另一個理由是，他們的專業知識不足。在許多案例中，他們缺乏科技、機械、化學、製程、系統、或背景知識等資源來理解產品，或甚至只是想像出產品變化的可能性。事實上，產品或服務的供應商自己最有這方面的潛力。

　　追求價值層級中的較高層次之第四項優點是，這種做法在本質上會比較關心未來。以屬性為焦點較容易執著於「是什麼」。例如，顧客可能會以大小、鍵盤、和記憶體等特色的提升來設計未來的電腦。就如先前所說的，改變屬性是新產品發展常見的做法。不過，顧客可以在結果層次上更精確地預測出他們的需求（例如串聯各地的網路電腦使用者、整合各種不同格式的資料庫等）。一旦經理人對這些未來的結果具有更犀利的洞察力，他們就更能將眼光轉向有無限可能的屬性上。

　　提供顯著、具創意的產品改良機會　最後，愈來愈多的證據顯示，聚焦在結果的層次比專注在提升產品屬性會產生更多具創意、戲劇性變化的機會。在這個較高的層次上，經理人可以跳脫組織所受的限制，去思考能提供給顧客的多種、且有時差距相當大之選擇。這樣可以使經理人的思維能超越產品屬性和系統能力，就像本章一開始時所描述的旅館實例一樣。如此將挑戰經理人，以更寬廣的角度來思考未來的方向和服務顧客的機會。

　　我們可以在快速成長的兒童照護產業中，找到相關的例子。〔31〕根據這個行業發展的歷史，這些照護中心已經將自己定位為「褓母」，這是一種說明他們做些什麼（我們是照顧兒童的）之屬性層次的描述。不過，有些兒童照護中心開始以對父母親的

結果來更寬廣地定義他們的角色—做為「家庭的延伸代理人」。延伸代理人這個定義指出許多機會來增加或擴大服務，以符合顧客的需求。例如，有些兒童照護場所已經開始設置體育館和游泳池、保健室和提供給父母的兒童教養資訊、參觀球賽或上下學接送、準備餐點以方便父母帶回家重新加熱、甚至提供醫師定期打預防針與其他健康檢查的服務。

　　另一個相關的例子可以從蘋果電腦開發膝上型電腦說起。〔23〕他們最初的努力（後來全部前功盡棄）完全集中在製造一個比原來的膝上型電腦（以屬性為焦點）更輕薄短小的版本。結果沒有被市場接受，於是蘋果電腦轉向消費者取經。透過觀察消費者在不同情況下使用膝上型電腦—例如在飛機上、車子裡、甚至在床上—他們因而更清楚地瞭解某些產品設計的結果。例如，當使用者在飛機上的小餐桌或個人的膝蓋上使用電腦時，滑鼠的用途就不多。有了這些觀察之後，滾輪滑鼠於是誕生了，這種設計特色現在也已經被競爭者模仿了。蘋果的膝上型電腦算是重新設計成功，當初要是公司不肯走出去直接問消費者的意見，或更糟的只讓設計工程師去試試別的特色的話，情況將會更糟。

　　簡而言之，若組織超越改善屬性的狹隘焦點，轉而考慮使用結果與價值傳遞，我們認為將較可能產生超群、激進、以及策略性的優勢，而且競爭優勢也較能持久。

摘要

　　我們在本章一開始先討論以顧客價值為導向來引導企業策略的必要性。我們認為，大部分的公司都不太瞭解顧客價值。接著

我們將顧客價值定義為；（1）「使用」及／或「擁有」的價值結果，（2）是特殊使用情況的要求條件之函數，以及（3）產品使用後所產生的正面及負面結果之取捨互換（trade-off）。本章指出，找出顧客價值將如何提供豐富與有意義的方式來瞭解顧客的需求和期望，特別是透過價值層級的模式觀點。我們認為，如果公司能夠更有效地探討顧客價值議題，他們將能重新思考（由產品/屬性轉為顧客/結果的觀點），並且重新檢視或修正蒐集市場資訊的系統。最後，我們也指出一些我們認為採行價值層級的觀點之後會產生的管理利益。

在本章的若干議題中，我們提到測量顧客價值的困難。價值層級的較高層次並不像屬性層次可以那麼直接地測量。同樣的，目前的顧客回應系統也不純然是為了測量這些價值構面；它們通常不足以用來做這種測量。在第七章，我們會探討一些最能夠掌握顧客之價值構面的特定技術。

參考書目

[1] Burns, Mary Jane and Robert B. Woodruff, "Value: An Integrative Perspective," Curtis P. Haugtvedt and Deborah E. Rosen, eds., *Proceedings of the Society for Consumer Psychology*. Washington: American Psychological Association, 1991, pp. 59–64.

[2] Sheth, Jagdish N., Bruce I. Newman, and Barbara L. Gross, *Consumption Values and Market Choices – Theory and Applications,* Cincinnati, OH: South-Western Publishing Co., 1991.

[3] Woodruff, Robert B., David W. Schumann, and Sarah Fisher Gardial, "Understanding Value and Satisfaction from the Customer's Point of View," *Survey of Business*, 28 (Summer/Fall 1993), pp. 33–40.

[4] Burns, Mary Jane and Robert B. Woodruff, "Delivering Value to Consumers: Implications for Strategy Development and Implementation," *1992 American Marketing Association Winter Educator's Conference Proceedings*, Chicago, IL: American Marketing Association, 1992, pp. 209–216.

[5] Holbrook, Morris B. and Kim P. Corfman, "Quality and Value in the Consumption Experience: Phaedrus Rides Again" in *Perceived Quality: How Consumers View Stores and Merchandise,* Jacob Jacoby and Jerry C. Olson, eds., Lexington, MA: D.C. Heath and Company, 1985, pp. 31–57.

[6] Holbrook, Morris B., "Aims, Concepts, and Methods for the Representation of Individual Differences in Esthetic Responses to Design Features," *Journal of Consumer Research*, 13 (December 1986), pp. 337–347.

[7] Prentice, Deborah A. (1987), "Psychological Correspondence of Possessions, Attitudes and Values," *Journal of Personality and Social Psychology*, 53 (6, 1986), pp. 993–1003.

[8] Jacobson, Robert and David A. Aaker, "The Strategic Role of Product Quality," *Journal of Marketing*, 51 (October 1987), pp. 31–44.

[9] Normann, Richard and Rafael Ramirez (1993), "From Value Chain to

Value Constellation: Designing Interactive Strategy," *Fortune*, July-August, pp. 65–77.

[10] Woodruff, Robert B., David W. Schumann, D. Scott Clemons, Mary Jane Burns, and Sarah F. Gardial, "The Meaning of Consumer Satisfaction and Dissatisfaction: A Themes Analysis from the Consumer's Perspective," Working Paper Series, Customer Value and Satisfaction Research Program, University of Tennessee, Knoxville, TN 1990.

[11] Zeithaml, Valerie A., "Consumer Perceptions of Price, Quality and Value: A Means-End Model and Synthesis of Evidence," *Journal of Marketing*, 52 (April 1988), pp. 35 – 48.

[12] Melcher, Richard, "A New Era For Auto Quality," *Business Week*, October 22, 1990, pp. 88–95.

[13] McWilliams, Gary, "A Notebook That Puts Users Ahead of Gimmicks," *Business Week*, Sept. 27, 1993, pp. 92–96.

[14] Sinden, J. A. and A. C. Worrell, *Unpriced Values: Decisions Without Market Prices*, New York, NY: John Wiley and Sons, 1979.

[15] Woodruff, Schumann, Clemons, Burns and Gardial Working Paper, op. cit.

[16] Gutman, Jonathan, "A Means-End Chain Model Based on Consumer Categorization Processes," *Journal of Marketing*, 46 (Spring 1982), pp. 60–72.

[17] Gutman, Jonathan and Scott D. Alden, "Adolescents' Cognitive Structures of Retail Stores and Fashion Consumption: A Means-End Chain Analysis of Quality," in *Perceived Quality: How Consumers View Stores and Merchandise*, Jacob Jacoby and Jerry C. Olson, eds., Lexington, MA: D.C. Heath and Company, 1985, pp. 99–114.

[18] Perkins, W. Steven and Thomas J. Reynolds, "The Explanatory Power of Values in Preference Judgments: Validation of the Means-End Perspective," *Advances in Consumer Research*, Vol. 15, Michael J. Houston, ed., Provo, UT: Association for Consumer Research, 1988, pp. 122–126.

[19] Vinson, Donald E., Jerome E. Scott, and Lawrence M. Lamont, "The Role of Personal Values in Marketing and Consumer Behavior," *Journal of Marketing*, 41 (April 1977) pp. 44–50.

[20] Kerwin, Kathleen, "GM's Aurora: Much Is Riding On The Luxury Sedan – And Not Just For Olds," *Business Week*, March 21, 1994, pp. 88–95.

[21] Phillips, Stephen, Amy Dunkin, James B. Treece and Keith Hammonds,

"King Customer," *Business Week*, March 12, 1990, pp. 88–94.

[22] Nussbaum, Bruce, "Hot Products: Smart Design in the Common Thread," *Business Week*, June 7, 1993, pp. 54–57.

[23] Miller, Cindee, "Little Relief Seen for New Product Failure Rate," *Marketing News*, 27 (June 21, 1993), p. 1.

[24] Zinn, Laura, "This Bud's For You. No, Not You – Her," *Business Week*, November 4, 1991, pp. 86–90.

[25] Sullivan, L. P., "Quality Function Deployment," *Quality Progress*, June 1986, pp. 38–50.

[26] Geistfeld, Dennis H., G. B. Sproles, and S. B. Badenhop, "The Concept and Measurement of a Hierarchy of Product Characteristics," in *Advances in Consumer Research*, Vol. IV, W. D. Perreault, Jr., ed., Provo, UT: Association for Consumer Research, 1977, pp. 302–307.

[27] Narver, John C. and Stanley F. Slater, "The Effect of Market Orientation on Business Profitability," *Journal of Marketing*, 54 (October 1990), pp. 20–35.

[28] Higgins, Kevin T., "Business Marketers Make Customer Service Job For All," *Marketing News*, 23, (January 30, 1989), pp. 1–2.

[29] Bennett, Amanda, "Making the Grade With the Customer: Firms Struggle to Gauge How Best to Serve," *Wall Street Journal*, November 12, 1990, B1, B3.

[30] McGee, Lynn W. and Rosann L. Spiro, "The Marketing Concept in Perspective," *Business Horizons*, 31, (May-June 1988), pp. 40–45.

[31] Trost, Cathy, "Marketing-Minded Child Care Centers Become More Than 9-5 Baby Sitters," *Wall Street Journal*, June 18, 1990, pg. 1, Section B.

註釋

1. Parr, William, presentation delivered at the Management Development Center, University of Tennessee, Knoxville, TN.

顧客價值和顧客
滿意度的結合

　　韓國現代汽車已經花了許多時間尋求顧客滿意度與測量的方法。我們由這個前題開始，即滿意的顧客可以帶來口碑推薦和重複銷售的結果。現代汽車在美國銷售第一輛車時，就已經適時地推出「高階顧客溝通方案」（advanced customer communication program）。這項方案包括一項早期的警訊系統，用來頻繁地進行與顧客的電話訪談工作，甚至要求服務技師去查核平時例行維修檢查時，顧客沒有抱怨的項目。他們的顧客滿意度測量方案包括在購買後的第6週、第12個月、和第24個月的調查。這些問卷每個星期都會回到經銷商手裡。顧客滿意度指標可以用來瞭解銷售或服務的績效；顧客滿意度的評鑑必須時時探索，最後由經銷商提供調查彙總報告。經銷商同時也得回應每一個顧客的調查結果，不管是正面或負面的評鑑。現代汽車對於顧客滿意度調查的承諾，可以由現代汽車美國分公司行銷部主管所說的一句話來總結：「我們藉由提供顧客更多的溝通通路和公司未來的願景，致力於超越測量顧客滿意度的必要性。」〔1〕

前言

　　在我們描述了為了瞭解顧客價值所建立的架構之後，最常被問到的問題是：「顧客價值和顧客滿意度有何不同？」，這個合乎常情的問題有兩個理由：（1）顧客滿意度測量方法目前廣為經理人熟知的普及性，（2）顧客價值和顧客滿意度所測量的面

向雖然不同，但都是顧客與產品或服務的互動。

　　首先，清楚地區分顧客價值與顧客滿意度是很重要的，因為個人和企業都很熟悉顧客滿意度，因此這兩者很可能被錯誤地混為一談。過去十年以來，顧客滿意度的測量方案已經廣被接受。花費在這些方案的努力，從1991年到1992年增加了28%，在1992年光是美國前14大市場研究公司的收入，就高達一億三千兩百八十萬美元〔2〕。還有關於這些方案相當普及的其他證據，就是諸如彼得斯、波特、和戴明等顧客滿意度管理專家的文獻被援用的頻率（包括通俗性與學術性文獻）。

　　或許是受到這種青睞，在1980年代美國行銷協會（American Marketing Association）以及美國品質控制協會（American Society for Quality Control）開始主辦顧客滿意度及其測量法的年度研討會。數百場研討會的出席者向來幾乎都是企業主，他們都在找尋測量技術的資訊，希望能夠更正確地判斷顧客滿意度，以及找尋那些已經建立起顧客滿意度導向之組織的成功案例。1993年研討會的出席者有833位，比起1992年研討會的受訪者顯然高得多〔2〕

　　對大部分的顧客而言，測量顧客滿意度之所以非常流行，最明顯的證據來自經驗。近幾年來家用和工業顧客都得回應不斷增加的顧客滿意度調查，不管是用郵寄、電話、或面對面等方法。有些剛買汽車的顧客指出，在交車以後的前幾個月內，他們幾乎被顧客滿意度的各種測量法所淹沒；所問的問題不外乎是車主對汽車滿意度的測量、購買程序、經銷商、售貨員、售後服務等內容的意見。許多顧客甚至沒有注意到定期出現在餐廳的桌子、旅館房間、或產品包裝內非常短的顧客滿意度調查，對產品的消費者而言，這些調查的次數還真不少。例如，寶鹼（Procter &

Gamble）公司就例行地測量顧客對於零售商和其它合作夥伴之配銷通路的滿意度水準，依士曼化學公司（Eastman Chemical Company）也會不斷探索其工業顧客的滿意度。

　　認清顧客價值和顧客滿意度的差距性（與連結性）相當重要。因為這兩個概念有相近的特點。我們稍後會解釋得更清楚，這兩個概念雖然相近，卻不盡相同。我們認為，顧客價值指出使用者和產品之關係的性質，而顧客滿意度則代表顧客對於從特定產品身上獲得的價值之反應。當然這種差距看起來有些微妙，我們會告訴讀者這個部份的重要性，以及顧客價值和顧客滿意度導向會產生不同種類的資訊，對於經理人會有不同的用途。

　　本章將澄清顧客價值和顧客滿意度的差距性與連結性。首先，我們將定義顧客滿意度，並討論一些和理論與測量方法相關的重要議題。接著，我們會探討顧客滿意度和顧客價值之間的連結性，同時也會討論測量顧客滿意度的限制。最後，我們將指出顧客價值和顧客滿意度是互補形式的資訊，整合後納入較大的顧客價值確定程序（這種關係留待第五章再討論）將獲益良多。

顧客滿意度的定義

　　相較於顧客價值，不管是學術界或實務界，在顧客滿意度及其測量的領域都進行了許多研究。後續的討論將歸納顧客滿意度之理論的傳統思維，說明目前的商業組織檢視或應用顧客滿意度之概念和測量的情形，也提出一些有管理涵義的重要議題。我們將在第五章和第九章以本書倡導的新取向和傳統的取向做一比較。

期望-差距模式（Expectancy-disconfirmation Model）

　　期望－差距模式是顧客滿意度領域的主流理論。〔3-6〕圖4-1就是這個理論的代表。

　　決定一項產品是否令人滿意是評鑑程序的議題，顧客必須評斷產品。請注意這和該項產品的實際績效無關，甚至與產品供應商對該項產品的信心程度更沒有關係。滿意度和顧客對某項產品的績效「認知」才是最緊密的關連。例如，在汽車成交前，到門市幾次是「可以接受的」？五次？三次？還是一次？這只有顧客自己才能決定。就像許多人所說的，顧客的認知就是他們所認定的事實。這個事實對經理人來說通常很難接受，因為這代表了他們自己對滿意度績效的認知和顧客對滿意度的判斷相距甚遠。

　　再者，顧客會將自己知覺的產品績效和某個標準比較。例

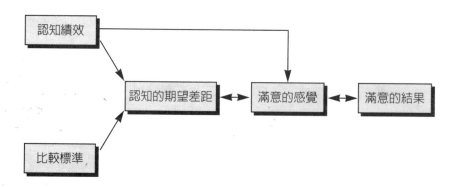

圖4-1　顧客滿意度理論

如，有位女士根據她大量閱讀的消費者報告（Customer Reports），從我們的研究中計算出她購買的汽車之期望維修頻率。正如我們稍後將更深入討論的，顧客間的比較基準都不同，而且資料也可能出自不同的來源。

將認知績效和比較基準相比，即原先期望和所得結果之間的差距，就會得到期望差距。這個比較程序見圖4-2。

首先，請注意圍繞在比較標準的區域，標示為「無差距區域」（zone of indifference）。以顧客的觀點來看，這個區間代表產品績效的差距仍有機會被評為「符合期望」。例如，顧客到一般的速食外賣區，會想要知道這些食物傳送的速度有多快，或許「大概五分鐘」（他的比較基準）。然而，食物或許在三分鐘內就送到了，而有時可能得等上八分鐘，且依舊「符合」這位顧客的期望。這個無差距區間的大小顯然會因為產品種類、評判的產品構面、顧客個人、甚至使用與消費的情境而有別。

最重要的是績效明顯偏離比較基準，即落在無差距區間之外的現象。要是績效低於期望（在圖4-2中以向左的移動表示），顧客得到的是一種「負向的期望差距」（negative disconfirmation）—即產品並沒有跟上比較標準。負向的期望差距相當重要，是經理人特別要注意的，因為這代表對顧客忠誠度、口碑相傳、再次購買、和顧客其他好的反應有相當大的威脅。

在無差距區間的右邊是產品績效超越比較基準，因此代表優越或出乎意料的產品或服務績效，即所謂的「正向的期望差距」（positive disconfirmation）—指績效比顧客期望的更好。在激勵下，管理當局會遞增地提供超出顧客期望的產品或服務，即向曲線右方的區域移動。〔8,9〕

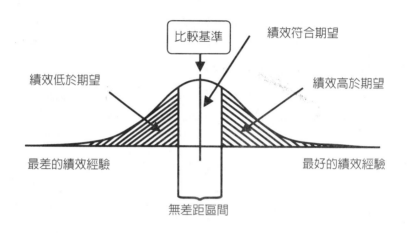

圖4-2　期望差距比較程序（改編自〔7〕）

顧客滿意度，是對於期望差距比較程序的評鑑或感受，並不是期望差距比較程序本身；這是顧客對比較後的回應。如同我們稍後將要討論的，滿意度是一種情緒要素。這意謂著知覺到績效和比較標準之間較大的差距會引發較強烈的情緒，以及較強烈的滿意和不滿意反應。請看圖4-2的最右邊，在此區我們可以預期會讓顧客感到「愉快」，而在最左邊，則會導致顧客的不滿，並形成憤怒、挫折、或失望。最重要的是，不同的態度和行為結果，包括再度光顧、口碑、品牌忠誠度等等，都可以和顧客的滿意度感覺連結。

比較基準的重要性

　　比較基準的性質逐漸受到重視。的確，顧客會用何種比較基準來評鑑對產品的滿意度？這些標準從何而來？針對產品不同的特性或在不同的時機所用的標準是否不同？這些都是很重要的問題，因為很明顯的，顧客滿意度的感覺取決於他們用來評判產品的比較基準。不同的比較基準經常會左右著滿意度的判斷。

　　最初，顧客滿意度理論將比較基準單純地概念化為「期望」（expectations），即某種產品會如何發揮績效的信念。〔10〕不過，我們的研究顯示，顧客所使用的比較基準可能更多樣化〔7〕，且可能在消費過程的各個階段有所不同（從購買前到購買、然後使用、至棄置的各個階段）〔11〕。

　　下列的例子可以協助我們突顯這些比較基準的差距。假設有位車主，在她的價值層級中有一個重要的要素就是省油。因此，她對車子購買後的滿意度將會明顯地受到該輛汽車每加崙跑多少英哩數的影響。不同的比較基準會如何影響她的滿意度判斷呢？

　　下述為車主可能採取各類比較基準的細節。除了期望之外，還可能包含理想、其他的競爭者、市場前景、其他產品類別、及行規等等。

　　期望（expectations）　期望代表顧客相信產品會如何發揮其績效。我們的顧客可能相信她的車子每加崙能夠跑 30 英哩。這個期望可能來自許多地方，包括她自己的經驗、從其他車主得來的口碑、消費者報導雜誌等等。無論這些標準的來源為何，如果車子每加崙真的能夠跑 30 英哩（或在無差距區間內的數字），

那麼她會對車子的性能感到滿意。

理想（ideals）。　理想代表顧客希望產品發揮績效的程度。顧客的理想如果是每加崙跑40至50英哩，則比她的期望高出許多。如果她的理想被用來當做比較基準，那麼她對一輛每加崙只能跑30英哩的車子當然不會滿意，雖然這個績效會被視為令人滿意，假如她以期望為比較基準。

競爭者（competitors）　消費者可能以競爭者類似產品的績效為比較基準。例如，我們的顧客可能會將她的車子和競爭者廣告中每加崙跑35英哩的車子相比；如果是這樣，她可能會對每加崙跑30英哩不滿意，這取決於她的無差距區間有多寬。在某些場合下，顧客比較的基準可能會以現有競爭者的最佳績效為基礎。在這種狀況下，就算不是完全相同，廠商至少得提供業界其他競爭者都有的績效。再者，以競爭者做為比較基準可能會產生有別於期望或理想的比較基準。

其他產品類別（other product categories）　有趣的是，顧客或許希望由完全不同類別的產品來提供比較基準。例如，我們的顧客會將她的車子的績效和她家的小貨車每加崙只跑15英哩比較；果真如此，她可能會滿高興她的汽車每加崙能跑30英哩。另一個情況是，在我們自己的研究中，我們碰到休閒遊艇的船主將他們的遊艇和豪華房車的性能相比（這對遊艇製造商比較不公平）。同樣的，克萊斯勒汽車發現卻洛奇吉普車（Jeep Cherokee）和賓士汽車有相同的維修廠商，並因這種接近而促進兩者的比較（將越野用的休旅車和豪華房車比較），「沒有人

瞭解,為何卻洛奇吉普車一出世就會拿來和賓士車比」。〔12〕

行銷人員的承諾(marketer promises) 顧客所用的比較基準可能會以銷售人員、產品的廣告、公司的發言人、或其他形式的企業溝通為基礎。如果一位熱心過度的售貨員建議:「在路上可能會跑上40加侖」,我們的車主可能會對每加侖跑30英哩非常不滿意。寶馬汽車(BMW)最近必須收回一則廣告,因宣稱該車引擎可以承受產品測試中最嚴苛的考驗;消費者採信了廣告的說法做為該車性能的標準,這可能會造成無法符合廣告的績效標準而造成不滿。廠商的促銷資訊顯然應該和實際績效相符。根據滿意度理論,「過度推銷」(overselling)會導致不滿意。這是當顧客採用行銷者承諾為比較標準時的風險,特別若組織對業務人員的「話術」控管不夠(特別在有業績壓力的情況下)。

產業規範(industry norms) 最後,產業規範也可能成為比較基準。對產業(各種公司和品牌)相當瞭解的顧客會發展出一種「模式」(model)或平均值,並以此做為他們的比較基準。事實上,這種產業規範和以其他競爭品牌為比較基準有所不同。例如,我們的車主可能經由產業規範知道和她同款的汽車每加侖大多可以跑30英哩左右。

從顧客有這許多比較基準的來源,很容易可看出滿意度的判斷,會因為比較基準的不同,而不是產品的績效而有顯著的差距。很顯然,經理人有必要瞭解他們的顧客會用哪一種或多少種比較基準來評判對其公司產品或服務的滿意度。

從全錄最近決定暫緩新型影印機的上市,顯示該公司的經理人已經注意到上述的問題了。雖然他們的影印機比起競爭者已經

較不卡紙了—以過去的績效水準來看，已足夠讓該產品上市—但他們還是決定暫緩上市，因為全錄認為該產品的績效水準仍然低於顧客渴望的績效水準；換句話說，當產品的績效達到某個標準（比競爭者優異），全錄的經理人擔心該產品若無法符合更苛酷的標準（即顧客的理想）〔13〕，則仍然會被顧客視為不令人滿意。

情緒

愈來愈多的證據顯示，滿意度的測量不僅要注意看法（顧客如何認定產品發揮的績效和比較基準有關），而且還要顧及顧客的情緒。〔8〕一般而言，顧客的情緒越是來自產品或服務（包括正向的情緒，如愉悅或快樂，或負向的情緒，如挫折或失望），則越會刺激顧客的滿意度轉成未來的行為，諸如重複購買、口碑相傳、或抱怨。〔14〕事實上，許多研究人員已經偏好使用以情緒基礎（emotion-based）來測量顧客的滿意度。〔15-18〕

根據我們自己的研究結果，我們相信當顧客只說對產品感到「滿意」，表示他們持中性的評鑑態度。在顧客的心目中，「滿意」這個字較像是「符合最低期望」（meeting minimum expectations）的同義詞，而不是情緒產生的結果。仔細想想測量的意涵。顧客滿意度調查以「滿意」到「不滿意」的尺度來測量顧客回應之量表相當常見；這意味著產品和服務的供應商一直以令顧客「滿意」為念，但所訂的比較水準不夠高。這可以用來解釋為何過去有60%的顧客對廠商表示「滿意」，卻不再光顧。〔19〕

此外，經理人判斷充滿情緒意味的產品「屬性」與「結果」、或有潛力引發情緒的「熱門事物」之能力也同樣重要。因為最有可能誘發出顧客的情緒（正向和負向），這些產品構面的策略重要性值得去瞭解。經理人將會想要找出目前不可得或甚至不知、未來卻可以加在產品身上等能挑起情緒的產品構面；瞭解現有哪些「熱門事物」需要改善（變成「正面」的連結）或除去（如果是「負面」的連結）；或瞭解哪些「熱門事物」應該成為行銷溝通的對象。例如，由於消費者對於「美國製造」的產品有正面的情緒反應，所以許多公司在傳播程序中將「美國製造」的形象加以充分利用，以挑起消費者對產品的注意、興趣、和品牌忠誠度。

顧客價值和滿意度的關係

對於瞭解顧客價值和滿意度的關係，許多議題都相當重要。我們將詳述如下：

顧客滿意度是價值知覺的反應

如同我們在第三章所討論的，顧客價值（以及價值層級）顧及了產品、使用者、和使用者在特定使用情境下的目標及意圖之間的關係。在描述這三種關係時，價值會指出（1）何種產品構面使顧客能夠達到想要的最終狀態，以及（2）這些產品構面如何相互關聯，及如何與顧客產生關聯。因此，價值創造是一種持續使組織的產品提供物能呼應顧客的使用場合、想要的結果、和

想要的最終狀態之程序。

相對下，滿意度所測量的是不同的關係：產品的實際績效和績效標準之間的關係。因此，滿意度反映出顧客對特殊的組織產品之反應—即顧客對於知覺到的價值之感受；在本質上，這種測量在於指出組織的價值創造有多呼應顧客對價值的要求。

顧客滿意度指顧客在特定情境下使用某特別的產品後，對於所獲得的價值之正向或負向的感覺。這種感覺可以是某個使用情況下的立即反應，也可以是一連串的使用經驗之整體反應。〔20〕

要注意，顧客滿意度和顧客價值雖然相關，但並不相等。這兩者的關係很微妙，卻相當重要。簡言之，「價值」告訴組織該做什麼（給予方向），而「滿意度」則告訴組織自己進行得如何（提供成績單）。

例如，瞭解顧客價值可以指出車主希望「舒適感」。也就是說，汽車製造商應該要做的就是突破或改善舒適感。然而，不同的車款在舒適度的績效各有不同；有些公司總是技術領先。消費者可能會對某車款的舒適度覺得非常滿意或愉快，但對另一些車款只覺得還可以，以及對其他車款極度不滿意。消費者對某些特殊車款的舒適度之認定甚至也可能因情況而定的。例如，他可能會對該車款短程旅行的舒適度感到滿意，而對長途旅行的舒適度則無法滿意。

總之，滿意度的評鑑（和測量）補充了關於價值層級非常重要的資訊：滿意度提供了顧客對於所獲得的價值之反應回饋（feedback）。（本章稍後會再詳細討論）

歷史導向與未來導向

　　滿意度在傳統上一直概念化為在消費期間及/或消費後的評判。因為這種導向，滿意度的測量傾向採歷史觀點來討論；即是對過去發生的事加以說明（事實上，組織「目前」的產品只是過去許多決策的結果）。儘管比較基準通常會先於產品的消費，但消費者不一定要等到對產品績效的體驗和比較基準做一比較後才能進行滿意度評鑑。組織測量顧客的滿意度時，一般會問：「你覺得以前使用我們的產品感覺如何？」

　　雖然價值層級可能會受到產品和消費者之過去關係的影響，卻和消費後的滿意度測量沒有關係。我們在第三章談過價值層級有未來導向的涵義。雖然價值層級的屬性層次通常會由目前的市場產品來定義（因為消費者超越它們的思考能力有限），「結果」和「想要的最終狀態」是顧客的需求與要求，也是未來期望的指標。

　　顧客極可能在購買某項產品或服務之前就已經有適當的價值層級了。「理想」或「想要」的價值層級可以指出對價值的偏好。例如，消費者可能會考慮到各種新車，並決定寧可犧牲耗油量來換取較高的性能水準，諸如加速、動力和速度等。這樣的價值層級可以做為顧客下決定的指南（即消費者會尋求和選擇使他購物前的價值層級所定義的價值能夠最大化之替代方案）；或者，在消費之前，顧客可能已經有了「預期的」價值層級，代表他可以從特定的產品或服務得到什麼。（例如，從閱讀消費者報導得知某些價值）。儘管這些價值層級可能來自以前的消費經驗、口碑、廣告、或其他來源的資訊，但是這些都代表顧客對未

來消費經驗的期望。

特殊供應商導向

　　顧客價值和顧客滿意度另一個不同涉及到什麼在顧客的心中。如同前述的定義，顧客滿意度是一種和特殊的組織或供應商有關的評鑑。以此意義來看，顧客滿意度的評鑑來自特殊的產品或服務內容。相反的，顧客價值在意義上是「總稱」（generic），代表對於所有產品或供應物的要求，與特殊的組織或供應商無關。顧客心中的價值層級獨立於任何市面上特殊的產品或提供物之外，這是絕對可能的。

　　這個不同點對測量有重要的意函。首先，和顧客滿意度（必須在產品消費後才能測量）相反，顧客價值可以在消費前、消費中、或消費後測量。在本質上，雖然顧客價值可能受到過去消費的影響，它的存在獨立於任何特殊的消費經驗。第二，這個不同點暗示，顧客價值可以—而且應該獨立於顧客滿意度之外來加以測量。它同時也暗示著，目前只做顧客滿意度測量的公司或許沒有做好顧客價值測量。（此點留待我們在第五章將顧客價值確認的邏輯建立後再來討論。）

　　總之，滿意度代表顧客購買後對產品績效的評鑑。相較之下，價值層級則代表顧客想要達到的境界（未來導向），而且透過目前市面上的產品不一定能達到（也即獨立於特殊的產品或供應商）。這些不同點都有重要的策略性意函。雖然知道「我們過去做得如何」相當重要，經理人經常會關心「下一步該如何做」。傳統的滿意度測量或許完全適用於前者，但對後者來說，就沒那麼靈光了。

　　表4-1歸納了顧客滿意度在定義上的重要特徵及與顧客價值之差距。

顧客滿意度測量的限制

　　我們費盡心力才將顧客價值和滿意度的概念釐清，但是仍有別的問題需要花點心思。如果有這麼多組織都進行顧客滿意度測量，這些資訊到底多有用呢？

　　當然，答案是顧客滿意度測量有其優點和限制。我們無意指

表4-1　顧客價值和顧客滿意度的比較

顧客價值是……	顧客滿意度是……
1. 顧客對產品或服務的期望。	1. 顧客比較了產品實際的績效和績效標準之後的反應或感覺。
2. 屬於未來導向；獨立於使用／消費產品的時間點。	2. 屬於歷史導向；是一種在產品／服務的消費中或消費後所產生的評價。
3. 它的存在獨立於任何特殊的產品/服務或供應商。	3. 針對特殊的產品/服務或供應商之評價。
4. 提供方向給組織：他們該做什麼來創造價值。	4. 提供成績單給組織：就他們創造價值的努力，顯示他們做得如何（或過去的成果如何）。

出價值測量優於滿意度測量，或某個「好」另一個「不好」；我們想要說的是，這兩種資訊互補，但性質上卻不同，而且瞭解這些差距非常重要。在第五章，我們會探討這兩種測量組合起來會對組織帶來極大好處。無論如何，由於目前進行顧客滿意度測量相當普遍，所以讓我們先來檢視這些測量實務的一些限制。

我們曾研究顧客滿意度測量普遍應用於各行業與組織當中的實務，得到的結論是，「傳統的」顧客滿意度測量程序（CSM）並未發揮預期的效果。此外，經理人在使用這些資訊時，並不全然瞭解得自滿意度測量的資訊是什麼。

第一，滿意度測量通常會專注在產品或服務提供的內容上。問題通常是：「關於——（在虛線處填入產品或服務的屬性），你認為我們做得如何？」例如，速食餐廳最常進行調查的顧客滿意度面向是，服務的速度、員工友善的程度、餐廳的清潔度、以及食物的品質等產品屬性。相對的，在上一章就說得很清楚，顧客價值探討的是，產品或服務、使用者、以及使用情境的條件等三者之間的互動。確認顧客價值之後可能會透露出顧客關心的是「能讓我的家人吃一頓讓我滿意的大餐」或「可以幫我紓解一天的時間壓力」（比較偏向描述顧客）。這些顧客導向的問題形式很少在傳統的滿意度調查中發現。

第二，價值層級考慮了顧客和產品各個層次的互動（包括產品屬性、使用結果、及想要的最終狀態），而大部分傳統的顧客滿意度測量幾乎都只集中在價值層級的產品屬性層次。很明顯地，這種形式的資料有許多限制，包括短期導向、強調產品或服務的漸增或邊際變化、以及歷史導向（過去所提供的內容）。相反的，探索產品與使用者所有的互動層次，特別是價值層級中的較高層次，這意味著較長期與較穩定，可以為突破性的創意和激

烈的改變提供機會，以及可以為未來公司努力的方向聚焦。另外，因為在滿意度測量中實際上並未觸及「結果」層次的事物，所以也就無法測量這些事物，然而它們對於價值層級卻很關鍵。（在結果層次上）。

　　一家我們知道的速食業者，認為食物的溫度是顧客滿意度的關鍵變數，因此，強烈要求各連鎖店的經理應確保供應一定溫度範圍內的「熱」食給顧客。如果這個組織以使用「結果」的角度想過，他們或許會發現消費者所關心的，例如「吃起來讓我覺得滿意的一餐」，因此或許有其他更具創意的方式，讓顧客能夠感受到滿意的一餐，而不僅只是以熱度來考量而已。諸如營養成份、服務、促銷、氣氛等其他屬性都可以做為考量的基礎。換句話說，「結果」之更寬廣的性質，可以在傳遞價值給顧客時產生更開放、更突破、更具創意的方案。

　　另一個思考方向是，使用結果層次的資訊能夠協助供應商以更能執行的方式來解讀產品屬性層次的資訊。例如，特定速食餐廳的顧客可能會對食物供應的「速度」（一種產品屬性）表示不滿。在缺乏瞭解（以及測量）高階的使用結果時，可能很難瞭解這些資訊的意義或管理當局應該如何因應。例如，我們的速食顧客或許很介意諸如「在店員完成一連串的點餐程序時—例如包三明治、包薯條、和一次倒一杯飲料等－顧客就得等待」的「結果」。同樣的，使用結果也可能是「我的孩子在排隊時沒有耐性」，或「我得待在停車區，因為有些特別的餐點只有得來速車道窗口才有。」所有這些使用結果都指出速度很重要，但是瞭解哪些特定的使用結果是顧客想要或不想要的，將會提供更多有效的資料來指出哪些作業部份應該改善以提升服務速度（例如，收銀台增加人手、加強廚房製作特餐的系統、增設兒童遊戲間、或

增設「自助」設施，減輕工作人員的負擔等等）。

總之，實務上顧客滿意度測量有許多常見的問題。表4-2對照顧客價值焦點和傳統顧客滿意度測量所收集的資訊之不同。

如同前述，顧客價值和顧客滿意度測量所產生的資訊種類有別，且為互補。從先前的討論，我們認為組織瞭解該做什麼（顧客價值）與自己做得如何（顧客滿意度）都相當重要；它們同時需要方向與成果報告。問題在於大部分的組織只投注在測量顧客滿意度上，他們的經理人也只在如何把顧客服務得更好的方向中尋找資料。儘管顧客滿意度的資訊在這方面或許有幫助，但顯然並不夠。瞭解顧客對目前的產品屬性是否滿意，充其量只是組織未來可能會考慮哪些產品屬性的間接證據而已。許多經理人不滿顧客滿意度資料，對此我們並不覺得奇怪。事實上，他們對於現有形式的資料期望過高（此種不滿的遺憾結果是，在某些情況下，經理人開始懷疑任何顧客資料的優點。我們經常看到這種資訊遭到質疑或忽視，這或許是未來須克服的偏見）。

不管如何，試考量導入適當系統以同時蒐取顧客價值和顧客滿意度資料的可能性。先前的論述使這個系統的價值更明顯，我們深信，在顧客價值確認程序中，將顧客價值與顧客滿意度的測量予以整合，將比僅依賴顧客滿意度測量的資訊，更能顯著改善顧客回饋的資訊。這兩種測量都有其必要性，不能偏廢。因此，我們不會建議組織全然放棄顧客滿意度測量系統，相反的，我們會建議組織加強現有的顧客回饋系統，讓整個制度更完整。詳細的執行程序，我們會在第五章剖析。

表4-2　顧客價值和傳統顧客滿意度測量產生的資訊類型之比較

顧客價值取向	傳統顧客滿意度取向
1. 著重於使用者／產品間的互動—強調顧客基本的需求	1. 著重於產品—強調公司的服務或解決問題的方式
2. 考慮使用者／產品之間互動的所有層次—屬性、結果、想要的最終狀態	2. 強調產品屬性
3. 較高層次的焦點在本質上較長期與穩定，為創新和激烈的變化提供較大的機會，以及屬於未來導向	3. 產品屬性的焦點在本質上較短期與不穩定，會導致漸進或邊際的產品／服務改變，以及屬於歷史導向
4. 測量哪些會決定價值抵換的項目	4. 基本上並不測量哪些會決定價值抵換的項目
5. 提供的資訊有助於以一種可採取行動的方式來解讀產品屬性的資訊	5. 由於缺乏「結果」層次的資訊，通常難以解讀產品屬性的資訊

顧客調查的觀念與技術

摘要

　　本章旨在探討顧客滿意度，並指出顧客滿意度和顧客價值之間的關聯與差異。我們利用期望－差距模式、比較基準、以及情緒來定義顧客滿意度；接著，我們試圖詳盡地比較和對照得自顧客價值與顧客滿意度之導向與測量的資訊類型。顧客滿意度測量在性質上通常針對產品特定的屬性和過去的歷史。相反的，顧客價值的測量與消費前、消費中或消費後無關。我們討論到大部份傳統的顧客滿意度測量如何受限於（1）採取產品觀點（相對於顧客觀點）；（2）強調產品屬性（相對於整體的價值層級）；及（3）無法產生有助於採取行動的有效資料。

　　最後，我們指出應設計一種擴大的顧客回饋程序，其中同時包括顧客價值和顧客滿意度的測量。在後續幾章中，我們會進一步討論顧客價值層級確認程序的特性。第五章會概述整個程序，而第七章到第十一章則會更詳細地說明「如何」在組織中確切地執行上述的程序。

參考書目

[1] Michaelson, Gerald A.), "Hyundai Taps Into a 'Hidden Sales Force,' " *Marketing Communications,* 13 (October 1988), pp. 45 – 48.

[2.] Honomichl, Jack, "Spending On Satisfaction Measurement Continues to Rise," *Marketing News,* April 12, 1993, p. 17.

[3] Oliver, Richard L., "A Cognitive Model of the Antecedents and Consequences of Satisfaction Decisions," *Journal of Marketing Research*, 17 (November 1980), pp. 460 – 469.

[4] Oliver, Richard L., "Effect of Expectation and Disconfirmation on Post-Exposure Product Evaluations: An Alternative Interpretation," *Journal of Applied Psychology*, 62 (August 1977), pp. 480 – 486.

[5] Swan, John E. and I. Frederick Trawick, "Disconfirmation of Expectation and Satisfaction with a Service," *Journal of Retailing*, 57 (Fall 1981), pp. 49 – 67.

[6] Churchill, Gilbert A. and Carol Suprenant, "An Investigation Into the Determinants of Consumer Satisfaction," *Journal of Marketing Research*, 19 (November 1982), pp. 491–504.

[7] Woodruff, Robert B., Ernest R. Cadotte, and Roger L. Jenkins, "Modeling Consumer Satisfaction Processes Using Experience-Based Norms," *Journal of Marketing Research*, 20 (August 1983), pp. 296–304.

[8] Schlossberg, Howard, "Satisfying Customers Is a Minimum: You Really Have to 'Delight' Them," *Marketing News*, May 28, 1990, p. 10.

[9] Schlossberg, Howard, "Dawning of the Era of Emotion," *Marketing News*, 27 (February 15, 1993), p. 1.

[10] Oliver, Richard L. and John E. Swan, "Equity and Disconfirmation Perceptions as Influences on Merchant and Product Satisfaction", *Journal of Consumer Research*, 16 (December 1989), pp. 372–383.

[11] Gardial, Sarah Fisher, Robert B. Woodruff, Mary Jane Burns, David W. Schumann and Scott Clemons, "Comparison Standards: Exploring Their Variety and the Circumstances Surrounding Their Use," *Journal of Consumer Satisfaction, Dissatisfaction and Complaining Behavior*, 6 (1993), 63–73..

[12] Treece, James, "Does Chrysler Finally Have the Jeep That It Needs?", *Business Week,* January 20, 1992, pp. 83–85.

[13] Bennett, Amanda and Carol Hymowitz, "For Customers, More Than Lip Service?" *Wall Street Journal,* October 6, 1989, p. B1.

[14] Woodruff, Robert B., "Developing and Applying Consumer Satisfaction Knowledge: Implications for Future Research," *Journal of Consumer Satisfaction, Dissatisfaction and Complaining Behavior,* 6 (1995), 1–11.

[15] Oliver, Richard L., "Processing of the Satisfaction Response in Consumption: A Framework and Research Propositions," *Journal of Consumer Satisfaction, Dissatisfaction and Complaining Behavior,* 2 (1989), pp. 1–6.

[16] Westbrook, Robert A., "A Rating Scale for Measuring Product/Service Satisfaction," *Journal of Marketing,* 44 (Fall 1980), pp. 68–72.

[17] Westbrook, Robert A., "Consumer Satisfaction and the Phenomenology of Emotions During Automobile Ownership and Experiences," *International Fare in Consumer Satisfaction and Complaining Behavior,* eds. Ralph L. Day and H. Keith Hunt, eds., Bloomington, IN: School of Business, Indiana University, 1983 pp. 2–9.

[18] Westbrook, Robert A. and Richard L. Oliver, "The Dimensionality of Consumption Emotion and Patterns of Consumer Satisfaction," *Journal of Consumer Research,* 18 (June 1991), pp. 84–91.

[19] Sellers, Patricia, "Keeping the Buyers You Already Have," *Fortune,* Autumn/Winter 1993, pp. 56–58.

[20] Woodruff, Robert B., David W. Schumann, and Sarah Fisher Gardial, "Understanding Value and Satisfaction From the Customer's Point of View," *Survey of Business,* 28 (Summer/Fall, 1993), 33–40.

CHAPTER **5**

經由確認顧客價值
來瞭解您的顧客

　　美國運通的子公司IDS財務服務公司，提供財務規劃服務及多項投資產品給顧客；該公司目前正面臨日益激烈的競爭環境。管理部門意識到他們需要重新檢視整個業務體系，以尋求可以取得競爭優勢的方法。為了讓此項計劃有個更好的開始，他們決定以顧客的角度來檢視IDS。質性研究可以用來確認顧客所尋求的財務規劃服務之價值構面，然後將這些構面加以篩選，找出最具影響力的構面。最後，IDS集中在七個主要的價值構面上，包括建議品質、產品知識、處理問題的能力、良好的夥伴關係等。

　　管理部門藉著滿意度測量來判斷顧客認為IDS的金融產品和服務所傳遞的價值，在七項主要的價值構面上之績效到底有多好？他們特別想要知道顧客對IDS規劃師在財務規劃時和顧客互動的感覺如何？後續的資訊有助於經理人探究顧客評鑑每一個價值構面的理由。

　　這些顧客資訊會影響許多決策。公司內部廣泛地印行這七種主要的價值構面；如此每一個人都知道顧客到底要什麼。此外，這些資料會引導那些發展服務專案的經理人員，以便支持IDS規劃專員去思考如何與顧客互動。滿意度資料在評鑑公司績效時，也是一種記分卡。結果，執行結果相當成功，因此IDS將繼續尋求各種方法，以確保顧客資訊能夠影響公司高層的策略性決策〔1〕。

顧客調查的觀念與技術

前言

　　大部份的經理人對於他們的顧客尋求哪些價值，以及他們的顧客有多滿意，都有自己的看法。從服務顧客的經驗來看，一定會產生這些體認。然而，事實是沒有一個銷售員能夠不必瞭解顧客尋求的價值而還能在業務線上待得長長久久。但是，這些業務員的看法是否都很正確，而且隨時保持更新呢？我們在第二章所討論的「心理模式」（mental models），應該會讓我們在迅速回答此一問題時，變得不是那麼果斷。

　　事實上，證據顯示經理人所認定的顧客價值和真正由顧客認定的價值，其間存在著差距是相當普遍的現象。[1] 這些差距可能和（1）價值構面、（2）對價值構面的績效偏好、（3）價值構面的重要性、及/或（4）對價值傳遞的滿意程度有關。例如，木料產品的行銷人員和產品經理會被要求列出他們覺得顧客想要的重要價值構面（屬性和結果都要）[2]。運用相同的訪談程序，同時也要求顧客列出他們對價值的看法。表5-1和5-2顯示這兩種訪談的結果，讓我們花點時間來看一下。

　　如同您在下表所看到的，在屬性和利得結果的價值構面間仍有一些重要差距。顧客提到的某些價值構面（例如準確的溝通、最大獲利、充足的木料供應），供應商卻未提到。其他的價值構面（例如固定的溝通、防護性包裝、增加產品的價值）為供應商所認定，顧客卻未提到。在幾個案例中，供應商和顧客對特殊價值構面的闡釋（如穩定的價格相對於競爭性的價格）並不同。當這些鴻溝產生時，便會搖撼經理人瞭解顧客程度的信心；這些差

表 5-1　木料公司的管理部門和顧客對於想要的屬性之認知

顧客想要的服務屬性	賣方對顧客想要的 服務屬性的認知
穩定的價格	有競爭性的價格
交貨迅速	交貨迅速
訂貨回應迅速	可靠的售貨人員
各類貨源充足	固定的溝通
供應商的商譽	提供存貨明細
人際關係	提供烘乾的木材
準確的溝通	良好的公共關係
包裝資訊	防護性包裝
有效的裝貨及卸貨程序	包裝資訊

距同時也鼓勵企業重新思考何種顧客資訊才是他們真正需要的，以及如何有效地取得這些資訊。

　　還有另一個有趣的趨勢正在發展。我們聽到愈來愈多的經理人在服務顧客時常談論到「超越滿意」（going beyond satisfaction），他們認為較佳的企業目標是以超越顧客的期望來「討好」顧客〔2,3〕。其他則主張應致力於「顧客價值」而非「顧客滿意度」。但這些概念（滿意度、討好、和價值）如此不同嗎？我們不認為。如同我們在前一章所討論的，這些概念相當有

關連。無論如何,這些對於滿意度及其測量的疑問似乎是另一項指標,顯示某些公司重新評鑑他們瞭解其顧客的程序。

　　在本章,我們將簡要地回顧第一章所介紹的顧客價值確認程序（CVD）,並發展出一個案例,將顧客價值和滿意度的測量都整合到一個更兼容並蓄、能有系統地認識顧客的程序。在下一節,我們將踏著顧客價值和顧客滿意度的關係加以擴充,接著指出CVD程序如何善用此一關係。最後,我們會討論一些如何管理CVD程序的議題。

表5-2　木料公司管理部門和顧客想要得到的利得結果

顧客想要的利得結果	賣方認為顧客 想要的利得結果
避免仲裁	與顧客保持和氣的關係
與供應商維持與提升良好的配合關係	符合顧客對產品和服務的規格要求
獲取最大的產出	提高生產力
降低生產成本	降低生產成本
提升產品價值	提升產品價值
提高生產力	能具有競爭力
維持供應商的忠誠	維持木料不間斷的供應

顧客價值確認程序

　　能否以高滿意度來討好顧客，並成為企業的管理目標，端賴關於顧客能提出正確的問題，並將得來的答案好好應用，以創造價值並回饋給顧客。如同前述，顧客價值導向是一種資料驅動（data-driven）的管理方式。第三章和第四章提到關於顧客價值和滿意度的想法，對這些正確問題有深入探討。例如，當我們以顧客價值分析來進行市場區隔或鎖定目標顧客時，我們會依賴下列問題：

1. 什麼是您的顧客想要的價值構面？
2. 在這些價值構面當中，何者最具有策略重要性？
3. 顧客對於您的價值傳遞有多滿意？特別是哪些最重要的價值構面？
4. 滿意度最高和最低的原因各為何？（特別是哪些最重要的價值構面？）
5. 顧客價值將來可能改變嗎？

　　我們以這些曾在第一章提出的問題做為顧客價值確認程序的基礎，並將之列於圖5-1。在這個程序中的每一個步驟，都會加入所需的方法和資料來回答上述問題。藉著這些有順序的步驟，這個程序提供一個容易瞭解且有系統的方法來認識您的顧客。讓我們來看看CVD程序的步驟是如何串連在一起。

找出顧客價值的構面

　　CVD程序需要採用精確定義的顧客價值概念，我們主張採用第三章所介紹的顧客價值層級。CVD程序同時也假設，你已

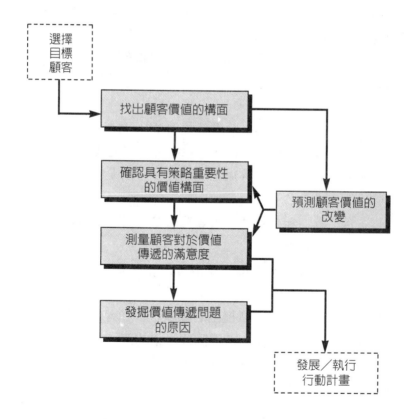

圖5-1　顧客價值確認程序（CVD）

知道哪些顧客在目前或將來對你的公司是重要的。如同我們在第
二章所討論的，選定這些顧客是以較大的市場機會分析之資訊步
驟為基礎，就這一點理由而言，CVD程序應依循市場機會分析
（MOA）所定義出來的市場要素。

　　每個組織都應該探討目標顧客目前如何看待顧客價值。我們
相信你必須和顧客互動，以發掘此一價值各個不同的構面。在平
常的生意往來中，透過和顧客直接接觸是一個方法。例如，適當
地培養資訊技術，業務員可以成為顧客價值資訊的重要來源。研
究也可以幫得上忙，藉著嚴謹地探討顧客如何看待價值。

　　我們已經發現，顧客處於使用狀況時，往往考慮到許多價值
構面。事實上顧客會想從公司身上要許多東西。例如，我們承接
飲料商的調查研究案時，我們用優秀的人員訪問80位該產品的
顧客，以瞭解他們在騎腳踏車、賽跑、或踢足球時是如何評價。
資料分析顯示超過140種屬性和結果的價值構面，有些和產品相
關，其他則和服務有關。

　　從CVD程序的第一個步驟所得的資料，應該能協助你瞭解
更多不同的價值構面。顯然，我們並不想忽視顧客認為重要的任
何構面。很幸運的，顧客價值的質性研究技術在發掘廣泛的顧客
價值構面方面相當優良。（在第七章及第八章中，我們將討論幾
種技術，以瞭解範圍廣泛的顧客價值）。

確認具有策略重要性的價值構面

　　很少公司可以同時在如此多的價值構面上有效地增進價值傳
遞。但是哪一些價值構面是我們最需要努力的？CVD程序的下
一個步驟在於處理這個問題。基本上，你必須要進行過濾的步驟

來選出重要的價值構面，並在前一個步驟就加以定義好，這一點非常重要。這個步驟的核心是你用來進行過濾程序的準則，每一個準則對「重要性」的認定有所不同，例如，「重要性」或許意味著顧客想要一種價值構面來滿足其需求的程度。或可能同時指其他事物，諸如某價值構面若傳遞給顧客，可以在顧客心中留下優於競爭者的印象之程度。

整個篩選的績效決定於篩選準則的選定。事實上，不同的準則可能會導致不同的價值構面會變得重要。我們知道某個醫院以競爭者為準則。從較大的MOA分析中發現，顧客認為主要的競爭醫院在一些特殊的價值構面上績效並不好，該醫院的行政部門覺得他們可以加強本身相對應的價值傳遞程序，以便在競爭者的弱點上取得優勢。有趣的是，如果醫院不是以競爭者為準則，這個價值構面就不會被挑出來且受到注目。我們將在第十章和附錄三中，詳述如何完成這個步驟的技術。

確認顧客對於價值傳遞的滿意度

要獲取有效的顧客滿意度資料，必須對顧客價值有透徹的瞭解。知道您的顧客對他們並不覺得重要的事物感到滿意，並沒有多大助益。相反的，在重要的價值構面上獲取滿意度的資料，可以協助你致力於改善，這些努力對你的顧客意義不凡。如果問到顧客對您的公司在「及時送達」、「彼此互信」、「瞭解我的需要」等構面的績效有多滿意，那是因為你有信心這些構面的績效足以影響顧客的行為。

滿意度測量中的想法應來自CVD程序的前兩個步驟。在設計滿意度調查問卷時，質性研究和價值構面的篩選資料應該用來

引導問項的發展。即使使用其他滿意度資料的來源，如業務員的
拜訪記錄，也必須確定所問的問題都和顧客價值的重要構面有
關。總之，如果顧客滿意度的測量能夠以顧客價值的測量資料為
基礎，你便可以篤定你得到的滿意度資料派得上用場。（針對此
點，我們在第十章會有更清楚的解釋）

發掘價值傳遞問題的原因

如同我們會在下一章討論的，滿意度資料最重要的應用之
一，就是協助經理人改善給予顧客的價值傳遞。在現今的實務
中，定期收到指出不同價值構面的滿意度分數或評比報告，對經
理人而言相當常見。這些資料應該用以引導改善方面的努力。例
如，假設你取得一份報告（7分量表，最高為7分；最低為1
分），「及時送達」得「5」分，「彼此互信」得「4」分，「瞭
解我的需求」得「3」分，這些低分顯示在這三種價值構面上仍
有很大的改善空間。滿意度分數可以精確地告訴你要在何處下功
夫改善，但它們沒有辦法提供如何改善的任何線索。你應該採取
哪些改善行動呢？

以後續的步驟來探討顧客對滿意度評比的理由，顯示CVD
程序反映著上述的困境。從顧客滿意度測量得來的資料可以協助
你決定需要深耕哪些價值構面。你確實應該知道為何公司在這些
重要的價值構面上得到低分，以激發產生如何改善的想法。你也
大概會想要知道為何公司在哪些重要的價值構面上得到高分，好
繼續保持下去。（我們會在第十章討論到這個步驟的技術）。

從我們和遊艇製造商的合作案子，可以例示此一後續的質性
研究情形。針對休閒遊艇船主，公司進行了一項全國性的滿意度

調查。結果顯示顧客對於各種屬性和結果的價值構面大多相當滿意。不過,該公司和競爭者在下列這兩種價值構面上的差距,顯現出問題:(1)「以我容易使用的方式來設計內部佈置」(2)「以我方便找到的方式來安排設備」(見圖5-2)。這項調查沒有提供任何線索指出為什麼顧客對這些價值構面的滿意度相對較低。因此我們推薦使用質性研究,特別是焦點團體訪談,以協助經理人瞭解這些價值構面得低分的原因。改善的努力可以針對顧客對這些問題認定的原因。

預測顧客價值的改變

毋庸置疑的,顧客價值會隨著時間而變。再者,我們已經碰過公司可能不想花較長的時間去設計與執行價值傳遞策略,以回應顧客價值的改變。我們的CVD程序體認到此種資訊的必要性,因而試圖預測顧客價值未來的改變。

顧客價值的預測能受益於CVD程序的前兩個步驟。重要的資料來源之一是,注意價值構面的趨勢,或在各個時間區間的重要性。此外,一旦你已預測出新的顧客價值構面,你可以餵回CVD程序中。例如,你或許會想要將這些價值構面整合至價值重要性研究中。在描述每一個新的價值構面後,要求您的顧客將新的價值構面和目前的價值構面做一重要性的評比,看看會發生何種變化。當新的價值構面出現時,何種目前的價值構面最可能減低重要性?

假設一所商業學校預測其雇主(高優先性的市場區隔)會希望其新進員工有較強的領導技能。後續的重要性研究或許顯示,除了強調領導力之外,雇主也希望新進人員同時具備良好的溝通

圖5.2 價值構面的相對重要性與績效剖析圖

利得結果	重要性*	非常差						非常好	
		1	2	3	4	5	6	7	
使用起來很安全	6.8								
使用起來很舒適	5.8								
我覺得對我有吸引力	4.9								
造得符合我的標準	6.8								
以我容易使用的方式設計了船隻的內部配置	5.1								
方便我維修	6.2								
以我方便找到的方式來安排設備	6.5								
所有裝備都運作得很好	5.4								
是我覺得可炫耀的資產	7.0								

*重要性 = 1－7；7是最高分（利得結果的相關重要性之測量尺度）

╳ = 本研究的贊助公司

○ = 顧客認定的競爭公司

和解說技能。換句話說，新進人員運用電腦程式的技術顯然變得較不重要，商業學校的課程將可以因為這個發現而進行有意義的改變。

整合CVD程序的各個階段

CVD程序是一種可以將顧客的觀點帶入組織的方法，它會影響價值傳遞策略的決策。因為顧客評鑑產品、服務、價值和滿意度的方式和顧客的想法環環相扣，你沒有必要傾聽太多顧客向你談論產品和服務，就足以瞭解此一關係；這也是我們覺得在公司中，顧客價值測量和顧客滿意度測量必須整合至相同的資訊程序之理由。我們極力強調每個CVD步驟都必須彼此呼應。

遺憾的是，經驗告訴我們這種整合很匱乏，理由之一是組織中沒有人對這些相關的CVD步驟有整體的概念。概念上，假如你無法全然洞察一個步驟如何影響到下一個步驟時，整合的工作就會變得非常困難。例如，我們經常看到對於瞭解顧客認定的各種價值構面並不是很用心，以及在設計好的顧客滿意度調查問卷以前，先篩選這些價值構面。

另一個是組織的問題。不同的部門或許負責不同的CVD步驟，但都沒有任何整合彼此成果的工具。例如，當品保部門執行滿意度調查時，產品設計部門也可能進行研究去找出顧客想要的屬性。如果這兩個部門很少或根本沒有整合，這兩種研究就無法匯集在相同的價值構面上。結果，產品設計部門專注在某些價值構面上，而品保部門則專注在其他的價值構面上。

這些整合的問題令人頭大。個別地引進正確的技術來產生正確的研究問題並不夠。每一個組織都必須使CVD程序達到共

識，成為人人都瞭解與接受的指引架構。我們認為，圖5-1的程序提供著這種架構。此外，要克服這些整合的問題，在執行全套CVD程序時需要加以有效管理。接下來，我們要討論組織會面臨的執行議題。

顧客價值確認程序的管理

我們在第二章討論過，管理MOA程序的議題也適用於管理CVD程序。畢竟CVD程序是較大的MOA程序之主要要素。在這個部份，我們打算強調下述三個關於CVD程序的額外議題來衍生討論的範圍，且環繞著我們經常被問到有關執行CVD程序的問題：（1）CVD程序的設計，（2）將CVD程序轉成系統，（3）將CVD程序運用在組織內部的顧客上。

設計CVD程序

雖然使用的資源有很大的變異，顧客價值確認程序可能會很昂貴〔4〕。我們知道有一家公司花了35,000美元，將選定的模式針對產品組合中的一條產品線，走完整個程序一次，其管理部門認為這筆錢花得很值得。另有一家公司則花了將近500,000美元，研習和主要產品線有關的顧客價值與顧客滿意度，他們認為價錢太高。就某方面來說，這些成本是組織用以支付顧客價值導向管理方法的價格。你必須非常瞭解你的顧客，以便回應他們的需求。幸虧，有效的CVD程序之設計可以確保這些費用的支配和控制。我們在這方面討論兩個特別重要的議題：（1）要瞭解

哪些顧客，以及（2）進行CVD程序的研究應多頻繁。

要瞭解哪些顧客 此一議題具有策略性，和目標市場的決策有關。許多組織同時鎖定多種顧客群，這些顧客群可能是某個產品線的市場區隔，或可能橫跨整個產品組合的多種市場。理想上，我們應該要非常瞭解所有的顧客，但可用的資源或許有限。既然這樣，這個問題就變成了如何分配CVD程序的資源在這些市場或市場區隔上。

不論是市場或市場區隔的層次，我們以同樣的方式來回答此一問題。其中的觀點之一就是，組織應該只鎖定那些值得探討的市場或市場區隔。換句話說，市場或市場區隔中的機會應該非常重要，才值得進行顧客價值確認。當資源無法支持這個考量時，你可能要考慮退出某個市場或市場區隔。因此，CVD程序的資源就變成你在進行選擇目標顧客的策略性決策時須考慮的一個因素。

從另一個觀點來看，並不是所有的目標市場或市場區隔在進行顧客價值確認時的花費都相同，而資源也應該就組織不同的目標做不同的分配。既然這樣，最優先的市場或市場區隔應該得到較多的CVD程序資源。或許有許多理由可以解釋為何某個特殊的市場或市場區隔應列為高度優先，其中一個有力的理由是市場機會的潛力。以市場機會的潛力來分配CVD程序的資源會容易一些。至少，你會想確保你探討的顧客價值和滿意度是針對居於高度優先的市場或市場區隔。

「哪些顧客」議題的第二個部分和研究抽樣有關：在選定的市場或市場區隔之內，哪些顧客我們該選入研究中？雖然深談抽樣並非本章議題，但我們仍可以討論一些觀察的結果。第一，

CVD程序的哪一個步驟是你做為抽樣的依據？例如，以質性研究來找出價值構面，所需訪談的人數比顧客滿意度調查的要少很多。一則，在同一個市場區隔內顧客所想要的價值構面之相似性，要比滿意度的結果高。並且，既然滿意度調查是在價值研究完成後才來進行，前者就可用來驗證後者的研究結果。

第二，當顧客是同業時，他們參與研究的意願也是選擇樣本的一個因素。你也許必須將所有樂於配合的顧客包含在內，以順利完成研究。如果是這樣，我們認為，任何可能的資訊總比沒有好，以及無論是否可用，你都應該儘可能積極蒐集。然而，試圖從這些「有意願」的受訪者推論到更大的顧客群時，你必須謹慎。

最後，可能發生的情況是，你會去忽視抽樣方法並指定特殊的大顧客，如大型零售商，列入CVD的研究。這種顧客或許因為他們在你的銷售額中佔了明顯的比例而重要。大顧客同時也會成為「意見領袖」，他們的一舉一動都受到各方矚目，其他顧客也會因他們跟進。或，有些顧客會被認為「重要」並不是因為他們目前的地位，而是因為他們對未來的策略性影響力。例如，雖然會員制批發商可能只佔現今零食產品利潤的一小部分，但這個百分比卻可能在未來變得相當大。

當顧客在另一個行業時，不管他們是大主顧或散客，「哪些顧客」的議題都會變得更複雜。在這樣的情況下，你必須考慮組織中所有和這些顧客接觸的機會，諸如採購、送貨、收款和顧客服務等部門。

顧客想要的價值和滿意度在這些不同的接觸點可能不同。如果這個顧客規模夠大，像Frito-Lay的顧客Wal-Mart大賣場，你大概只須找出與該顧客的接觸點；至於規模較小的顧客，你或

許會想要在相同的市場區隔中將與這些顧客的接觸點加以概括化。

　　一般說來，在決定要以哪些顧客做為CVD程序的探討對象時，總會是有許多因素要考慮。有些因素具策略性，其他因素則較為研究導向。專業的市場研究人員能夠幫你進行後者，至於前者，如目標市場的決策，你就必須將CVD程序連結到你的策略規劃中。

　　CVD研究應多頻繁　　CVD程序不應該只做一次便束諸高閣。無可避免的，事件的發生會影響顧客追求的價值，以及對於價值傳遞的滿意度。競爭者會創新、使用的情境會演化、經濟情況會轉變、或其他許許多多的事物都會引發顧客改變觀點。最好把CVD程序視為持續進行的程序。那麼，該多久進行一次CVD呢？

　　這個問題迫使我們考慮到許多的因素，包括研究成本、管理部門對研究成果的反應能力、市場或市場區隔改變的程度、以及顧客參與研究的意願等等。討論每一項細節超出本章範圍，不過我們可以提出一些觀察意見。最重要的是，適當的研究頻率在每個CVD程序中的步驟都會不同；價值和滿意度的改變率不太可能相同。

　　通常，相同市場或市場區隔的顧客價值確認研究，在兩年或三年內不需要重複再做一遍。顧客追求的價值構面不太可能改變得這麼快。當然，若你知道某個正在進行的活動事件將會影響到價值構面時，無論最近期的研究是否剛做完，都應該完成CVD程序的前兩個部分。試想一想休閒遊艇製造商所面對的大環境變動。最近美國政府減輕休閒船隻的稅賦，此事極可能引發價值改

變，因此有必要再進行顧客價值研究，以瞭解新出現的價值構面。

　　根據我們的經驗，沒有定期做好顧客價值研究會比定期做研究的組織更容易犯錯。或許經理人可能會認為他們的顧客沒有那麼善變，我們知道某個銀行超過七年沒有做過顧客價值研究，這樣的時間幅度顯得太長了。你只要思考一下金融界的大變動，就可以瞭解顧客在這段時間已經改變了。無論如何，你必須抓緊顧客當前想要的是甚麼。

　　顧客價值構面之重要性的研究應該做得更頻繁。顧客價值構面的相對重要性極可能比價值構面本身的改變更快。至少，每次重複進行顧客價值研究時，你都應該做完重要性的篩選工作。你或許也想要測量那些包含在滿意度調查中的價值構面為顧客認定的重要性，來瞭解是否發生變動。如果答案是肯定，複製重要性測量將會和進行顧客滿意度調查研究一樣頻繁。

　　組織執行顧客滿意度調查研究的頻率有極大的差距，從每月一次到每一年或兩年一次，甚至更久一次。每個組織最恰當的間隔時間並不相同；而且，還要考慮許多因素，包括接觸顧客的頻率、你的價值傳遞程序之一致性、以及競爭的程度等。同時你也會發現，組織實際因應未揭發問題的能力也很重要。一旦調查顧客的滿意度，他們就會期望你有一些行動，因此若無法對於調查結果迅速回應，那麼貿然進行滿意度調查會顯得莽撞。

　　如果你決定要再進行滿意度調查研究，就必須考慮恰當的時機。假設你決定每年進行兩次滿意度調查，你是否將調查研究的時間點平均地隔開，即每半年做一次？或有其他的時機可以替代？諸如滑雪用品這種季節性產品製造商，或許比較想要在滑雪季節前執行自己的滿意度研究，而不是在滑雪季期間或年底才

做。

你或許也考慮想要辦個活動，特別是在可以預測的時間範圍內。這一類活動會引導滿意度的改變，而滿意度的調查也可以在這個時段施測，以掌握特定的顧客。例如，某大學知道大一新生在開學後的前幾個月，可能必須經歷離家自立的事實，因而有些學生在調適期間不知所措。既然大學想要留住這些新生，在這個重要的時刻，滿意度調查可以幫上大忙。校方可以因此評鑑提供給學生的服務，並找出不快樂的學生。這些資訊可以引導決策，確保學生們能得到需要的協助。

最後，有一些組織會定期檢視或探索選定的顧客變項，例如消費次數、使用狀況、購買的品牌、及再次購買的動機。將幾個滿意度的前導性問項加入探索問卷中來檢視滿意度會相當有意義。這些前導性問項可以用來判斷是否要進行較大型的滿意度調查，例如在前導性滿意度問項中若顯現出走下坡的趨勢，表示需要進行此種研究來檢視目標市場出了什麼狀況。

滿意度的原因研究通常需要頻繁進行—甚至可能需要持續進行。每次的滿意度調查很可能會發現一些滿意度不足或過高的價值構面，此時這些價值構面應該列成清單，並排出需要處理的優先順序。這張清單如果過長，管理部門可能一時難以同時處理，此時或許該依照優先順序，訂出研究排程來探討原因。訂定排程可以讓研究持續進行。

顧客價值的預測研究或許應該常常進行。在嘗試預測顧客未來的需求時，你並不能馬虎。你愈快看到即將來臨的價值改變，回應顧客新需求的準備時間就愈多。至少，這個CVD階段所得到的資訊，應該成為組織進行年度策略規劃程序的一部份。

將CVD由程序轉化成系統

　　到目前為止，我們的討論將CVD程序視為測量程序。不過我們相信組織最後應該考慮讓CVD程序成為一個系統，以便持續瞭解其顧客。系統的思考超越CVD測量的設計、執行、以及初級研究資料的分析，組織必須投入下述活動：（1）建構資料庫，（2）讓經理人和資料庫連結，（3）設計分析和回報系統以提升這些資料對決策的幫助。

　　一旦管理當局決定把有用的顧客價值和滿意度資料整合成資料庫時，這種從程序轉化成系統的程序就開始了。雖然本書的主旨不在於資料庫的設計，我們仍提供下面幾項建議：

- 資料庫應該將來自所有不同來源的顧客價值和滿意度資料加以整合。
- 資料庫應該具有分割性，能經由產品、市場、市場區隔、個別顧客、以及各個價值構面來加以檢索組合。
- 資料庫的設計應能顯示重複調查的結果之趨勢。
- 資料庫應該與MOA程序所得的其他資料整合（例如宏觀的環境、市場定義、以及競爭者等資料）

　　組織的CVD資料庫應該定期評鑑，除了讓資料庫更臻完備外，並以顧客價值導向公司的優良資料庫為標竿。一旦發現「資料破洞」，額外的資料來源就相當必要了。不過，新資料有其成本，因此應訂出準則來評鑑新資料的需求。你必須指出新資料雖然增加成本，但可以協助經理人做成決策。若非這樣，新的顧客

資料對組織並無價值可言。

系統思考也必須確認那些經理人能取用顧客的資料及資訊，這可能包括廣告、產品設計、產品/品牌管理、銷售、品質保證、以及顧客服務物流系統等部門的經理人。（詳見圖5-3）這種系統設計的問題，因各種經理人各有一些獨特的資料需求而更為複雜。因此，你必須先瞭解資料庫使用者的需求，以確保資料庫能回答其問題。

最後，CVD系統必須將資料轉換成有用的資訊，並把這些資訊呈現在報告中以方便經理人運用。無疑的，這些呈現資料的格式是獲得經理人支持建立CVD系統的重要因素。在第八章和第十一章中，我們會建議以「方便使用」的方式來呈現 CVD資料，當然也有其他可行的方式；此外，個別經理人的參考資料也須考慮在內。

CVD在內部顧客身上的運用

貫穿本書的焦點是，視顧客價值確認程序為瞭解外部顧客的方法。CVD能用於瞭解機構顧客、最終消費者、及中間交易顧客。我們確信CVD也是瞭解組織內部顧客的可行方式。這種內部顧客的概念很能引起共鳴。大部份的員工或多或少都必須從公司內的六種功能部門取得某種資料。因此，無論組織內哪一個團體都必須知悉其他團體對自己提供的價值是否瞭解與滿意。不管目標顧客為何，相同的技術和程序可以同樣施用。例如，我們在上述的內容中建議，負責設計外部顧客CVD程序或系統的人，應透徹瞭解那些使用該系統之經理人（該程序或系統的內部顧客）確切的資料需求〔5〕

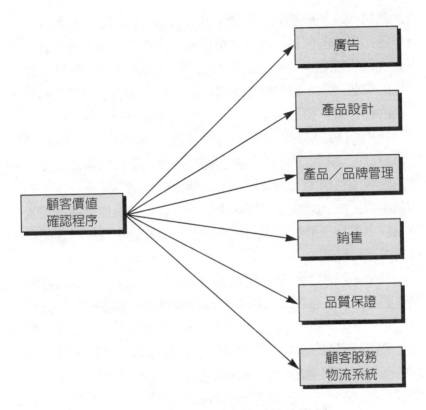

圖5-3　各部門都能分享顧客價值確認系統的資料

摘要

　　愈來愈多的證據顯示，消費者導向是企業成功之路，而顧客資訊又是這條成功之路的關鍵。〔6,7〕因此，每個組織應定期

去評鑑組織瞭解顧客的程序或系統多有效。在本章，我們介紹了可以達此目的的架構，即顧客價值確認程序。如果經理人真的要以顧客為管理取向，CVD程序的設計就是用來回答經理人應該要問的主要問題。這些問題的答案可以使組織將價值傳遞程序和重要的顧客價值構面連結在一起，並能持續改善這些程序。

我們建議組織應把顧客價值和顧客滿意度整合到相同的CVD程序，該程序包含五個相關的步驟。最初的兩個步驟用來確認顧客價值構面，以及確定哪些價值構面最為重要。接下來的兩個步驟是把滿意度加入程序中，我們必須知曉價值傳遞成效，以及找出導致優勢和問題的原因所在；第五個步驟則是預測價值構面未來可能產生的改變。

最後，我們深深覺得組織應有效管理其CVD程序或系統。瞭解顧客需要各部門同心協力。我們發現許多關鍵的議題都是在執行CVD 程序時才會浮現出來，於是我們討論了三個議題：（1）CVD程序的設計，（2）將CVD程序轉成系統，以及（3）以內部的顧客為應用CVD程序的對象。這些議題的決策，對於CVD程序如何有助於顧客價值傳遞策略的成效，將會造成顯著的差異。

參考書目

[1] Kaarree, James E. and Stephen W. Epley, "IDS Takes a Fresh Look at Customer Satisfaction," *Marketing Research*, 5 (Spring 1993), pp. 7–10.

[2] Dutka, Alan, *AMA Handbook for Customer Satisfaction*. Lincolnwood, IL: NTC Business Books, 1994.

[3] Peterson, Donald E., "Beyond Satisfaction," *Creating Customer Satisfaction*. New York: The Conference Board, Research Report No. 944, 1990, pp. 33–34.

[4] Griffin, Abbie and John R. Hauser, "The Voice of the Customer," *Marketing Science,* 12 (Winter 1993), pp. 1–27.

[5] Woodruff, Robert B., William B. Locander, and David J. Barnaby, "Marketing in a Value-Oriented Organization," in Michael J. Stahl and Gregory M. Bounds, eds., *Competing Globally Through Customer Value*. New York: Quorum Books, 1991, Chapter 23, pp. 566–585.

[6] Kohli, Ajay K. and Bernard J. Jaworski, "Market Orientation: The Construct, Research Propositions, and Management Implications," *The Journal of Marketing*, 54 (April 1990), pp. 1–18.

[7] Narver, John C. and Stanley F. Slater, "The Effect of a Market Orientation on Business Profitability," *The Journal of Marketing*, 54 (October 1990), pp. 20–35.

注釋

1. For example, see Morgan, Leonard A., "The Importance of Quality," in *Perceived Quality,* J. Jacoby and J. Olson, eds. Lexington, MA: Lexington Books, 1985, pp. 61–64; Zeithaml, Valarie A., "Consumer Perceptions of Price, Quality, and Value: A Means-End Model and Synthesis of Evidence," *The Journal of Marketing*, 52 (July 1988), pp. 2–22; Zeithaml, Valarie A., A. Parasuraman, and Leonard H. Berry, "The Gaps Model of Customer Service," *The Journal of Marketing*, 64 (July 1988), pp. 32–45.
2. For more on the research that provided the basis for this example, see J. O. Idassi, T. M. Young, P. M. Winistorfer, D. M. Ostermier, and R. B. Woodruff, "A Customer-Oriented Marketing Method for Hardwood Lumber Companies," *Forest Products Journal*, 44 (July/August 1994), pp. 67–73.

CHAPTER 6

顧客價值確認程序
如何提升企業決策

　　這數個月以來，我歷經了汽車地區經銷商愛理不理的負面態度。由於經銷商並未主動尋求顧客的意見，我於是主動地在好幾個場合中向服務部門的經理表達了我的意見，不過後來也得不到任何回應。

　　後來，其全國總公司和我連繫，要我接受一個深度的電話訪談。無疑的，我的名字是以隨機的方式從到過該公司國內經銷點的顧客名單中挑選出來。我想「至少現在我得到了一些回應！」。在30分鐘內，我回答了許多量表、問題和重覆敘述我和當地經銷商碰面的經驗。做完訪談後，我就等待回音，卻苦無進一步的消息。幾個星期過去了，恰好有個機會和當地的經銷商談到這件事，我問為什麼在訪談後都沒有消息呢？經銷商說因為這種特殊的資訊都由總公司負責蒐集，不會再告知各地的經銷商。事實上，經銷商所收到的唯一資訊，只是一些顧客對經銷商整體態度的結果摘要（由一列到十）。然後他問我的意見，於是我又將上次總公司訪談時的內容重覆一遍。一點也不意外，從此我還是沒有得到當地經銷商任何的回應。

　　事實上，從總公司到地區經銷商，從地區經銷商到客服部經理，缺乏反應的回饋是一致的。很顯然，地區性的經銷商跟著總公司走，有時會依指示蒐集顧客方面的資訊（正式或非正式），至於這些資訊的用途就不清楚了。很可惜，這種無法將顧客的回饋資料轉成有用的管理資訊的情況在許多組織中屢見不鮮。

顧客調查的觀念與技術

前言

在前面的章節裡，我們已經討論了顧客價值和滿意度的概念，也討論了為什麼這兩個部份應該整合到顧客價值確認程序（CVD）中。這些章節都專注在經理人應該搜集哪些顧客資訊，以便能更有效地回應顧客的需求。

不過，如同前述的小故事，蒐集資料只是故事的一部份。事實上，如果顧客的回饋資料資料不主動、有意圖地融入經理人的決策程序，那麼就算是最棒的資訊收集活動也是白搭。許多業務經理人就直接告訴我們，即使他們公司的行銷研究部蒐集了一大堆顧客資訊，他們也不太清楚是誰去蒐集或要拿來做什麼用途。一位前100公司的副總經理就承認，其公司的產品經理不用公司的顧客研究資料，因為這些經理非常有把握他們的顧客在想什麼。當然，蒐集好資料是相當重要的第一步。但是這只是第一步而已，後續的步驟則需要經理人利用得自資訊的內容做為採取行動的基礎。

當今的經理人經常提到需要「有效」的資料—指資料可以做為行動計畫和策略性決策的基礎。有效的資料有兩個很基本的特徵。第一，資料必須有使用的可能；即資料必須和經理人所要做的決策相關（relevant），在這方面，所有的顧客資料並不平等。有效的資料必須能夠提供答案、方向、以及意圖。在前面的章節，我們希望能夠解釋合併顧客價值和滿意度的測量系統對於打算採取行動的經理人為什麼很重要；經理人需要同時知道做甚麼（價值）與如何做（滿意度）。

有效資料的第二個特徵，則和資料蒐集後實際使用有關。本章所要詳述的正是這個面向。就一些方面來說，因為這個面向包含了各種議題，所以是一個較大的問題。經理人必須判斷在組織內哪些決策可以由顧客價值和滿意度的資料而獲益（即此等資訊應該對哪些特定的部門、功能、活動、個人、或系統散播）。經理人同時也必須考慮到組織中各種程序、政策、和政治行為會促進或抑制資料在組織內的擴散。資訊如何利用通常決定於資訊流動中障礙的消除。

本章將討論從CVD程序所得的資訊能夠且應該用來影響組織的變革。首先，我們討論明確地將CVD資料和價值傳遞結合的必要性，以及以由上而下的領導風格來確保此一連結的重要性。接下來的部份則著重於指出特定的策略性決策領域（例如，新產品的發展和顧客服務），以顯示CVD如何能夠以及應該影響這些具體的決策。此外，我們也會提供建議如何使CVD變成一個統一的主題來協調組織內各功能性部門之間的活動。最後，我們會更廣泛地討論與此等資料傳播有關的組織行為和文化議題。雖然這些議題相當複雜且超出本章範圍，我們仍覺得關注這些議題相當重要，因為它們對於價值確認程序的成功非常關鍵。

連結顧客價值確認程序和價值傳遞系統

較安全的說法是，當價值傳遞系統很明顯與CVD產生的資訊相連結時，CVD會具有最強的影響力。價值傳遞系統協調著所有提供特殊價值或價值組合給公司顧客的內部必要活動和程序。價值傳遞系統的一個實例是，聯邦快遞使用的電腦化探索程

序。這項服務是聯邦快遞體貼顧客想知道包裹身在何處或是否已經送達目的地的作法（因此這項服務是為了消弭或減少顧客獲得的負面「結果」）。藉著有創意地告知顧客各項正面的結果（例如，不再擔憂、控制感），廣告可以進一步地提昇這項價值構面。

此外，要將價值傳遞系統和顧客價值資料相連結，表示經理人應該測量及評鑑其價值傳遞系統的績效。例如，聯邦快遞瞭解公司的顧客詢問時，就是想要知道他們的包裹身在何處。公司於是指示找出捷徑來獲取這種資訊－或許只需幾分鐘。內部的測量可以訂為顧客的詢問和回覆其詢問之間的時間單位（例如在幾分鐘內？幾秒鐘內？）。

最後，組織的作業和彈性跟顧客的反應日益密切。組織已透過彈性製造和及時送達（just-in-time delivery）來朝此目標邁進。新近的點子包括分散領導、資訊網絡、彈性工作小組、組織間的合作等等已被用來增加彈性，以便在現今與未來的市場中競爭。〔1〕無論如何，這些發展都得根據及時和有效的顧客價值和滿意度資訊，以確保顧客對於組織應如何建構其顧客價值傳遞系統能表示意見。如果沒有顧客的意見來做為你的「方向」，就算空有彈性，也毫無用武之地。

由上而下的顧客價值

將顧客納入組織的決策制定程序中並無新意。在1950年代，以顧客為基礎的決策模式由行銷概念的鼓吹者加以推動，三十多年後，這個概念又由品質運動的鼓吹者，以重燃的熱忱再次

捲土而來。然而，在1950年代到1980年代，我們已經體悟到，貼近顧客並不只是（just）行銷部門的工作而已。為了讓顧客價值導向產生績效，就必西須在組織的各個層面徹底執行，由上而下，落實顧客價值導向的責任並且須由資深經理人一肩挑起。沒有上層的領導，下層單位的創意就會明顯受到阻礙。組織中的資深經理人毫無疑問必須瞭解與傳遞顧客價值是公司的首要目鏢，並予以支持，使成為所有決策的指導原則。

　　從下述這個真實的案例，可以看出要徹底執行是很簡單的，就算是門外漢也應付得來，更遑論資深經理人了。最近有一位朋友花了一整天的時間和一位汽車零件批發商在一起，其生意版圖遍及底特律的大車廠至小零售商。那一天從頭到尾，我的友人對這個老闆持續不斷且急促地向其所有和他談話的員工傳達創造顧客價值的重要性，感到印象深刻。例如，他會責備銷售人員忘了「推銷產品」。他說銷售人員最重要的事就是必須確保滿足顧客的需求。在那一整天當中，這位老闆將這個資訊以幾種不同的方式向與他談話的公司員工不斷地重覆，而且說得非常清楚明白。

　　恰好相反的情況，則發生在當天我的友人回家的飛航途中，他無意間聽到製造廠商兩位經理人的談話。他們極力抱怨因為顧客為數龐大的訂單而使公司的生產程序亂掉；為了解決這樣的狀況，他們覺得顧客應該要修改訂貨程序。很顯然，其公司的首要目標在於確保自己的組織，特別是生產設備能夠運作順暢，接著是設法使顧客配合公司。其資深經理人很明確地傳達了顧客的需求是一項「問題」，必須由顧客來解決，而非視為製造商反應顧客需求及傳遞價值的機會。

　　很明顯的，顧客價值導向必須超越單純的客套話或陳腐的公關詞令。高階經理人必須透過組織的各個層級，將顧客導向是公

司首要目標的各種訊息傳送出去，並由高、中、及基層的勤勉員工加以守護。最後，管理當局真正關心的目標就會變得非常明確（無論管理當局在公開場合說了些什麼），而員工的心思、腦力、和行為也都會和這個目標靠攏。如果管理當局能夠認真地看待顧客價值導向，一定會確保這些在組織中傳達的訊息之一致性，而且還會不斷地加以強化。

顧客價值導向也必須透過策略性規劃程序傳播出去，包括公司總部極具權威的正式聲明，到公司最基層單位的會議決議。這樣的程序應該由使命聲明書開始，以清楚、簡潔的口號，點出傳遞顧客價值是公司的首要目標。接著，這個目標應有意識與小心謹慎地融入績效目標（例如市場佔有率、顧客留置率、顧客滿意度），融入產品或服務的特殊策略及價值傳遞系統（例如新產品的開發、物流系統、顧客服務、和公司的宣傳策略），融入支持性活動（例如會計、採購、市場調查、資訊系統、和人力資源等部門）的組成與運作，並且運用在各項決策中（例如績效評鑑、工作說明書、人員雇用措施、訓練方案、及薪酬制度）。

總之，我們認為若要使顧客價值成為組織真正的驅動力，就必須滲透到所有管理層級與策略規劃程序的的思想中。假設是這種情形，現在我們來檢視公司一些特定的領域，如何以顧客價值和滿意度資訊為核心，來引導策略性決策。

運用顧客價值資料來引導策略性決策

第二章討論顧客價值導向與採行以合作為基礎的市場機會心理模式如何支撐公司的主要決策，協助決定策略性議題，諸如鎖

定哪個市場、如何在競爭優勢下提供價值給這些市場等等。在以下的章節，我們進一步利用顧客價值導向來說明顧客價值如何結合其他的策略性與戰術性決策。儘管並非鉅細靡遺，但在這個部份我們會談到最明顯的組織活動和決策—這些可以而且應該用到CVD程序的資訊。

產品的開發

決定組織的產品或服務內容相當仰賴CVD的資訊。在這些CVD資訊的啟發下，能夠評鑑和改善現行的產品及開發出新產品。

評鑑現存的產品　今日很少產業中的組織能夠對其產品感到自滿。激烈的競爭、更具挑戰性的全球品質標準、和不斷改變的顧客要求，都是讓每個公司得時時重新評鑑其現存產品的理由。可惜的是，解決的方法很少是「多加一點」或「改善」既有的提供物就能了事；儘管也可以推出新產品，然而這種改善大體來說是顧及成本因素。在成本意識高張的商業環境中，這些成本必須仔細評鑑。簡言之，許多經理人都處於必須改善產品，並須試圖維持低成本的尷尬局面。例如，克萊斯勒小型貨車過去的案例顯示，儘管大量的證據顯示顧客有需求，設計也很出色，但是為了節省開銷〔2〕，這個新車款專案還是差一點叫停。

航空工業也是另一個說明此種困境的好例子。在美國的市場中，競爭者在消費者對價格極敏感的環境中所得到的利潤非常薄（如果沒有虧損的話）。然而，航空公司同時也是服務業，他們會持續評鑑顧客對相關競爭者的反應；假設有數不清的新特點或服

務可以加在他們的產品中，那麼航空公司如何決定何者最為重要？是較寬敞的座椅？較美味的食物？還是為商務旅客準備更豪華舒適的休息室？航空工業的競爭者必須確定他們提供的服務中哪一種最重要（或甚至是最不起眼）；哪一項可以讓他們擁有競爭優勢，甚至哪些可以剔除，並以對公司造成最低損失的方式來達到降低成本的目的。

　　這些決策可以從顧客價值確認（CVD）的資訊獲得相當大的協助。首先，VCD資訊會很快地顯示代表各個獨特的市場區隔（例如商業旅遊相對於休閒旅遊）之價值層級間的差異。這樣可能會導致組織重新考量較大的決策，以便決定鎖定哪個市場、如何分別回應不同的市場狀況、哪個市場區隔的環境最符合公司規模等等（請同時參考第二章的MOA程序）。當然，這意味著某種循環性。雖然CVD程序應在組織決定其市場機會之後再來進行，接著也同時鼓勵組織運用新取得的CVD資訊再餵入（loop back）MOA程序。

　　價值層級在判斷何種產品屬性或服務活動對某些特定的顧客最為重要時，會有相當大的助益。找出最具策略性的顧客「結果」，可以協助經理人瞭解何種屬性能夠用來加強這些結果。例如，如果航空公司的顧客告訴你「不必在門口排隊等待，會讓我覺得比較輕鬆自在」，那你會如何去加強這項利得？在登機報到時可以促進或減少哪些做法？或在櫃檯邊另有其他替代作法？

　　相對地，經理人也可以判斷某些屬性和重要的顧客結果並不相符，進而取消之。一位機上服務生報告說，將瓷盤改為塑膠盤並未引起顧客的注意，這一點讓航空公司大為驚訝。對於提高更高階的「結果」與「想要的最終狀態」，顧客們顯然不重視盤子的品質。

　　同樣的，多年來顧客滿意度評分一向用來找出哪些產品的屬性或服務績效低於或高於顧客的標準。正如前述，雖然滿意度測量可以用來判斷組織需要改善的領域，但「如何」進行改善的方向通常需要與之互補的價值確認程序。

　　新產品的開發　對許多經理人而言，更具挑戰性的是價值確認資料如何運用在未來開發新的、超乎想像的產品上。每一個經理人都想要知道顧客在五年後想要什麼，因此能夠預測未來產品或服務內容的走向很重要，這不僅是針對競爭的意圖，也因為前置時間迫使組織在產品實際推出之前幾年就必須做成決策和投下資源。

　　稍早，我們也提到經理人在判斷未來需求時會碰到一些問題，因為這些經理人通常會問顧客有關產品屬性的資訊（例如，「你需要哪一種尺寸、哪一種口味、或哪一種樣式？」），我們認為顧客很少能夠適切地回答這種問題。然而，他們也許較能夠指出哪些是他們想要的正面結果，哪些是他們避免的負面結果，以及哪些想要的最終狀態是他們決定消費的重要動機。這些往往以更寬廣與更抽象的辭彙表達出來（「我想在車上感到安全」、「不麻煩」、「我需要提供價值給我的下游廠商」等等）。同時請記住在一段時間後，更高階的價值層級傾向更加穩定，因此較不會有理由在不久的將來就改變。事實上，找出結果與想要的最終狀態（而不僅有屬性而已），最能指引未來產品或服務的設計。

　　這個導向最近被用來徹底改造田納西州立大學MBA的課程。更明確地說，數年來全美國MBA的課程與畢業生遭到企業和媒體嚴厲的批評。以1960年代的教育模式為課程基礎，來教育1990年代的學生，這實在令人難以接受。就像許多其他的學

顧客調查的觀念與技術

校一樣，田納西州立大學開始探討未來的MBA課程會是哪些（典型的新產品開發）。

為了回答這個問題，該校回頭去找MBA的「顧客」－雇用MBA的經理人，以及選讀MBA課程的學生—以找出新課程應該如何設計的答案。由於對於學界、課程和教法所知不多，這些「顧客」對於新課程的走向應該如何，對於屬性層次的描述不太清楚。然而，他們卻能夠從經驗中指出他們避免的負面結果（如用在二度訓練的花費、對於跨功能的管理理解不足、不熟悉目前產業的作法等等），以及他們想要的正面結果（領導技術、團隊精神、溝通技術、建立共識等等）。很明顯，對於現有的課程做少許、停留在屬性層次的改變，根本無法滿足這些目的。於是，這些想要的正面結果會變成MBA課程徹底更新的焦點，其中包括打破傳統學年制的課程表；跨功能的分組教學；一整年適時的、學以致用的實習計畫；還有更加注重了人際互動、管理技術的發展等。老實說，供應商（即教育者）不曾以市場的眼光來規劃這些學術「產品」。

當然，瞭解更高階的結果和想要的最終狀態，不示經理人就沒事了。對他們而言，將顧客的要求轉成屬性的結合，並以具有開創性、有效果、有效率、適切、以及希望能夠超越競爭者的方式來執行；對這些經理人而言，這是一件相當重要的工作。不過，這些決策不再昏暗不明。瞭解顧客價值就可以引導這些轉換的程序。

顧客服務

顧客服務是組織提供物中愈來愈重要的部份；組織的物流人

員敏銳地從顧客要求更頻繁的送貨、更少的存貨、更精確的預測
和資訊分享、長期關係的建立、和系統的彈性等回應中，準確地
體認到這項事實。從最近對物流和運輸經理人的一份調查中，十
位受訪者中有九位表示顧客服務的重要性已經在過去的十年間大
為增加；大部份的受訪者都表示「顯著」（substantial）增加。
〔3〕此外，受訪者表示，顧客服務在現階段很明顯被視為行銷
組合（marketing mix）中最重要的元素；在三年前價格還被認
為是唯一重要的元素，現在已被取代且被排除在產品特色之外。
組織將肩負顧客服務的責任放在更高的管理層次來回應這些要
求。這個趨勢已經使得此一責任的負擔由中階經理人的身上轉向
副總級。根據安德森顧問公司（Andersen Consulting）發言人
的說法：「物流經理人不斷地體認到，現在你必須以具有競爭力
的價格提供優質品質的產品，其中顧客服務是關鍵的差異化因
子，這對於高知名度品牌的產品也是一樣」〔3〕。

　　不過，和產品設計一樣，顧客服務可以很快變成要加上哪些
屬性的討論與追求。是否要使用電子資料界面（EDI,
Eletronical Data Interface）？及時送達較好或更精確的補貨？
用這種方法來觀察顧客服務的考驗，通常會造成仿同（parity）
現象，也就是新點子很快會被競爭者抄襲。

　　顧客所尋找的供應商，就是在商業交易中能夠提供最好的組
合，即增添正面的「結果」及/或減少負面的「結果」。事實上，
組織「如何」傳遞價值（從屬性的意義）和顧客的切身性不如他
們從中獲取多少好處。從這個意義來看，這些顧客或許會出人意
料地接納新的想法和開創性，儘管他們似乎會去比較競爭產品之
間的屬性。

　　還有，以較高層次的「結果」與「想要的最終狀態」（例如

獲利性、壽命、品質、降低存貨、更高的存貨周轉率等等）來思考物流功能，對我們會有幫助。事實上，EDI是可以協助顧客達到部份上述目標的屬性，但是你的組織如何邁向下一步？哪些服務和技術的組合能夠讓你的顧客更容易達成這些目標呢，特別當EDI變成每個競爭者都已必備之後？這個答案取決於瞭解整個價值層級和其中各層的連結，而非僅是短視地著重於屬性的「同業較勁」。

價格

價格是最常和「價值」連結的變項。這是因為價值通常狹義地由經濟層面來定義—就像和交換有關的貨幣成本。商業出版物傾向灌輸這個觀點，最近更是討論日用品、消費性產品、和速食等產業的「價值訂價」（value pricing）之重要性。〔4,5〕

我們想要將「價值訂價」轉為「訂價為價值的一項指標」來改變這個觀點。前一個觀點暗示著，產品的價格應該由成本來驅動，或更明確地說，由成本之降低來驅動。相對的，後者的觀點則意味著，價格應該考慮到為更廣泛的因素，這些因素為顧客導致各項結果，並根據這些結果來訂出對應的價格。換句話說，價格應該是產品所創價值的一項反映，而非價值是價格的一項反映。

在和許多不同行業的中階至高階經理人的談話裏，我們聽到愈來愈多的抱怨，他們認為顧客唯一想到的就是低價位。供應商認為他們為了因應要求，只能被迫壓縮成本來提供最低的價格，或至少是具有競爭力的價格。當然，今日的組織在營運上必須顧及高效率和人事成本，否則連生存都成問題。然而，以有別於

「低價領導者」的方式來提供價值，並視之為競爭的起點，這才是跳脫價格競爭陷阱的方法。即使市場中存在著日益增加的降價壓力，顧客對於在競爭中明顯具有優勢的產品和服務還是會予以正面的回應。

例如，麗茲‧卡爾頓公司，美國國家品質獎（Malcolm Baldrige）的得主，在競爭相當激烈的宴客服務業中，就以其服務品質而非價格，拓展了事業競爭的利基。在這個案例中，瞭解對於價值的要求，協助卡爾頓找出何種特殊顧客（或市場區隔）對於傳遞值得珍視之價值的回應最明顯。但是「為價值訂價」（pricing for value）的觀點不太能產生出這種策略。福特土星汽車（Saturn）在中價位市場中，找到更具競爭力的方法。透過強調品質和服務來創造價值，而不是亂砍促銷價格，人們認為他們是高親和力的「另一可選擇的」製造商。他們被認定的價值，以及導致的顧客忠誠度和正面的口碑，最近使他們成為 J. D. Powers 顧客滿意度調查中的最佳廠商。〔6〕

促銷

一旦擬定出策略性決策，即透過哪些產品或服務內容來提供特定層次的價值時，如何與目前或未來的潛在顧客溝通此種價值，便是重要的考量了。促銷的重要目標之一應該是，協助顧客瞭解透過消費某特定產品或服務所能產生的價值。

首先，將促銷活動集中在一起來看，商家可能會想特別強調對顧客相當重要的價值構面。就這個意義來說，價值的確認可以協助為不同的促銷元素定出優先順序，以便瞄準能引起顧客共鳴的主題。特別是顧客想要的「結果」可以有效地為廣告主題加以

定位—例如「威斯克洗潔劑清除衣領上的髒污」。達美航空最近積極嘗試把顧客加入廣告主題中，並已經從專注於屬性（「達美航空帶你去你想去的地方」與「我們對飛行的熱愛你看得到」）變成專注於結果（「你會喜歡我們飛行的方式」）。瞭解使用的情境，這來自價值的確認，也會很有幫助。廣告可以秀出產品如何回應重要的使用情境之要求。例如，休閒遊艇製造商最近發現他們的遊艇被用來做為家庭團聚的一種方法（一種想要的最終狀態），於是將他們的廣告改成更多以全家出遊為主題的內容。

　　我們同時也相信，希望建立品牌的公司，訴求價值層級中較高層次的價值將較容易成功。和鎖定屬性的作法相比，鎖定結果或想要的最終狀態有許多優勢：能夠細膩地鎖定顧客的需求、跨產品中有統一的主題、傳播的連續性和一致性可以有更長期的穩定性。

　　在購買之前，促銷也可以協助顧客判斷哪些性能變項可用來評鑑價值。例如，汽車製造商不斷強調他們的產品價值可以用「提供安全」來評判。多年來，電腦製造商已經從只強調屬性（例如記憶體、RAM、功能等等）蛻變為逐漸強調容易使用（例如，你不必花很多的時間來學習使用系統）。不過，有一點仍需要注意，經理人要小心一旦你的產品或服務所強調的價值構面無法兌現時，會有潛在的反效果。第四章就曾指出，這種危險會發生在產品績效無法符合既定的標準或促銷時所給的承諾時。當組織希望其產品或服務的訂價能夠反映其產品優越的價值時，如同上述，促銷也扮演一個明顯的角色。在此種情況下，一旦促銷工具使用不當，會造成產品嚴重跌價。很顯然，促銷策略必須與所有行銷組合元素所產生的價值一致，並能整合在一起，這些行銷組合元素包括價格、配銷與通路、服務、以及產品本身。

　　最後，應注意促銷可用來增加產品的價值。對終端使用者的促銷，長久以來都被視為能提昇對通路顧客（即經銷商和零售商）的價值，他們需要保證存貨能夠流通賣出去。同樣的，銷售人員和顧客之間建立的人際關係品質極為有力，能為顧客創造和增加價值。對顧客而言，廣告和其他種類的促銷（包括銷售前和銷售後），能提高產品與供應商的聲響來為顧客創造價值。例如認知失調（Cognitive dissonace）的研究顯示，顧客在購買後會比購買前注意更多該產品的廣告。很清楚的，廣告透過提昇對產品之認定價值與促進重複購買，能提供某些價值（例如安全感、為購買決定提供合理的理由、消除認知失調）給顧客。

配銷

　　配銷策略應該和價值的傳遞合而為一。別的不說，選擇經銷通路（中間通路商的數目和型態）可以為終端消費者創造極大的價值，因此應呼應其需求。

　　例如，價值層級可以幫助你瞭解便利性和等候時間方面的結果對你的顧客有多重要，相對於對其他價值的要求。瞭解這些結果對於配銷通路的數目和地點決策會有直接的影響。你的顧客是否會要求通路提供更高層次的服務，或他們會更重視價格？再一次的，不同的顧客族群回答這些問題會不同。例如，達美樂比薩的創始人發現他的餐廳中有大量的顧客購買外帶的比薩之後，他便開始了外送到家的服務策略。這種配銷策略讓達美樂擁有相當重要的競爭優勢，使必勝客和其他競爭者在後面追趕。

顧客調查的觀念與技術

以價值為績效評鑑工具

　　一旦價值導向在組織中確實普及了，接著應融入評鑑員工績效的政策和實務。事實上，除非組織的績效評鑑方式和薪酬系統與顧客價值導向一致，否則與此一導向一致的員工行為不會受到鼓勵而存在；實際上還可能侵蝕此一導向。從許多公司的業務部門可以發現，負責「顧客滿意度」的銷售人員很快就發現到衝突，因為他們的績效評鑑是以業績配額為基礎。

　　要如何評鑑績效及薪酬制度該如何修正，來呼應顧客價值導向呢？要說明這個問題，讓我們以商業的一個面向來舉例說明。身為獨特的界面窗口，業務代表通常是第一個，也是組織中最常和顧客接觸的人。檢視對銷售人員的評鑑程序和薪酬制度，可以很快看出公司的優先考量（或至少是銷售人員對公司之優先考量的瞭解）。當然，公司應重視生產力和業務，沒有人會懷疑其重要性。但這些是不是唯一或主要的考量呢？諸如顧客滿意度、顧客置留率、現有顧客的銷售增加量、公司是顧客選定為唯一或偏好的供應商、業務代表和顧客的接觸模式與次數等這些課題又如何呢？至少，顧客價值導向會開始拓寬行為和活動的種類，並超越傳統以業績來考量的評鑑方式。

　　另一個有趣的檢視點是，測量銷售人員績效的所有方法是否都針對屬性層次（例如，報表上錯誤的次數、及時回覆的電話數、簡報產品的次數等），或對銷售人員的評鑑是否也考量顧客較高層次的結果與想要的最終狀態（例如，顧客對於交易容易度的評價、顧客的公司因為彼此的關係而得以作業順暢的程度、彼此的關係使顧客可以有效地服務其顧客的程度、顧客抱怨處理

得多令人滿意等等）。績效評鑑若反映顧客價值取向，則會包含對屬性層次和結果層次的評鑑。當我們開始把顧客的結果納入績效評鑑中，立刻變得很明顯的是，若缺乏來自顧客的投入資料，績效評鑑會難以衡量。這是評鑑系統另一個死胡同。如果評鑑系統由內部產生的資料所趨動，那麼就有可能無法反映出顧客價值導向。評鑑系統需要回饋資料，而且只有顧客能提供。安德森顧問公司建議經理人若欲提升其組織的顧客服務品質，就必須建立績效目標，並根據來自顧客的投入資料。這些來源可能包括隨機調查、焦點團體、設定標竿、或隨機選取交易樣本的調查。〔3〕

顧客價值的概念可以且應該應用在任何須回應顧客的員工身上。這至少可能包含催收帳款、物流、客服技術人員、新產品發展、銷售、和行銷等部門的人員。

價值和人員雇用標準

如果組織採行以顧客價值導向為績效評鑑的基礎，則這些相同的績效指標也應該用來做為人員雇用的標準。一開始，經理人會想要確認個人擁有哪些人際和技術性技能有助於滿足顧客需求和對價值的要求。在某些狀況下，這可能需要一個轉換程序，以找出最有助益的特定技術、工作經驗、訓練、背景、及個性。不管如何，重新考慮這些雇用資格對於「下游」的利益會很顯著。

價值做為一種訓練工具

最後，價值導向極有可能會影響到公司的訓練方向。瞭解顧客如何定義價值，以及促進員工致力於傳遞此等價值，應成為組

織的首要目標。為了加強我們先前討論的上至下溝通，就有必要對員工施以訓練和教育。這種訓練可以養成員工一致的思考，促進價值導向融入組織各個層級，並提供給資深經理人一個重要的回饋機制，能清楚組織各個角落對顧客價值的學習曲線。

利用顧客價值資料來達成跨部門的協調

傳遞價值給顧客是整個組織的責任，每個部門都有各須扮演的角色。逐漸地，組織會糾合許多專業人才組成跨部門小組來管理內部協調程序的發展（請參考圖6-1）。顧客價值的資料可以提供這些小組一個統一的方向、共通的語言、以及找出機會來改善內部程序，進而發展競爭優勢。在這個意義上，顧客價值的資料本身就對組織內部的顧客創造了價值。

前一章所討論的休閒遊艇製造商，從他們的產品發展程序來看，設計工程師想要提升顧客使用駕駛艙上方的摺蓬式船帆之容易度，就是一個很好的例子。從經銷商和焦點團體的調查研究中，發現了顧客對現有設計所提出的問題，這種方法所蒐集到的資訊對行銷工作很有幫助。產品設計部門於是使用這些資訊來改變頂蓬上下裝置的機械結構。製造程序則配合產品設計和行銷部門，致力於船隻款式的改變。顧客服務部門則和行銷、經銷商體系合作，以便向顧客展示產品改良後的設計。組織中所有的部門都能夠在傳遞價值的系統中有效地運作，提供改善後的價值，產品改變的成功則是各部門合作無間的證明，因為這些部門都有共同的目標，就是：回應顧客的需求。

這種潛在的互動，還有另一個不錯的例子，就是結合品質功

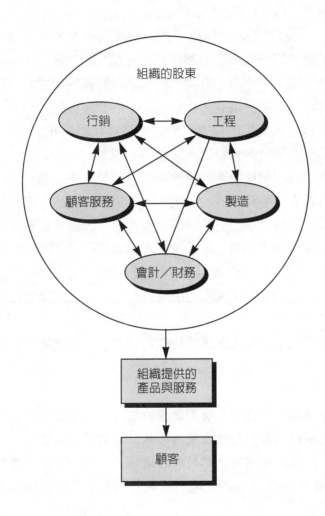

圖6-1　跨部門的價值傳遞系統

能展開程序（QFD, Quality Function Deployment）。許多組織利用QFD將顧客的需求轉換成實際的產品屬性，而這個程序的起點就是從對終端使用者的調查而瞭解顧客的要求。來自不同部門的人員組成工作小組，共同討論產品或服務的何種規格必須符合這些要求。（雖然這些要求在傳統上都聚焦於屬性層次，但也能擴大至包含更高階的結果與想要的最終狀態層次）。很容易就可以看出顧客價值的資料對這個程序的貢獻。

組織中哪一個部份應該扮演領導的角色，才能將有關顧客的投入資料帶入這些跨功能的決策小組？這個問題的答案視組織之不同而不同。行銷部門可能扮演這個角色，因為他們扮演對外與市場和顧客溝通的角色。不過，許多組織的研發部門和行銷部門是分開的；還有，許多組織近來都增加了品質管控經理人（Quality Manager），或許這個職位相當適合扮演蒐集和傳達顧客資料的角色。

不管組織中哪個人或部門擔任這個角色，他們都應該擁有以下技能：

• 瞭解顧客（無論是消費者或通路商）所尋求的價值。
• 瞭解組織價值傳遞系統內部執行者的資訊需求。
• 能夠有效地與其他部門的人溝通，包括教育訓練部門（此項要求表示在組織中須擁有相當高的資望和影響力）。
• 善於處理各部門間潛在的衝突並達到合作的目的。〔7〕合作比較可能發生在所有部門都能捨棄部門本位主義，共同追求對顧客有益的目標時。
• 確保活動的延續。有些企業直到危機出現後，才開始

蒐尋顧客價值，那就為時已晚了。管理當局必須定期
致力於研究市場和目標顧客身上發生的變化。

從價值確認資料獲取最大的利益

　　為了從顧客價值確認資料中獲取最大的利益，管理當局必須
以最方便和最即時的方法取得相關的資料。簡單地說，必須建立
一套可以傳遞顧客價值資訊的系統。有幾個議題可以協助組織傳
遞和使用價值資料；從許多方面來看，這和傳遞和使用市場調查
資料的議題並沒有很大的差異。然而，因為強調其可執行性，下
列的議題就有必要：

1. 應該要有行動計畫來管理這些資料的傳遞。
　　a. 應該委派專人負責資料的傳遞。
　　b. 行動計畫應包括組織中誰會收到何種型式的資
　　　　訊，以及這些人將如何運用所收到的資料。
2. 資料應該以即時的方式配送。
3. 應該致力於連結價值確認資料和內部的程序。
4. 價值確認資料也應聯結薪酬系統。
5. 價值確認資料也應該和重要的績效評鑑有關。

以上各點詳述如下：

配送資料的管理

　　最重要的第一個步驟就是發展一完備的行動計畫，以確保CVD資料的使用。最理想的狀況就是，這個行動計畫應該在開始蒐集顧客價值確認資料之前就設計出來〔8〕。在完全瞭解這些資料應如何配送到整個公司，也就是說，哪些人會運用這些資訊從事何種決策後，初步所要蒐集的資料輪廓就跟著出現了。

　　指派專人負責配送資料相當重要。這點可以確保資料的傳遞與使用不會有「遺珠之憾」。不過，考慮到組織中誰有資格賦予重任是很重要的，因為這樣的決定會對員工影響很大。顯然，公司較高層級的人員較具重要性，然後依序是直線經理人的職位與幕僚經理人的職位。最重要的是，誰被賦予重任會傳達著管理當局的立場，是將之視為「酌參文件」或抱著較擁護的態度（例如，管理當局是否會指派「變革代理人」來執行這些資訊）。〔8〕

　　配送資訊的行動計畫應該討論到，組織中誰會收到顧客價值導向資料中哪些不同的內容，以及期望他們如何處理這些資料。針對顧客研究的每一階段，貝爾電話公司已設計出一種表格，顯示將進行的各類研究、其目標、以及研究結果會如何應用。例如，其顧客滿意度研究的結果「會以公司和各州的層次加以披露」，並且會由「跨部門小組來評估其中能改善服務和相關議題的機會」。〔9〕

使資料傳給正確的經理人

讓資料傳給正確的經理人是行動計畫需要考慮的議題，本章一開始的小故事就是未考慮這個議題的最好例證。汽車製造商收集了許多顧客的資訊，但是資料從沒回饋給可以發揮效用的單位—即各地的經銷商。相反的，普洛姆斯集團，以漢普頓客棧和鄉林小套房為代表，則提供了更多正面的示範。在接觸了顧客投宿普洛姆斯集團的客房後，相關資訊會以問題的方式即刻送給客房經理，他們接著執行任何必要的後續工作。

另一個正面的範例是，安得森顧問公司針對物流功能所建議的「顧客服務行動計畫五個執行步驟」（Five Step Customer-Service Action Plan）。安得森顧問公司建議，績效報告應該佈達至「公司各個角落」。在倉庫（或發貨中心），將分派給特定工作人員的活動之績效報告貼出來（例如，裝貨正確度和貨品損壞百分比）。〔3〕安得森顧問公司同時也建議，讓顧客也在資料分送的清單中。他們認為，和主要顧客分享有效的資料，是改善服務與更加接近主要顧客的方法。〔3〕

為何要指派佈達資訊的人員與發展行動計畫，最重要的理由之一就是顧客的期望。當你要求你的顧客花時間回覆問題時，就表示你的組織會使用這些資訊來作某些承諾。組織所做最具殺傷力的事，就是低估顧客的期望而對顧客的反應置之不理；事實上，與其考慮到顧客可能帶來的負面結果，倒不如不要蒐集顧客的回饋資料。克萊斯勒汽車向來主動蒐集顧客的回饋資料，並將資料整合後反映在小貨車的設計改變上。他們已設定了他們會加以回應的期望，而此一期望會反映在顧客的評論中，正如一位顧

顧客調查的觀念與技術

客說：「我想我相信艾科卡（Lee Iacocca）會貫徹顧客所給的建議」。〔10〕

資料的及時性

適時傳遞資料也同樣重要。產品和服務快速改變，競爭環境和顧客的屬性也是一樣。資料愈快使用，績效愈高。同樣的，擱置在研究部門、無法以即時的方式加以流通的資料將無用武之地。萬一普洛姆斯（Promus ）集團的經理人三個月後才發現，顧客已經對旅館產生不良的印象時該如何辦？到那個時候，顧客的感覺已經變得很差了，並對旅館和其管理當局產生敵意。此時執行任何彌補措施會難以發揮效果。幸好，普洛姆斯已經建立顧客回應系統，因此經理人可從顧客停留的那幾天就能獲得資訊，進而趁早找出解決之道。

另一個及時處理資訊的理由就是，管理當局對於送出的資訊很在意。如果資料暫緩傳送或使用，那麼員工會認為管理當局不覺得這個資訊重要。這表示員工在回應這些資訊時無須那麼緊急。相對地，若某個回饋資料受到快速處理，並把意見傳送給高層人員，那麼員工也會迅速加以回應。

連結價值資料和內部處理程序

如同前述，將顧客價值資料和公司內部的程序加以連結很重要〔8〕。只有將這些連結明確建立，顧客價值資訊才能轉換成行動和解決方案。例如，全錄從顧客的回饋資料中得知，他們對於維修遲緩感到不滿意。將這些回饋資料接回價值傳遞系統，一

組全錄的員工會加以分析並決定採取哪些最適當的回應。他們甚至拒絕傳統的概念，即多放點零件在維修車上，最終能夠做到如同聯邦快遞的快遞服務，以較低的花費將正確的零件送至顧客處。經由深入瞭解顧客的問題，他們能夠找出創造顧客價值的解決方案。〔11〕

將價值資料和薪酬制度連結

先前提到，績效評鑑應該和CVD資料緊緊聯結。許多組織，包括全錄和普洛姆斯，都已經使用顧客滿意度資料來決定員工的薪資。沃克顧客滿意度測量公司的總裁艾倫·沛森（Allen Paison）推測，其顧客有三分之一至二分之一以某些方法將滿意度和薪資加以結合。〔12〕最近據聞ＩＢＭ變更銷售人員的薪資計算基礎，將40%的佣金和顧客滿意度連結。〔13〕這種作法對員工的影響是，使許多員工與組織更為「同心」（share of mind）。不過，應該特別說明有許多人懷疑這樣的做法，認為這樣可能會造成對資料和員工的濫用與誤用。〔12〕對這種批評最令人信服的答覆是，顧客的回饋資料應做為管理當局評估員工績效的一種輔助物（aid），而不是取代品（substitute）。

價值確認和成果測量的連結

最後，得自顧客的回饋資料可以而且也應該和公司的盈虧連結。有人建議公司應該更直接地將策略性分析和決策與股東價值（shareholder value）加以連結。〔14,15〕將顧客價值和財務分析加以連結，可理解有其困難度，因為這兩種觀點「使用不同

的價值概念、聚焦於不同的對象（顧客相對於股東）、隸屬不同的市場、運用不同的分析層次、探討不同的決策變項、強調不同的測量方式」。〔14〕不管如何，企業必須開始將這兩個觀點視為互補，而非衝突。一旦財務成果在策略性決策上有說明和實際檢視的必要時，探討策略性決策所根據的假設（例如，顧客價值目標）將有助於增加財務分析的精準度，特別是那些用到預測的部份。

哈里斯公司向來都將顧客滿意度回饋資料和淨值報酬率、銷貨額、及不同部門的收入等績效測量加以連結〔16〕。多年來該公司一直能夠顯示說明，顧客滿意度和績效確實呈正向關係。此外，顧客留置率和顧客採購的比率也可以做為評判顧客價值確認和價值傳遞等程序是否成功的準則。〔17〕

經理人不應該畏懼盈虧方面的議題。事實上，創造和傳遞優質價值的策略，應能導致成功進而創造股東價值。因此，財務的測量對於公司評鑑顧客價值導向的預測成果和歷史成果是重要的。不過，在此必須提出一些提醒。若公司盈虧結果不佳，就要探討不同的原因；顧客價值導向只是潛在的原因之一。

摘要

在本章我們試圖強調可以增進CVD資訊之用途的議題。首先，我們討論連結價值確認程序和價值傳遞程序的重要性。再來，我們說明在建構公司內的價值導向時，採取由上而下強力領導的必要性。接著，我們指出數個公司內部的策略性決策，並討論公司如何從價值確認程序中獲益。最後，我們討論組織和程序

上的一些議題，這些關係到促進或阻撓價值確認資料的傳送。

　　很明顯的，本章無法徹底討論這些議題。如何運用CVD資訊將會成為貫穿本書的主題。傳送和使用顧客資料的完整論述，很快會觸及組織如何建構、管理風格、以及更大範圍的組織心理學等複雜領域。這些主題很明顯都超出本書的範圍。不過，希望本章能夠喚起對這些重要議題的注意，使顧客的回饋資料成為有意義的投入，進而提昇管理決策的品質。

參考書目

[1] Hey, John, "The New Post-Heroic Leadership," *Fortune*, February 21, 1994, pp. 42–50.

[2] Taylor, Alex III, "Iacocca's Minivan," *Fortune*, May 30, 1994, pp. 56–66.

[3] "Customer Service: The Great Differentiator," *Traffic Management*, 31 (November 1992), pp. 40–44.

[4] Power, Christopher, Walecia Knorad, Alice Cuneo, and James Treece, "Value Marketing," *Business Week*, November 11, 1991, pp. 132–140.

[5] Oster, Patrick, Gabrielle Saveri, and John Templeman, "Procter and Gamble Hits Back," *Business Week*, July 19, 1993, pp. 20–22.

[6] Woodruff, David, James B. Treece, and Sunita Wadekar, "Saturn: GM Finally Has a Real Winner. But Success Is Bringing a Fresh Batch of Problems," *Business Week*, August 17, 1992, pp. 86–91.

[7] Reizenstein, Richard C., Joyce E. A. Russell, Joseph O. Rentz, Tammy D. Allen, and Barbara Dyer, "Cross-Functional Conflict: The Case of the Brand/Sales Interface," Working Paper, University of Tennessee, Knoxville, TN 37996-0530, 1994.

[8] Maginnis, Corinne, "The Numbers Are In: Now What Do You Do With Them?", *Marketing News*, April 12, 1993, p. 9.

[9] Marketing Research Matrix of Surveys, *Perspective,* South Central Bell

Telephone Company Employee Publications, 600 North 19th Street, Birmingham, AL, September 29, 1989.

[10] Treece, James B., "The Streetwise Makeover of Chrysler's Minivans," *Business Week*, September 24, 1990, pp. 110–113.

[11] Mathews, Jay and Peter Katel, "The Cost of Quality," *Newsweek*, Sept. 7, 1992, pp. 48–49.

[12] Donath, Bob, "Satisfaction Measurement Sometimes Goes Too Far," *Marketing News*, March 15, 1993, p. 9.

[13] Sager, Ira, Gary McWilliams and Robert D. Hof, "IBM Leans On Its Sales Force," *Business Week*, February 7, 1994, p. 110.

[14] Day, George S. and Liam Fahey, "Putting Strategy Into Shareholder Value Analysis," *Harvard Business Review*, 68 (March-April 1990), 156–162

[15] Barwise, Patrick, Paul R. Marsh, and Robin Wensley, "Must Finance and Strategy Clash?" *Harvard Business Review*, 67 (September-October 1989), pp. 85–90.

[16] "Linking Total Quality and Business Success," A Presentation by the Harris Corporation to the Manufacturers' Alliance for Productivity and Innovation Council on Quality, November 9–10, 1992, Washington, DC.

[17] Reichheld, Frederick F., "Loyalty-Based Management," *Harvard Business Review*, 71 (March-April 1993), pp. 64–73.

第③部

顧客價值確認技術

測量顧客價值

　　瞭解產品和瞭解產品與使用者的關係是兩碼事。大部分的設計工程師對自己設計的產品都知之甚詳──例如產品如何製造、性能如何、產品的極限等等。不過，談到顧客使用產品的經驗，這些人很可能並不清楚。

　　上述這項觀點，從我們最近進行休閒遊艇公司的顧客研究中就充分顯現出來。在一連串和該公司的顧客進行訪談與焦點團體中，我們用一種稱為「情境體驗」（grand tour）的方法，讓船主將他們操作和使用遊艇的經驗與我們分享。從中我們洞察到非常具有啟發性的一點。情境體驗使我們知道，兩個人一起駕船是相當常見的，其中一人負責掌舵，另一人負責導航。不過，船上的儀表板則設計成只方便一位駕駛人辨識。結果這樣的設計使儀表板不利導航人使用。傳統使用的屬性層次測量方式不太可能獲得這樣的洞察。不管如何，這種直接探討產品與使用者在使用情境中的互動關係所獲得的豐富資訊，正是瞭解顧客價值的基礎。

前言

　　要說服經理人去瞭解顧客價值的必要性只是第一步。要做到全然「信服」顧客價值，你就得考慮組織決策中所需顧客資訊的種類。簡單地說，你必須將這種信服表現在如何最能夠測量到顧客價值的實務層次上。

　　正如我們在第四章所討論的，顧客價值和顧客滿意度是不同

的。毫不意外的，組織長久以來用來測量顧客滿意度的方法，用來測量顧客價值並不見得合適。因此，經理人必須探討替代的測量方法，這也是本章要說明的。

本章將以顧客價值確認程序（CVD）的第一個步驟：測量顧客價值為核心。我們首先概述量化和質性方法的差異，後者對於顧客價值的測量特別有用。接著，我們會介紹進行質性研究的架構，其中的議題包括確認訪問哪些顧客、決定誰該去進行訪談（例如，專業或公司內部的研究人員何者好）、權衡幾種方法的優劣（觀察法、焦點團體、和深度訪談等等）。最後則探討測量的一般性議題，包括和顧客建立融洽關係、有效地使用調查工具、規劃和把握訪談的時機。

以下將介紹的幾種基本方法（深度訪談、焦點團體、和觀察法）相當重要，它們常用於各種類型的顧客研究，然而它們在CVD中的使用與較傳統的方式不同。第一，我們對於何時與在何種情況下使用這些方法最好，會有特定的建議；更重要的是，我們也會探討如何更有效地運用這些技術，以掌握顧客價值。在此處我們提供一些訪談技術—抽絲剝繭法（laddering）和情境體驗法（grand tour）—這兩種方法可用來捕捉價值層級中的價值構面。

質性測量與量化測量

測量顧客價值根源於收集質性資料的技術。對某些經理人而言，這不會構成問題，至於那些迷信量化技術（例如須以電腦進行掃描和分析的大規模調查）的經理人，對此改變可能不會很舒

服。質性的研究技術在本質上較不具結構性、較開放、以及較仰賴詮釋。所獲得的資料較可能以剖析圖、敘述、摘要的方式呈現；至於平均數、標準差、和P值則較少見。簡單地說，經理人經常視質性技術所得的資料為「軟性資料」。為什麼需要這種研究法？簡略地比較其收集資料的方法，即調查法和深度訪談，就足以突顯量化和質性技術的根本差異了。

　　試考量一下「調查法」（survey）的特徵（不論是郵件調查、電話調查、或人員調查）。從好的方面來看，這些方法執行起來通常迅速而且經濟，所得的資料是數字化的答案，可以很容易地求出中數、條狀圖、和其他量化分析的結果，而且，也方便經理人用電腦來作業。不過，調查法也有一些明顯的限制。調查法本身高度結構化，因此能得到的資料之數量和類型受到限制。調查法最適合用在想要取得顧客的回答可以縮減為一些問項（不太多）、內容可以辨認（想要測量的重要議題可以排出優先順序）、及能採用有限的格式（使顧客對著評鑑量表或以績效為基礎的量表做答，諸如李克特量表（Likert）或語意區分量表）。雖然這種工具也都會附帶一些開放式問題（例如「你還有別的意見嗎？」），但是往往不多，顧客的回饋也很有限。

　　相反的，探索顧客價值可想像成剝一顆多層的洋蔥，由表面開始，將上一層一一剝開，直到露出下一層新皮，再逐漸通往核心。要瞭解顧客價值，就要有「剝皮」的程序，因此在蒐集顧客資訊的數量和種類之彈性上，遠甚於問卷調查。深度訪談就提供著這種彈性。

　　當最初被要求討論到他們與產品或服務的關係時，大部分的顧客都會由最明顯和最客觀的議題─屬性（attributes）開始。他們會談到「是些什麼」，此時研究人員應該密切注意顧客對價

顧客調查的觀念與技術

值層級的這個層次之觀點。不過，研究人員也必須鼓勵顧客探索他們和產品的深層關係（較高的價值層次）。研究人員必須探索並鼓勵顧客討論享受產品或服務後的重要結果，諸如正面或負面的結果，以及研究人員必須深入發掘，好讓一些深沈隱晦的慾望浮現出來。最重要的，研究人員必須使顧客主導他們覺得重要的訪談議題。（事實上，如果研究人員在訪談全程能保持自然的態度，將有助於避免插入任何自己認為對顧客重要的產品議題，進而造成優先性的偏差（priority biases））。若能由顧客來主導訪談，通常不太可能知道訪談的方向會走向何方，或發現哪些新的洞察。

這種「層層剝除」的程序較容易產生（甚至依賴）開放性、結構鬆散的問項。質性技術很適合這種任務，因為這種技術能讓顧客使用自己的語言和經驗來描述產品的性能，而不是事先替顧客預定那些可能不夠自然、甚至不適當的準則。就缺點而言，質性技術會占用顧客較多的時間，也會花公司較多的時間和金錢；所得的資料在分析和呈現時也顯得較冗長拉雜。不過，權衡利弊，以質性研究較能深入瞭解顧客來說，還是相當划算。

在執行質性研究時應該考慮以下這些關鍵問題。

1. 誰來執行研究？
2. 誰應該接受訪談？（找出顧客樣本）
3. 不同的質性研究法之優劣點該如何權衡？
   a. 觀察法
   b. 焦點團體
   c. 抽絲剝繭或情境體驗式的深度訪談
4. 執行質性訪談時有哪些一般性的議題？

a.如何開始和建立融洽關係

b.探測工具的使用

c.訪談的規劃和時機

　　我們在這一章會介紹不同的測量方法和技術，以及正反面的評價。不過一開始須聲明，我們不會推薦某一種是測量顧客價值「最好」的方法。組織希望執行質性研究時，需要權衡多種方法的優點，以判斷哪一種方法和他們所需的資料、資源、顧客、和偏好最為相符。

該由誰來進行研究？

　　「該由誰來進行研究」是一個必須先決定的問題。此一問題通常侷限於由公司內部人員來進行或外包給其他外部的研究機構或顧問公司。及早決定這件事非常重要，因為此一決定和後續的決定有關。例如，決定由公司內部員工來進行可能就決定了要訪談哪些顧客。顧客若和公司的關係不夠，在面對公司內部員工的詢問時，可能會不合作或抗拒。如先前所述，此一問題沒有「最好的」答案。不管如何，我們可以正反並陳地列出一些應該考慮的議題。

　　一開始，我們認為不管是由內部的員工或外部的研究人員來進行質性研究，都必須合格且經過適當的訓練。外聘機構的研究人員不一定就具備良好的訪談技術。而且事實上，在許多組織裏都擁有能夠執行質性研究的員工，他們或早就具有這些技術或可以用最少的成本加以訓練後就能派上用場。這些人員可從市場研

顧客調查的觀念與技術

究、人力資源、甚至業務部門中找出來。一般而言，你應該找尋能夠以輕鬆的態度很輕易與顧客建立關係的員工。此外，在觀察法、焦點團體、深度訪談中須用到的一些特定技巧都要確保擁有相當的水準。很顯然，聘請外部機構來進行是認定其研究人員已經具備這些技術了。

若個人的技術水準相當，由內部的員工或由外部的研究人員來進行質性研究有幾項議題要考慮。選擇由內部的員工來進行有許多優點，最重要的是自家人較清楚問題，較熟悉公司的業務、競爭對手、行話、顧客和公司過去的關係等等。這些背景知識對於訪談內容的設計都是重要的優點，因為較可能知道哪些議題需要深入、哪些議題隱藏著敏感性內容、及懂得如何與顧客深談。如果和顧客已經建立了良好的關係，由內部的員工來進行更是再好不過，而且對公司的商譽也是有益。

「接近性」是採用內部員工來進行的主要優點，但也極有可能成為致命傷。有時候自家人會因為太接近問題，導致有偏見或過於主觀，會抗拒或防衛顧客的說法。還有，如果和顧客未能建立起融洽關係，顧客可能會對訪談的員工有所保留，特別當公司和顧客的關係緊張時，要顧客說出真正的感受會相當難。

聘用外部的研究人員會產生不同的問題。就正面來看，這些人或許比較客觀、對你的顧客或許敏感度較高、所問的問題及預設的答案可能較客觀、顧客對他們可能較坦白。主要的缺點除了費用高之外，他們對於複雜情況缺乏足夠的瞭解，以至於無法有效地進行訪談。對於產業的業務、競爭對手、行話，由於不熟悉，他們必須接受「背景知識」的訓練。他們對於你的公司和顧客之間過去的關係所知有限，這也可能限制了他們探討某些重要的策略性議題，以及未能進一步深入探討一些有用的資料。

簡單的說，無論你的公司選擇由內部的員工或由外部的研究人員來進行質性研究都有其優缺點。這個決策最可能決定於可用的資源（人員與預算）、個人的偏好、組織和顧客之關係的性質等因素。

誰該接受訪問？找出顧客樣本

第二個問題是，應該訪談哪些顧客。當然，後續的決策會因這個問題而有不同的發展，諸如需要用到哪些蒐集資料的技術。例如，很可能某個特定的顧客團體較適合進行焦點團體，而不太適合進行深度訪談。觀察技術也許適用於某些顧客，但不是一體適用於所有的顧客。就這方面而言，選定了哪些顧客來進行訪談之後，接著才來選擇適當的調查研究方法，而不是反過來。

樣本的大小

關於樣本的大小有些事項需要說明白。如同前述，質性資料的蒐集規模通常不大。若進行龐大的顧客訪談，相關的時間與費用會變得過高。除非公司只有非常小量、可變認的顧客群，否則應該從全部的顧客中抽取一部份的樣本來收集質性資料。此外，你也不太可能產生一組有統計代表性的樣本。許多經理人慣用抽樣技術的大規模調查法，對於這一點相當難以接受。

對照下，質性技術通常使用方便樣本（convenience sample）。雖然有些研究人員質疑方便樣本的優點，如果仔細挑選訪談受訪者，會收集到相當豐富的資料（本章稍後詳述）。有

顧客調查的觀念與技術

一件重要的事情必銘記在心，方便樣本的挑選必須使下列兩種資料的取得最大化：（1）策略性重要顧客；（2）不同顧客團體間可能會存在的差異。此外，請記住此一階段所得到的結果，可以在CVD程序的後續階段透過量化技術和更大、更具代表性的樣本所進行的調查研究中加以驗證。

為方便樣本選擇受訪者時，你首先必須確定他們代表策略性重要顧客或不同的顧客團體，即使這意味著他們在數量上比例不均。問「誰是我們一定必須瞭解的顧客或顧客群體？」很重要，這樣就能將顧客對公司的重要程度依序排出優先順序。你或許也想透過抽樣來捕捉顧客團體間的差異，特別當你知道或懷疑顧客的特徵和需求有顯著的變異時。將這兩項選擇受訪者的準則牢記在心，可以使方便樣本得到最多的資訊。

哪些顧客需要包括在內

哪些特定的顧客應該包括在價值測量的階段中？在許多階段中，這都是該問的問題。在最初的階段中，你得考慮哪個或哪些市場區隔必須包括在內。如果你的組織所服務的顧客分散在不同的市場區隔中，你可能無法適切地抽樣。如果是這樣，你必須決定需要瞭解哪個市場區隔，這個重要問題的涵義超越顧客價值的測量。事實上，這是早就該由公司的策略方向與較大的MOA程序（詳見第二章）已經決定的。因此，我們假設你已經知道什麼是公司重要的市場區隔。

經理人接下來必須決定哪個企業顧客（企業對企業的市場）或哪些家計顧客（消費品市場）應該含括在樣本中。還有，這些問題並沒有一定的答案。不過，根據前述方便樣本的準則，選出

的顧客或家計單位應能突顯（1）策略重要性與（2）各顧客群之間的重要差異。此時，你會希望選出使資料取得最大化的顧客樣本。

最後，對於企業顧客和家計顧客這兩者，你必須考慮哪些個體（individulal）應該包含在樣本中。在企業顧客和家計顧客這兩種單位中，會有一些個體分別或同時扮演「選擇」、「使用」、與「處置」產品或服務的角色。我們有時稱這些人為不同的「要角」（role player）。這些要角對於顧客價值會有不同（甚至衝突）的看法，這些你的公司都需要加以考慮。

以三大類來思考要角是有幫助的。第一，最明顯的，就是產品使用者或「直接接觸」（direct contact）的顧客。這些個體都有許多現成的經驗可以回答你的問題。就家計顧客而言，他們就是實際吃、穿、駕駛、閱讀、或使用你公司產品的個體。就企業顧客而言，他們有裝配線的工人、專案經理人、或那些使用你公司產品或服務來完成工作的人。這些個體對於你公司產品所提供的顧客價值，都會有重要的看法。

還有另一個觀點，你或許會想要和決策制定者（decision makers）和決策影響者（decision influencers）溝通。這些人決定選擇產品或供應商的準則，他們協商交換條件、決定產品的規格或條件、或決定對供應商的要求。他們可能從沒有(或很少)直接處置產品的經驗。在企業對企業的情況下，這些個人或許是採購代理商或經理人。在家計顧客的情況下，這些人可能是決定購物參數（例如預算限制、要光顧平價商店或百貨公司、性能的要求等等）的「財務總管」。很明顯的，你的公司必須回應這些人與產品使用者的價值層級。如果這些人認知的「結果」不同於產品使用者，這一點也不足為奇。例如，當產品的使用者比較關

心特定的績效準則時，決策制定者可能會優先考慮財務目標或供應商的穩定性及商譽。

最後，第三種和樣本相關的個人還有促進者（facilitators）或稱「間接接觸」（indirect contact）的消費者。這些個人對於產品的使用者具有支援性的功能，會促進產品或服務流入組織和家計顧客中。在企業對企業的交易裏，這些人或許在應付帳款、應收帳款、倉管、品管等部門中。在家計顧客方面，這些人或許就是那些既不消費也不選擇產品的購買者，例如應孩子的要求而購買早餐麥片的母親。此外，促進者的價值層級很可能不同於產品使用者或決策制定者。

事實上，你的組織很可能從企業顧客或家計顧客當中接收到這些不同的要角傳遞著混淆的資訊。試著瞭解這些人如何認定公司所提供的價值，這樣的過程對於你的公司和顧客都有好處。

總之，質性訪談的目標應該使你的組織能全面地接觸到各種顧客群不同的價值層級。在決定要訪談誰之前，我們必須先確認要瞄準的市場區隔為何（請見第二章），要瞄準的企業顧客或家計顧客為何，以及當中相關的個人或要角。

權衡各種質性研究方法的優劣點

接下來，經理人必須權衡各種質性研究法的利弊。我們發現三種質性的資料蒐集技術在價值確認程序的最初階段特別有幫助；它們是：觀察法、焦點團體、和深度訪談法。每一種方法在後續的章節中會分開詳述。此處的討論在於提出決定與執行每個方法的關鍵議題，但並不詳加解釋「如何做」的細節。至於那些

希望得到進一步資訊的人，包括如何執行質性研究，已有許多豐富的參考資料，本節也參考其中的一些。

　　觀察法、焦點團體、以及深度訪談法都是以質性方法來探索顧客價值的可行方法。每一種方法都各有優點，而且提供的資料與其他方法互補。此處的決策不是「三選一」（either/or）的情況。在某些案例中，經理人可以使用多種質性技術。不過，時間和金錢的考量很可能只能選擇一種。選擇最恰當的質性研究法取決於偏好、資源限制、實用性、以及顧客參與的意願、以及組織所需的資訊。

觀察法

　　若說照片能夠勝過千言萬語，那麼數小時的觀察會勝過上千個調查的結果。有許許多多的理由可以說明，為什麼要顧客指出他們與產品或服務的關係會有困難。首先，顧客在認知的層次上不見得能接觸到自己的經驗和需求。第二，訪談技術本身也可能因訪問人員的觀點之不同而產生限制、耗時、及偏差。第三，總有些顧客令人不太能夠信任。人際接觸的偏見通常也會影響顧客是否提供「正確」的回應。第四，可能產生的一種情形是，顧客是有使用產品的相關行為（例如使用筆記型電腦），但卻難以陳述。簡而言之，有許多因素使顧客對於使用產品的經驗無法提供清楚與直接的答案。

　　有時候處理這些問題最好的方式就是，採取直接觀察法來避免。顧客價值測量最終的目的在於確認顧客如何使用產品、使用後有哪些正面或負面的結果、哪些特定的使用情境要求會影響產品提供物的價值。這些大部份都能透過觀察法來一探究竟。

顧客調查的觀念與技術

　　許多公司已經使用過這種資料蒐集的方法來增進優勢。我們已經在第三章提過蘋果電腦使用觀察法的技術重新設計他們的輕便型電腦；另一個例子是寶鹼公司在廚房裡架設錄影機，錄下消費者使用洗碗精的程序。有趣的是，他們發現這些年來洗碗的習慣已經改變了，過去滿手肥皂泡希望把許多碗盤一口氣清乾淨的情況，已變成將少量的洗碗精直接用在每一個髒污碗盤上，一次一個。這種改變對於產品提供物的許多要素有明顯的涵義：濃縮清潔劑的需求、清潔劑對皮膚的影響、產品的定位應該用來銷售產品（「幾毛錢就能洗清整個水槽的髒碗盤」相對於「去污力強」）等等。當布萊克和戴克爾（Black and Decker）開始重新設計他們的量子動力工具系列產品（Quantum）以符合逐漸改變的市場要求時，他們密集使用觀察法。〔2〕除了別的方法之外，該公司的行銷人員花時間到顧客的家中或辦公室，觀察他們如何使用此等工具和用後清潔的狀況。他們甚至在顧客購物時緊緊跟隨，以便監看顧客所買的東西和所花的金錢。這些觀察不見得全然令人舒服；他們同時也做了一些訪談。不管如何，從觀察顧客使用與購物的程序中，使該公司可以觀察到並詢問在標準調查程序中無法觸及的那些議題。這些觀察最後使產品明顯改變。例如，迷你吸塵器加上某些工具以防止鋸木屑在工作場所四處飛揚，因此減少了一種負面的「結果」。

　　觀察技術能夠用在個別的顧客，也能用於顧客群身上，特別當公司和顧客有較好的關係、合夥、或結盟時。理想的情況是，你可以得到許可，成為企業顧客不同場域中的「一份子」。結果，你可能得以（1）確實觀察他們如何使用或消費你公司的產品或服務；（2）看清楚該公司內部對於採購、使用、以及處置你公司產品或服務時的個人反應；（3）察看你公司的產品在顧

客的組織中如何配合較大的任務或目標；（4）瞭解決策制定者
和決策影響者在選擇供應商時所選擇的準則。

　　3M的醫療和外科產品分部，在名為「脈動」（Pulse）的低
度技術方案中運用密集的觀察法。「全數的750位員工，從產品
線工人到高級主管，都投入觀察他們的顧客，他們絕大多數是三
個地區醫院的醫生和護士。這些員工洗完手進入開刀房後，就觀
察他們如何使用手術用膠帶、鋪單、以及準備手術的前置作業。
蓋瑞‧伯史達特（設計此項方案的製造工程師）指出：「我們與
顧客感同身受，很清楚地看清了問題和困難所在。這些工作小組
觀察到一些包裝材料很難打開，以及重覆使用的設計等無法輕易
地關上。他們向3M產品研發部門建議採用密封方式的開關讓顧
客在工作時更輕鬆。」南塔科達州蘇族山谷醫院的職工教育協調
員薇諾莉‧施密德指出：「3M的人使我們在使用某些產品時更
有效率，我們則以如何使他們的產品更好用的建議來回報他
們。」〔3〕

　　觀察技術有多種變化。有些由訓練有素的研究人員進行正
式、有計畫的觀察，或由業務代表、服務人員、維修技師或其他
因產品或服務的使用關係而經常和顧客直接接觸的人非正式地進
行。觀察法可以偷偷進行，特別當擔心觀察為人所知時可能會對
顧客的行為造成限制或偏差。或可以公開執行，在布萊克和戴克
爾的例子便是如此。公開執行觀察通常無可避免，有時甚至是為
了爭取顧客的參與。簡單地說，觀察法在執行上頗具有彈性，至
於如何執行觀察研究法，在其他書中有詳盡的介紹。〔4-6〕一
般而言，我們建議下列的技術與步驟：

　　選擇相關顧客的樣本。請參考《要訪談誰？找出顧客樣本》
（Who Should Be Interviewed？Identifying a Customer

顧客調查的觀念與技術

Sample）一書第163頁。

決定觀察法的類型。依觀察法是公開或私下進行而定，有下
列幾種方式可用：

1. 錄影帶。（就特殊狀況的倫理考量，在拍攝前可能要
　徵得顧客的許可）
2. 個人的觀察。

決定由誰來觀察。如果觀察個人，最好有兩位觀察員，這樣
可以（1）比對觀察員的記錄以取得共識，以及（2）確保資料
的完整性。兩個人比一個人來得詳盡。如果使用錄影，你只需要
一個人來做錄影的工作。多位「觀察員」稍後再來觀看錄影帶。

決定相關的情境。這包括下列任何一種或全部的情境：

1. 購買的情境（例如，在商店中）。
2. 使用的情境（例如，準備、使用、以及/或處置產品
　或服務）。
3. 使用後的情境（例如，申訴、修理等等）。

在相關的情境中進行觀察記錄。在觀察期間和觀察完畢後都
應該做記錄，這種田野記錄應包含下列的內容：

1. 列出使用者與產品或服務在互動中的各種依序行為
　（sequential）清單。
2. 針對每一種依序行為，詳述其進行狀況，包括：

- 使用者當時在做什麼。
- 產品或服務有哪些特殊「面向」扮演重要的角色。
- 任何使用者都可能會遇到的問題障礙。
- 和產品互動所產生的任何正面結果。
- 使用者使用產品或服務後顯示的情緒。
- 耗費的時間。
- 任何其他對於使用者和產品的互動會有重要助益的情境因素（例如，和其他個人或要角的涉入，以及與物理環境相關的因素，例如店面的位置或其他替代品的取得性等等）。

焦點團體

　　焦點團體是第二種蒐集質性資料的方法，也是目前最熱門的方法之一。利用此法，一小群顧客（通常約5到12人）會聚在一起，在主持人或助理人員的協助下，討論他們對產品的經驗。這個方法最大的益處在於受訪者共同合作的潛力，使某個受訪者的意見會刺激討論，其他人的想法接著如滾雪球般源源不斷。和一對一的訪談方式不同，焦點團體的受訪者會覺得比較自在。如果處理得當，這些討論可以刺激受訪者，同時做為使顧客坦誠、分享、和發揮創意的催化劑。

　　消費者產品的焦點團體通常來自公司所瞄準的終端使用者。工業產品的焦點團體則先從企業顧客中抽出樣本，接著在這些公司中抽出重要的要角樣本，他們代表供應商和顧客間不同的接觸點（請參閱《要訪談誰？找出顧客樣本》（Who Should Be

Interviewed？Identifying a Customer Sample）一書第163頁對要角的討論）。如果焦點團體的成員來自不同的公司，而且彼此不會直接競爭，則很顯然能促進研究的成果。

　　焦點团体的主持人有多種角色。他們得負起協助討論和確保特定話題可以適時進行的責任。讓受訪者不會覺得冷場或話題過於沈重，如果談話離題了，主持人還得適時提醒焦點团体。他們必須控制团体的動態，確保所有的受訪者都表達了意見，使討論不是由一個或少數幾個受訪者主導。總之，主持人必須孕育那種鼓勵討論的氣氛，並且尊重受訪者所有的意見。

　　主持人在焦點团体進行時需要做筆記，內容包括任何重要的觀察議題。他們或許會想要記住或記錄特殊的議題或陳述，以做為後續調查或更改討論的方向。不過，由於焦點团体的動態屬性、有多位受訪者、以及主持人必須時時促進討論的進行等因素，大部分的焦點团体都以錄影帶或錄音帶來記錄。這樣可以讓主持人不必事事記錄，稍後可以再來細看這些錄影帶並記下議題，以促進分析（詳見第八章）。

　　焦點团体，就像腦力激盪团体一樣，是公開徵求許多議題的好方法。而且，因各路受訪者可以齊聚一堂，在時間上也比個人訪談有效率。最後，团体中出現的各種觀點，對於探索共識或差異等領域乃提供了基礎。

　　傳統的觀念認為，焦點团体的成員應該具有相當一致的同質性，這個觀點或許會排斥複合式的焦點团体，其成員有產品的使用者、決策制定者等等。不過，試考慮從企業顧客內部選出下列的要角組成焦點团体：產品使用者（諸如裝配線上的工人或產品設計人員）、決策制定者（如採購代理商或高階經理人）、及促進者（諸如應收帳款人員與倉管人員）。這種焦點团体可以協助找

出在企業顧客內部的衝突和價值互換（trade-offs），因而可以同時提供重要的洞察給供應商和企業顧客。在企業顧客的內部中，「一人一把號，各吹各的調」的狀況屢見不鮮。很顯然，這樣的情況對供應商會造成許多挫折，因此焦點團體是突顯這些議題、使各方受惠的好方法。

　　當然，焦點團體也有潛在的缺點。一些受訪者可能會根據「參加的人數」而有不同的表現，有些受訪者會覺得焦點團體會有限制性，特別當他們的意見或經驗和其他成員不很一致時，或因其他受訪者如組織的經理人在場使他們不願暢所欲言或坦誠相告時。此外，焦點團體的結果極依賴主持人的技巧，而訓練有素的焦點團體主持人可能索價不低。

　　最後，從我們的經驗來看，雖然焦點團體從公開討論的議題中取得的資訊廣度（breadth）相當不錯，但不一定導致深度（depth）的探索。例如，假設主持人希望額外探索某一個受訪者的經驗（例如，請詳細描述你的經驗。你的公司會有哪些反應？這些事件是在哪些情況下產生的？）就實際層面來說，這樣可能會使團體中的其他受訪者停工一陣子。因為將重心集中在某個人身上時，就會打斷討論的程序並且使其他受訪者分心，這種結果顯然不是我們想要的。因此，真正的深度調查，即多層次揭開顧客的經驗，最適合進行個人深度訪談。當然，在進行特定的焦點團體討論後，可以再進行對某個人的專訪。

　　跟觀察法一樣，執行焦點團體訪談，也有許多優良的參考資料。〔7,8〕此外，焦點團體訪談也可以外包給市調公司進行。[1]

深度訪談

　　蒐集質性資料的第三種選擇，就是一對一的深度訪談。如同上述，此種方法最能夠和顧客廣泛討論和多層次揭開其經驗。這種用於個別顧客的訪問方式、其彈性和耗費的時間，對於取得顧客一層層的價值觀點是相當有效的。

　　深度訪談另一個好處是，對訪談員的要求較少。一般而言，深度訪談的技術並不要求經驗或必須具有處理團體互動經驗的焦點團體主持人之訓練。另外，特別是相較於複合式焦點團體的資料不易解讀，深度訪談的資料在解讀上比較直接。最後，如同上面所述，有些受訪者或許會覺得一對一的深度訪談較自在，在談論自己的想法時較不受束縛或受他人偏見的影響。

　　深度訪談的主要缺點就是，需要時間來引導受訪者。如果受訪者投入相當長的一段時間接受訪問（理想上約1到2個小時），就可以得到最好的資訊。很明顯的，要顧客花這麼長的時間會有困難，特別是針對企業顧客。當然第二項時間的考慮是資料的蒐集，通常一系列的深度訪談和焦點團體比起來相當緩慢。（通常時間與資訊深度之間是一種折換關係）研究指出，對四個人做深度訪問，可以得到和焦點團體相同的資訊量〔9〕，表7-1摘要比較焦點團體和深度訪談的差異。

　　有兩種記錄深度訪談資料的方法。第一，訪談者對受訪者的任何反應一一記下，很明顯的，這是比較繁瑣的方法；如果對方反對錄音或錄音、錄影的方式不可行時，這或許是唯一的選擇。不過，這種方式有明顯的缺點，包括（1）訪談者得應付許多要求，他在記錄時還得推敲聽到的內容和並思考哪些要進一步探

表7-1　焦點團體和深度訪談的比較

焦點團體	深度訪談
主持人需要接受相當的訓練	訪談的技術比較容易學習和訓練
資料蒐集所耗費時間、金錢一般而言較少	資料蒐集較耗費時間和金錢
因為有多位受訪者而使蒐集到的資料較難解讀	受訪者只有一位，資料較容易解讀
能夠產生「廣度」夠的議題	較能探索議題的「深度」
團體動力可以鼓勵（綜效和滾雪球）或抑制受訪者	不會受到團體動力的干擾；受訪者會感到較有自覺性
能夠對照多種（甚至衝突的）觀點，例如「組織成員」組成的焦點團體	每次訪談只能探討一個人的觀點
會有從1-2個焦點團體的結果就加以概括化的錯誤傾向	較不會有從少數幾次訪談就加以概括化的錯誤傾向

索，以及（2）訪談員可能遺漏某些議題。因為這些原因，在訪談時最好使用錄音或錄影，這些記錄稍後能重播再加以分析。此外，其他的優點是，重播時可以檢視對方的肢體語言、臉部表情（在錄影的情形）、和情緒狀態（在錄音和錄影的情形）。如果沒有錄音或錄影，這些非常有用的資訊可能就會錯過。

最後，如同我們將在第八章討論的，在資料分析時我們會提供謝禮，希望顧客允許我們引用其說詞和陳述。如果顧客的反應

在訪談員記錄時被過濾掉，這些說詞和陳述必然會不見。就算在過程中由第二個研究人員來記錄，他們也無法彌補所有一切。此外，安排這樣的一個人也可能會是抑制受訪者暢言的因素之一。

考慮進行深度訪談時，有兩個重要的議題：（1）結構化的程度，以及（2）決定要問何種型式的問題，以便引導出價值層級。詳述如下。

結構化程度　結構化程度指在訪談前將訪談的問題和次序完全（與硬性地）挑明的程度。雖然深度訪談的結構化程度取決於個人的偏好，但有一些觀點須提出來。如同上述，深度訪談的優點之一就是它們可以不具結構。（例如，能夠有彈性到順著顧客的想法和觀點來進行訪談）。當然，完全不具結構的訪談也可能不太理想—因為每次的訪談總有你想要取得的特定型式之資料，所以總不能讓受訪者漫無目的、離題太遠。因此還是需要一定程度的結構化。

有些深度訪談可以使用有系統的問題清單來維持一定程度的結構化。因此即使深入探索一些特殊的反應，也不會偏離議程，不論是主題或順序；訪談員還是能控制訪談時的意見交換。雖然這種訪談能大大促進各次訪談之反應的比較（因為每個人或多或少會回答到相同的問題），但是需要訪談員對於所有在訪談時要探討的議題有相當詳盡的瞭解。

使用無結構化訪談，議程會比較鬆散。此時，訪談員或許備有一套要探討的題目或議題。不管如何，訪談員們可以自由地游移於這些題目之間，和顧客談話時可以不按照順序地挑選題目，由顧客主導、深入探索、適當切入與原先訂下之議題無關的議題等等。在這樣的訪談中，感覺上較像是由訪談員和顧客聯合控

制。進行無結構化訪談的「藝術」是，維持住一般性的焦點讓受訪者依循，同時讓受訪者能隨興地帶出其他議題。不管如何，即使進行無結構化訪談，良好的規劃還是很重要的（請參閱本章後面的「訪談的規劃和時機」）。

　　探索哪些型式的問題？　訪談的目標掌控著訪談員所問的問題形式。很顯然，這是個可能有許多「須量身裁製」的領域，端視公司執行研究時所關注者為何。瞭解顧客價值的目標由於相當寬廣，因此可能有一大堆問題可以問，且可以得到大致相同的答案。不過，在我們的研究中，我們已經發現了兩種提問題的技術，即抽絲剝繭法或階梯法（laddering）和情境體驗法（grand tours），對於發掘顧客價值層級有相當價值。以下將分別描述。

　　階梯法是一種結構化適度的訪談方法，用來測量顧客對於產品或服務的各層要求（屬性、結果、及期望的最終狀態）之間的關連性。這個方法已經廣泛地用於研究，其程序、研究結果的分析和闡釋等細節可參閱其他文獻〔10〕。不管如何，此處仍概述其基本方法。

　　開始先針對價值層級的底部，訪談員必須促使顧客去找出他們認為在某個產品區隔中，有助於描述與區隔不同品牌或產品的屬性。幾種問題可用來引出這一類的資訊。一個方法是受訪者考慮兩種或三種產品或品牌，然後再討論其間有何差異。「你說，跑步時你會考慮喝水或喝運動飲料。這兩種飲料在哪些方面相似？哪些方面不同？」

　　另一種方法是要求受訪者指出偏好的品牌或供應商，然後再討論偏好的理由。「你指出，在使用Ａ供應商的產品數年後，你已經轉為Ｂ供應商。為什麼你較喜歡Ｂ供應商？」

顧客調查的觀念與技術

　　將受訪者置於特殊的背景中也滿有幫助的，例如正在採購或使用產品或服務。和抽象地討論產品的情況相反，這些背景通常能幫助受訪者想起重要的產品構面。「想像你在經銷商的陳列室，你會在車子身上找什麼？」、「想像你在長途旅行中開車，你最重視車子的哪些事物？最不重視車子的哪些事物？」。

　　雖然這些最初的問題除了產品的屬性之外，可能也會找到一些「結果」與「期望的最終狀態」，但我們的經驗是產品的使用者通常只會在屬性的層次上回答這些問題，只有以更周密的階梯法才能使較高層次的價值浮現。

　　一旦顧客已經找出產品或服務的屬性，接著訪談員會想要區分重要和不重要的屬性。通常沒有足夠的時間去搜索產品的所有屬性；去瞭解最重要的屬性，遠比探討那些不太重要的屬性，明顯具有策略重要性。這個「重要屬性」的次集合接著會成為階梯法的基礎。

　　每次只針對一個屬性，訪談員會問一系列探索性的問題去瞭解該屬性與較高層次的結果與想要的最終狀態之關係。「為什麼這對你來說很重要？」，「這對你來說有何意義？」，「當產品有（或沒有）該屬性時，那表示什麼？」；訪談員會不斷地問這些問題，一直到受訪者完成從屬性、結果、到想要的最終狀態為止（或顧客由找出結果開始，訪談員接著往上與往下探索）。結果是，對於每一個屬性或產品特色而言，建構出一個完整的「階梯」。

　　例如，當受訪者考量購買新汽車的選擇時，他可能會說他會考慮儀器板上儀器的位置。如下的價值層級或許會在使用階梯法之後浮現。

「我會考慮儀器的位置。」

「為什麼這個對你很重要？」

「因為我不想要用時後還得花力氣去找。」

「如果你得花力氣去找會有什麼結果？」

「會讓我很不舒服。」

「什麼時候會讓你覺得不舒服？」

「使我看路時分心。」

「為什麼這一點很重要？」

「因為我不想讓我和我的家人遭受危險。」

「為什麼這一點對你很重要？」

「因為我要我的家人安全無恙。」

「為什麼一家人的安全很重要？」

「因為我愛我的家人。」

　　圖7-1所示的階梯是由這些回答引導出來的。如同你在這個例子中見到的，階梯法的最終目標不僅要使產品使用者去討論價值層級中各個層次的議題，同時也要明白地指出其間的關連性。

　　使用階梯法的困難之一就是，要反覆地詢問受訪者那些看來已經有明顯答案的問題，受訪者可能會覺得很煩。進行階梯法時要相當細心，以便塑造老實可靠的訪談員，並使顧客融入訪談員的問題，即使答案相當明顯。其中必須說服顧客認定自己是專家，以及他們的答案受到重視（請見下一章「開始動手—建立關係」）。此外，使用階梯法時，顧客可能會很快就抓住訪談員下一步會問什麼，這樣可能會導致社交好感偏差，或受訪者甚至會去杜撰階梯的內容。

　　你或許也猜到了，分析與歸納數個訪問得來的資料，通常是

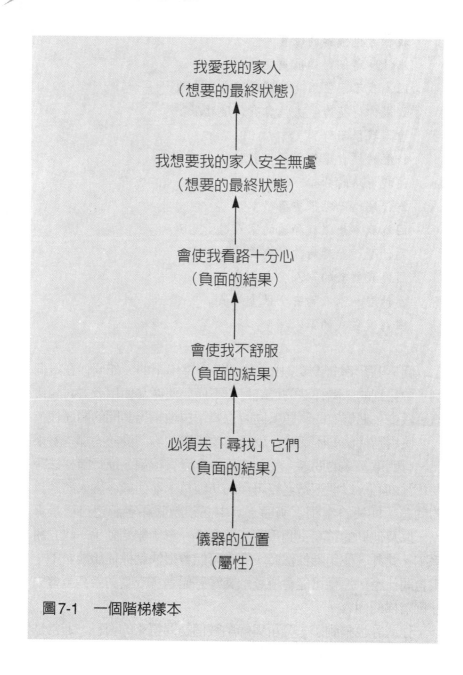

圖7-1 一個階梯樣本

階梯法最困難的部份。每一位受訪者都可能產生相當數目的資料，而這些資料必須加以整理歸納。這些議題我們將在第八章的資料分析技術中討論。不管如何，階梯法無疑是最直接、可用來測量手段─目的層級（means-end hierarchies）的方法。

　　我們的研究已經引導我們想出測量顧客價值的替代性技術，我們稱之為情境體驗（the grand tour）。這項技術試圖間接瞭解價值層級，藉著探討在特殊背景下顧客如何體驗產品或服務等等細節。

　　開始運用情境體驗法時，訪談員會要求受訪者想像自己是在一種典型、真實的情況裡。這種情況應能代表消費背景裡一個點（例如購物前、購物、使用、或棄置），也是顧客會和產品產生互動的情境。隨後，訪談員會要求受訪者加以描述，盡可能地仔細說明當時的狀況如何進行。基本上，這個方法的主要目標是要受訪者帶領訪談員，來了解他或她對產品特有的經驗。訪談員或許會以下列的說法開始：

　　　　「請告訴我你在健身中心裡通常做些什麼，請你從在停車場停好車子開始，帶領我去看所有發生的大小事，請一件一件的來。請你告訴我你在做什麼、在你周遭發生什麼事、你到底在想什麼、以及你的感覺，每一個細節都很重要。」

　　當受訪者談到每一件他或她的情境體驗時，訪談員可以隨意地探討更詳細的細節和意義。深度探索的問題可以用來增加意義的清晰度、取得更深層的意義、確認何種情緒或情緒會被引發出來、是否可以更透徹的瞭解價值層級的層次之間的連結、或從特

殊的陳述中獲取相關的重要性或強度。以下就是兩個深入探索的
問題樣本：

> 「你說你總是喜歡用同一個櫃子，這對你有多重
> 要？」「對於健身一事，你的想法或感覺如何？」

　　和階梯法不同，情境體驗並不會直接探索價值層級。如果層
級的層次之連結不是由受訪者的答案而建立起來（它們通常也不
會），那麼我們就要由受訪者的答案中所描述的背景來推敲。以
正面的角度來看，我們會發現和階梯法的訪談比起來，情境體驗
對於價值層級往往能產生更豐富的資訊。有個研究曾直接比較這
兩種技術，指出情境體驗法會比階梯法訪談法產生約三倍的價值
層級構面。相較於階梯法的訪談，情境體驗顯然會產生更多關於
使用情境、對於產品的相關要求、顧客對產品的反應、以及顧客
對產品的評鑑和情緒等等。

　　情境體驗法的結構化程度比階梯法低，而且花時較久。此
外，由於缺乏結構化，所以需要訪談員更多的技術來鞭策顧客沿
著相關議題，探索價值層級的連結性和意義性，以及挑出重要的
議題更深入探討等等。

　　儘管是兩種不同的方法，階梯法和情境體驗訪談都非常有
用。雖然我們偏向採用情境體驗法，但我們發現從兩種技術產生
的資訊可以互補。兩種訪談方法的優劣點摘要於表7-2。

蒐集質性顧客資料的一般性議題

　　幾乎所有蒐集質性顧客資料的方法（隱匿式的觀察法是例外）都會注意一些一般性議題，包括（1）建立融洽關係，（2）使用探索工具，以及（3）訪談的規劃和時機。

營造雙方融洽的關係

　　從顧客身上得到資料的品質，視訪談員建立融洽關係的能力而定。說得更簡潔一點，必須使顧客覺得自在。缺乏融洽關係會導致顧客不願意全然配合、蓄意縮短訪談程序、不合作、只回答符合社會期望的答案、或甚至扭曲自己的答覆。雖然有些訪談員天生就是比別人擅長於營造人際關係，這是事實，但是有一些事物可以使所有的訪談員都能改善訪談時的融洽關係。

　　首先，訪談員必須塑造的氣氛是，顧客才是專家——而不是訪談員。許多顧客或許會認為他們是在接受測驗，或訪談員要從他們身上找出「對」或「錯」的答案。從一開始互動，訪談員就必須讓顧客知道根本沒有對或錯的答案，無論顧客的經驗、感覺、信任、感知等等為何，事實上都是「對的」。訪談員必須強調顧客的回饋資料是受到重視的，以及每一件他們所想的事物，無論多麼瑣碎都很重要。同意對方以匿名的方式出現（如果可能或適當），都可能是促使態度開放的重要因素。

　　此外，訪談員必須能夠營造自己在談論主題時相當率直的態度，顯然這由外聘的訪談員來做會容易得多。不過，即使訪談員

表7-2　階梯法和情境體驗訪談技術的優缺點比較

階梯法	情境體驗
優點	優點
結構化的訪談使主持人的工作較輕鬆。	能深入瞭解顧客的使用情境以及與產品／服務相關的活動。
短暫合理的時間架構—大約45分鐘至1個小時。	相較於階梯法，對於顧客價值層級各層次會明顯產生更多的資訊。
顯示屬性、結果、和想要的最終狀態等層次之間的連結。	對於產品／服務的使用，會產生相當好的洞察；可以發現策略上的機會。
缺點	缺點
受訪者的疲乏會導致某些資訊的流失。	通常進行的時間較長（大約1-2個小時）
受訪者能夠抓住你要找的答案，所以會導致人際好感偏差的答案，並且會「創造」根本不存在的連結。	需要訪談員擁有較好的技術，因為訪談缺乏結構性並且需要深入探討。
無法揭露很多關於使用情境與其他活動可能會如何影響產品／服務之價值的訊息。	價值層級各層次之間的連結不明顯，必須從答案來推敲。

是公司的員工，他們也可以率直地指出顧客的經驗。（「我們知道如何製造產品，卻不知道我們的顧客如何使用我們的產品」）。

將顧客營造成專家的過程中，也需要向顧客解釋某些問題或許看似愚蠢或顯而易見（例如，以「為什麼」為探索的工具）。再者，你的顧客必須完全瞭解你希望他們清楚瞭解自己的答案，而且也不要做任何的假設或推論。

最後，透過訪談員的風範必須建立起融洽關係。身為訪談員必須風趣、扮演主動的傾聽者、同時也必須能夠以點頭與可接受的身體語言來鼓勵受訪者回答。最重要的是，訪談員必須在對話中保持中立。訪談員摧毀雙方關係最快的方法是，批判受訪者的答案，對某一類的答案顯示個人的偏好，或表現出抗拒或批判的態度。

在營造訪談初期的融洽關係時，關於哪些問題最好（或最壞），以下是一些私房技術。

使用引導性的問題，將受訪者的心智置於最恰當的架構上。你要如何開始你的訪談，和你最後得到的答案有很大的關連。你會想要以這樣的方式開始：

- 沒有任何威脅性。
- 讓顧客談論他們很熟悉的事情。
- 讓顧客可以輕鬆地討論。

以適當的方始開始訪談。其中包括問：

- 和受訪者相關的問題（「請告訴我你上次去店裡買東西的時間是……？」）

- 能把受訪者置於心智之特定架構的問題，例如問到決策或抉擇的背景、或比較兩種不同的產品或服務、或使用情境。

千萬不要問不恰當的問題。這些問題包括：

- 立即要求顧客做出決定的問題（例如，「你覺得我們的產品怎麼樣？」）
- 太快將受訪者推向在價值層級中屬於較高層次的題目（例如，「你個人有哪些想要的最終狀態會影響你的購買行為？」）

使用探索工具

　　不管你是不是使用階梯法、情境體驗法、焦點團體法、或訪談加上觀察法，你所使用的探索工具是你問的問項中最重要的部份。探索工具對於顧客「層層回溯」使用你公司產品的經驗，以及進入價值層級的較高層次是相當重要的。在澄清和瞭解某議題對於受訪者的重要性或意義上，探索工具也有其必要性。
　　例如，在描述和汽車推銷員的對話過程中，顧客會這麼說：「他對我緊迫釘人。」探索工具就是探討發生了什麼事，以及顧客對這個經驗的感受有多強烈。事實上，一連串的探索是滿有幫助的。「請多告訴我一點。」，「你所謂的『緊迫釘人』是如何呢？」，「你對此的感覺如何？」，「那樣會影響到你購買汽車的情緒嗎？如何影響？」，「如果有人用緊迫釘人的方式對你，你

通常會如何？」，「在這樣的情況，你會如何處理？」

　　如同這些例子所述，探索工具最重要的特徵就是「非指導
性」。訪談員應該以不做任何結論或帶有偏見的方式，要求受訪
者描述詳盡。例如，不要以這樣的問題來探索：「那些推銷員讓
你抓狂嗎？」。有時候僅是點頭、有時則是「嗯，嗯嗯」等其他
語言和非語言的正面強化就可以鼓勵受訪者的答案往更深的方向
走。這種澄清意義的深入探索應該強調如何、何者、何時、以及
何處等議題。當使用階梯法來獲知價值層級的較高層次、瞭解各
層次之間的連結時，你要深入探索的議題應該著重在「為什麼」
的溯源上。「為什麼這件事對你來說很要緊？」，「為什麼那麼
重要？」，「為什麼」的問題對於瞭解產品使用者所關心的（結
果和想要的最終狀態）很重要。以下是如何有效地使用探索技術
的小技巧：

- 大量地使用探索工具。你探索得愈多，所得的資訊愈
　多。唯一要小心的就是注意不要使顧客產生挫折感，
　因為你不希望顧客覺得被人糾纏。對抗這種狀況最好
　的方式就是一開始便採取「隨性訪談員」的風格。
　（請見本章「建立融洽關係」的部份）
- 探索工具不應有指導性。訪談員應盡量中立（為什
　麼、如何、什麼時候、是什麼等等）。訪談員不應該
　指導顧客（例如，「這樣會讓你很抓狂嗎？」
- 用探索工具來澄清問題。例如：
　—「請跟我多說一點。」
　—「那是什麼意思？」
　—「當它發生時，你通常會有哪些反應？」

—「你的公司通常會做何種決策？」

—「其他人和此事有什麼關係？」

—「通常都是在什麼時候發生的？」

—「你在哪裡呢？」

· 用探索工具來找出價值層級的較高層次。例如：

—「為什麼那對你很重要？」

—「為什麼產品一定得有這個價值構面？」

—「如果用那家供應商會有什麼缺點？」

—「如果產品沒有那種價值構面會如何？」

· 深入探討情緒。例如：

—「那個讓你覺得如何？」

—「事情發生時你有什麼感覺？」

—「那會影響到你的情緒嗎？如果有，是如何影響的？」

訪談的規劃和時機

最後，如同你從上述的內容所得知的，訪談顧客時，訪談員能同時維持某種控制，並能有彈性地回應受訪者的想法是相當重要的。這是一種相當微妙的平衡，需要事先進行一些規劃。首先，訪談員應該握有一張議題的清單，這樣可以讓訪談比較有結構性。不過，就算訪談沒有特定的結構（例如，情境體驗法），訪談員也得在訪談時想出不同的談話主題。這些主題每一個必須能成為訪談的不同重點。例如，探討顧客如何使用健身中心的訪談結構包括：

- 到達健身中心。
- 接待員的確認與寒喧。
- 到達時使用置物櫃。
- 做運動。
- 從事運動後的各種例行活動。
- 離開時使用置物櫃。
- 離開健身中心。

　　一旦訪談的內容重點決定之後，訪談員應找出每一個重點可能用到的切入問題與探索工具。

　　訪談結員評鑑每個訪談重點大概需要的時間量也很重要，這樣可以有彈性地容納顧客所關注的某些主題。因此有必要確保產品經驗的所有重要面向都能充份一一顧及，並注意某些面向不會在訪談中佔有不成比例的份量。

　　這種訪談結構的「粗略模擬」可以大大促進訪談的進行和效果。請記住，在許多案例中都可能會和顧客談話一到二個小時。這樣長的時間非常容易失去方向，訪談前的規劃和時間的控制可以防止這種狀況的發生。

摘要

　　本章已經討論了以質性研究方法來測量顧客價值的許多議題。我們的經驗和研究都讓我們相信，以質性研究方法來開始ＣＶＤ程序並無替代品。在最初的階段慢慢地進行、層層回溯，是整個ＣＶＤ程序成功的關鍵。做某種類比或許可以強化此一論

點。

　　科學家知道且苦思不已的一項事實是，亞米希（Amish）農夫使用非常簡單的「低農業技術」，和使用現代農業技術比起來，卻能得到較高的產量。亞米希農夫在馬和田犁後面走著，每回只犁一行，沒有運用任何化學肥料，以及使用無技術可言的設備。相反的，現代化的農夫運用多種新科技，使他們可以耕作寬廣、經過化學肥料灑過、和精密機械施作過的土地。為何亞米希農夫可以使用如此「退化」的技術，卻能有高產能呢？答案是「慢工出細活」。這些亞米希農夫使用的技術能夠使他們更親近土壤，並且注意到土壤顏色和濕度的變化，因此能記錄土壤的不同型態，進而隨著土壤的狀況來輪植適當的作物。這種「慢工細活」也讓亞米希農夫更加注意土壤和植物的細微改變，並能精確地回應這些變化。他們發展出一套更深奧、更具直覺性的方法來瞭解大自然如何反應他們的活動對作物的影響；簡言之，他們的感覺可以隨著土地的需要而精確地調整。

　　無疑的，本章所描述的質性研究既花錢又費時，同時如同你將在第八章讀到的，這些資料的分析也相當複雜。不過，我們相信，這種對顧客進行的「慢工細活」是無可取代的，也絕對值得投資下去，只要照著做，終會明瞭它的收穫是豐碩的。

參考資料

[1] Abbott, John, "A Star Is Born," *Fortune*, November 29, 1993, pp. 44–47.
[2] Rice, Faye, "The New Rules of Superlative Service," *Fortune*, Autumn/Winter, 1993, pp. 50–53.
[3] Webb, Eugene J., Donald T. Campbell, Richard D. Schwartz, Lee Sechrest, and Janet Belew Grove, *Nonreactive Measures in the Social Sciences*, Boston, MA: Houghton Mifflin Company, 1981.
[4] Taylor, Steven J. and Robert Bogdan, *Introduction to Qualitative Research Methods: A Phenomenological Approach to the Social Sciences*, New York: Wiley-Interscience, 1975, Chapter Two.
[5] Denzin, Norman K., *The Research Act: A Theoretical Introduction to Sociological Methods*, Third Edition, Englewood Cliffs, NJ: Prentice-Hall, 1989, Chapter Nine.
[6] Greenbaum, Thomas L, *The Practical Handbook and Guide To Focus Group Research*, Lexington, MA: Lexington Books, 1988.
[7] Morgan, David L., *Focus Groups As Qualitative Research*, Newbury Park, CA: Sage Publications, 1988.
[8] Griffin, Abbie and John R. Houser, "The Voice of the Customer," *Marketing Science*, 12 (Winter 1993), pp. 1–27.
[9] Reynolds, Thomas J. and Jonathan Gutman, "Laddering Theory, Method, Analysis, and Interpretation," *Journal of Advertising Research*, 28 (February/March 1988), 11–31.

註釋

1. See *Marketing News*, March 14, 1994, for a complete directory of firms that conduct focus group research.

CHAPTER **8**

分析顧客價值資料

　　分析顧客資料通常被視為「科學上」的努力。一旦
資料開始滾滾而來，通常都是交由訓練有素的人員處
理，他們藉由電腦的協助，進行各種複雜的統計分析，
包括聯合分析（conjoint analysis）、迴歸分析
（regression）、集群分析（clustering algorithms）、區隔
分析（discriminant analysis）、因素分析（factor
analysis）等等。只有那些訓練有素的「數理專才」才
膽敢假設自己瞭解這些分析方法背後的數學意義；至於
經理人，則忌憚這些分析方法的複雜性，他們通常只能
閱讀將這些煞費苦心得來的數據所轉成的令人可以理解
之報告；其中報告常以某種方法，將顧客的說法、經
驗、或意見等等陳述轉成數值，以示分析的精確性與效
度。

　　雖然質性資料的分析也要求相同的精確度和周密
性，不過傾向於讓使用者容易上手。質性研究的主要優
點是更真實地接近顧客—去擷取他們的話語、情緒、及
經驗。事實上，分析這些資料的主要目的在於，使顧客
的話語和經理人實際見到的報告之間，資料的形式轉變
和轉化程度能夠更加嚴謹—能減少不必要的資料數量，
但質不會降低。請將此點牢記在心，我們會提供幾個質
性資料的分析建議，從複雜的到非常簡單的都有。而
且，這些技術都符合公司經理人的能力，且不難理解
的。此外，這些不同的技術還可以提供多種機會讓經理
人沉浸在資料的意義中。最後，研究計畫的內容還應涵
括許多「資料的延伸」，以便擷取其豐富的涵意。基於
上述這些理由，我們認為質性研究分析是一種「藝術」

顧客調查的觀念與技術

與「科學」的共生關係。

前言

在第七章，我們討論了不同的質性研究方法，用以蒐集顧客價值的資訊。若一路依循我們的建議，經理人此時會發現他們面對的資料相當龐大。依使用的技術和紀錄的工具而定，測量顧客價值的結果也許包括田野記錄、訪談員記錄、訪談的文件資料、錄音或錄影記錄等等。如同前述，質性技術不會產生工整、簡明、容易操控的資料。雖然質性資料相當豐富，也值得投注心力去取得，不過卻會是雜亂的。這些質性資料必須經過摘要、分析、與詮釋，使能以相當簡潔的方式將資料的重點或洞察加以呈現。然而，這並不是一項簡單的工作。事實上，這些從質性方法得來的龐大繁雜資料是可以用許多不同的方法加以「切割」，以產生不同的觀點和不同層次的闡釋。決定何種分析技術最為恰當，視許多因素而定，包括一開始採用哪種蒐集資料的方法、資源的考量、以及組織的資訊要求。

本章試圖探討多種分析顧客價值資料的技術。首先，我們會介紹整個程序，之後討論幾種不同的分析技術，包括量化與質性的分析技術；最後，我們探討這些資料也能做為其他分析方法的投入，包括重要性評鑑和顧客滿意度調查。

分析顧客價值資料的程序

　　圖8-1顯示分析質性資料的程序,有兩組分支路徑可供選擇。圖中右邊的路徑代表質性分析。採取此一路徑可以導出顧客

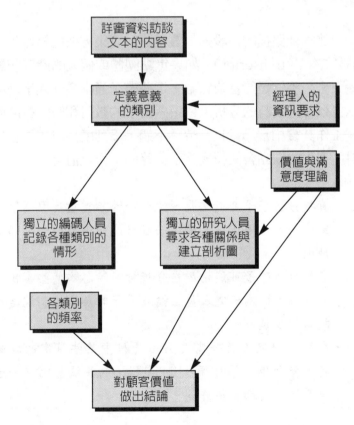

圖8-1　質性資料的分析

的「剖析圖」，總結顧客使用產品或服務的經驗中之重要要素。圖中左邊的路徑則代表較量化的資料分析方法。使用編碼系統（coding scheme）和階梯（laddering）分析技術，將資料加以分類並轉成頻率數，這接著是進行進一步的質性或統計分析之基礎。這兩個路徑都很有用，而且我們認為彼此能互補。

分析資料的準備工作

上述兩種路徑的假設是，質性資料蒐集方法已經產生字義的「訪談文本」（transcript）。如果焦點團體或個人的深度訪談已經記錄下來，不管是錄音或錄影，這些帶子通常最好逐字轉成文字記錄，以促進資料的分析。依這些帶子的數目和時間長度而定，這種工作其實相當昂貴且耗時。不過，下列所列以帶子直接分析資料所產生的缺點會使轉成文字記錄的工作更值得：

- 直接分析帶子可能冗長、沈悶和困難重重，因為須不斷地開始、停止、倒帶，而且只能一小部份一小部份地做。
- 直接分析帶子可能增加在分析資料時忽略某些事物的可能性，因為研究人員在播放帶子時無法控制說話人說話的步調。
- 最後，研究人員若需要引用資料中某些特定的論點時，會發現「第12頁，第5-6行」的說法，比在帶子中尋找該論點容易許多。

我們曾提過，瀏覽「原始」帶子是有價值的。原始帶子通常

含有無法轉成文字的有用資訊，例如顧客表達特殊論點時的一舉一動，以及他們的聲調或情緒。經由肢體語言、臉部表情、姿態和其他非語文溝通可蒐集到寶貴的洞察。這些觀察可以大大提升文字記錄的解讀品質，使之更為完美。

在轉換為文字的程序中，某些要點看似不顯眼或不重要，卻應該要簡單扼要地提一下。首先，要購買高品質的錄音設備，這能促進轉換文字的程序，減少漏失有用資訊的機會，通常還可以使文字轉述員的頭腦較為清晰。此外，你會想要找到適任、周到的文字轉述員，他們的工作就是把訪談員和顧客的回應資料，包括「嗯嗯」、「阿呀」的停頓和重複等資料逐字地轉換成文字。文字轉述員不能「刪除」而是應該盡可能詳盡與精確地重現內容。最後，為了促進下一章要談的編碼程序，訪談文本應該有固定的格式，使每頁可以很快地瀏覽，也可以很容易地區別顧客的回應和訪談員的問題和探索問項。訪談文本應該隔行寫，以容納必要的註腳。

有些情況是帶子和逐字轉述的訪談文本不可得。在許多情形下，訪談和觀察會產生田野記錄（field notes）。不管如何，如果田野記錄很完整，和我們在第七章的「觀察」所建議的一樣鉅細靡遺，那麼就可以和逐字轉述的訪談文本一樣拿來分析。在接下來的討論中，我們會廣泛地使用「訪談文本」一詞來指涉那些包含在轉述訪談文本或田野記錄中的資料。

假設逐字訪談文本或田野調查現在已經有了，接下來就可以進行不同類型的分析。在下面的章節我們將會探討多種分析的選擇。

顧客調查的觀念與技術

量化分析—情境體驗法

　　如果你使用第七章所介紹的情境體驗法，讓顧客告訴你有關他使用產品的經驗，或在田野記錄中觀察到或捕抓到真實的經驗，那麼質性和量化兩種分析途逕都適用。量化分析植基於「原型分析」（protocol analysis）的傳統，後者普遍運用於消費者的資訊處理研究。〔1-3〕基本上，這種方法包括將訪談文本拆解為不連續的單位，並使用編碼表將每個單位的內容加以分類。接著，歸納這些編碼所產生的頻率數，計算其平均值，計算其百分比，所有這些都可以用統計方法來比較個人之間與個人組成的團體之間的回答（例如男性和女性的比較）。下面我們要說明此一程序當中的三個基本步驟：（1）設計編碼表，（2）應用編碼表，以及（3）建立資料組。

設計編碼表

　　你在圖8-1中會注意到在量化分析的程序中，第二個步驟就是定義意義的類別。換句話說，在分析訪談文本之前，你必須決定你在訪談文本中要尋找什麼，並定義各類別來捕捉此等資訊。良好的類比就好像在海中的潛水冒險，海中有許多不同的魚，不見得每一條魚都會得到潛水員的青睞。因此潛水者可能會先決定他們感興趣的魚，然後積極去追尋。同樣的道理，在訪談文本加以編碼之前，研究人員應該嘗試決定他們想要尋找的不同型態之資訊。

從訪談文本中要「釣出」哪些最重要的資訊，可依賴兩個領域的知識。首先，現存有關顧客價值和滿意度的理論提供了一些方向。例如，你必然很想將價值層級中所有層次的例子加以編碼，包括顧客所提到的屬性、結果、以及想要的最終狀態（此由價值理論得來）。同理，你會想要找出任何有關顧客使用（從滿意度理論而來）的比較基準。因此完全瞭解顧客價值和滿意度等理論應先於資料的分析和蒐集。這些以理論為基礎的編碼類別或許可視為「一般性」（generic），因為它們可用於針對許多不同的顧客、產業、和研究計畫。不過，你可能也會「訂做」（customize）符合組織要求的編碼表。第二種產生編碼表的專業知識來自組織中經理人獨特的經驗和對資訊的需求。針對你的組織、產業、或顧客群的某些特定資訊，由於考慮其策略重要性，所以須納入編碼表。例如，我們輔導的一家公司特別關注供應商有資格參與政府招標案的程序。很顯然，如果要成為一家供應商，就得瞭解這個程序的裡裡外外，以及其在各州之間不同的細節。編碼表可以很輕易地訂出來捕捉所要的該類型資訊，在附錄一就是一個編碼表樣本。

運用編碼表

編碼表所有的運用程序和細節都明載於附錄一，下述的內容則概述編碼程序。

為了能夠運用編碼表，訪談文本必須事先細分為分析的單位（我們簡稱為「想法」（thoughts））。每一個單位都代表顧客口頭說出（在訪談文本中）或經驗到（在田野調查中）的不連續的想法、點子、或行為。編碼員接著會分析每一個想法來決定哪一個

編碼（或編碼的組合）最符合其意義。一般而言，每一份訪談文本最少要有兩個編碼員來分析，他們對每個想法的闡釋與編碼必須妥協到完全同意。這一點很重要，因為訪談文本的編碼相當主觀，而且若能擁有編碼員之間的信賴度是有幫助的，這可以提高闡釋訪談文本的信心。

建立資料組

一旦各個編碼員已經分析過每一個想法並且同意相對應的編碼之後，接著就可以很容易地將這些編碼輸入電腦進行分析。至少，我們想要得出編碼表上每一種編碼的頻率數—諸如特殊的編碼有多常出現，諸如顧客想要的某種「結果」？此外，我們也會想要尋找編碼的組合（例如，某個特殊的屬性被提及時會連上哪個特殊的「結果」？）

最後，在資料組中加入一些人口統計上的資訊，這些編碼又可以在不同的顧客群之間做一比較。例如，你可能想要知道這些編碼和價值層級如何因為角色扮演（例如產品使用者和決策者的比較）而有別，或因為顧客的型態而不同，或消費者之不同（例如愛用者或偶用者，男性和女性的比較，私人企業和公家機關的比較，或連鎖店和便利店的比較），或其他可能具有某種策略性意義的變項（例如，新顧客和舊顧客的比較或地理區位的比較）。雖然這樣的資料組可以建立並用標準的統計套裝軟體來分析，如今已有更新的套裝軟體完全針對此等目的而問市。

表8-1例示了編碼程序的結果。表中最上面的水平列代表次族群，表中的數字代表訪談文本中的回應落入各編碼類別的百分比。接著在統計上就可以比較這些次族群的回應，進而找出他們

表8-1　各個次族群提及各種編碼類別的回應百分比

編碼類別	使用率			使用情境			區隔 A	區隔 B	區隔 C
含鹽量	43	23	7	25	28	29	68	44	23
方便性	36	19	11	11	54	67	22	46	31
可得性	71	19	28	18	71	63	56	34	27
吃得飽	42	12	9	38	58	34	61	39	13
營養好	25	7	5	43	34	27	29	33	45
解決飢餓	61	21	10	28	61	24	47	28	37
可與別人分享	15	44	4	47	9	59	36	53	42
覺得膩了	54	5	8	32	15	15	39	31	28
等等									

對產品/服務的要求之相似處和差異處。最後，經過一段時間之後，再收集這些資料就可以進行時間縱軸上的比較。

量化分析—階梯法

　　第七章概述過的訪談技術為「階梯法」（laddering）。該法的主要優點之一是，能夠獲取質性資訊並轉入量化分析。試回想一下階梯訪談法的內容，首先要找出一組和產品或服務有關的重要屬性。

　　之後，經由一連串的深入探索，受訪者會透露出和屬性有關的較高階之「結果」及「想要的最終狀態」。這些對每一個受訪者的訪談產生很多的階梯（屬性／結果／想要的最終狀態）。下個步驟是以量化的方式來分析這些階梯。

　　一般而論，首先是將個人的階梯分解成構成要素（連結），第二，橫跨各個受訪者，用這些獨立的連結重新建構一張歸納各個階梯的地圖。這個分析會概述於後，原作者雷諾斯（Raynolds）和葛特曼（Gutman）的著作〔4〕將會提供更多的細節。

階梯的分解

　　分解階梯的第一個步驟是，發展出一組足以反映階梯內容的摘要編碼（summary code）。通常這個程序會在將顧客所提的所有屬性、結果、和想要的最終狀態整理成主清單（master list）後完成。由於顧客或許會以不同的話語來表達出相同的想法，因

此這份主清單所囊括的類別必須足夠寬廣來吸納類似的內容。例如，發展出「容易使用」的編碼來解釋受訪者如下的說法：「它很容易使用」、「要瞭解它如何操作並不太難」、以及「不會和我以前用過的一樣難用」等等。這些編碼的範圍應該足夠大，俾能容納所有提及對產品特性之有意義的摘要，但是不應該大到使階梯中的細節流失掉。這些編碼應該盡可能以顧客的用語來呈現。一旦找好這些編碼之後，每一個編碼都會指派一個數字。圖8-2的樣本例示這些經過數字化的編碼。

下一個步驟就是用這些彙總的編碼來發展出一個分數矩陣（score matrix，詳見表8-2）。分數矩陣可以有效地將每一個階梯轉化成一串等同的編碼。例如，某一個階梯表達出「昂貴—讓人印象深刻—歸屬感」，現在則可以用一連串的數字3-18-22來表達。分數矩陣只是所有階梯編碼的摘要，並以一列來表達一個階梯（請注意：每一個顧客會表達出多種階梯，所以在矩陣中會有許多列），而矩陣裏的數字欄位數則受控於最長的階梯。

集中資料

一旦將階梯記錄於分數矩陣中，其目的是要集中資料，這樣就可以對於所有受訪者找出一些型態。我們可以用兩個步驟來完成。

首先，發展出摘要涵義矩陣（summary implication matrix，詳見表8-3）。此矩陣的目的在於擷取所有在分數矩陣中的聯結（linkages），即編碼的組合。為了要達到此一目的，於是產生了平方矩陣（square matrix）（很像相關性矩陣），其橫軸與縱軸包含了所有的摘要編碼（由1到n）。矩陣中的每一格

價值

〔20〕成就

〔21〕家庭

〔22〕歸屬感

〔23〕自尊

結果

〔8〕品質

〔9〕補充

〔10〕令人清爽

〔11〕花費較少

〔12〕解渴的

〔13〕較女性化

〔14〕避免負面觀點

〔15〕避免浪費

〔16〕報酬

〔17〕精緻的

〔18〕令人印象深刻的

〔19〕促進社交

屬性

〔1〕碳酸鹽

〔2〕易碎的

〔3〕昂貴的

〔4〕有商標的

〔5〕瓶子形狀的

〔6〕酒精較少的

〔7〕體積較小的

圖8-2　一種假設的葡萄酒冷卻器之編碼摘要

摘自：Thomas Reynolds and jonathan Gutman, "Laddering Theory, Methods, Analysis and Interpretation," Journal of Advertising Research, Feb/March, 1988.

表8-2 假設性葡萄酒冷却器資料的原始資料

受訪者編號			內容編碼			
1	1	10	12	16	20	0
2	1	10	16	0	0	0
3	1	10	12	16	16	23
4	3	6	20	0	0	0
5	4	17	20	0	0	0
6	2	10	12	16	18	22
7	1	12	16	20	0	0
8	3	8	20	0	0	0
9	1	12	16	18	23	0
10	1	10	16	0	0	0
11	3	8	20	0	0	0
12	2	10	12	16	18	22
13	1	12	16	20	0	0
14	1	12	16	18	23	0
15	1	10	12	16	20	0
16	3	16	20	0	0	0
17	1	10	12	16	20	0
18	2	10	12	16	18	22
19	1	10	12	16	18	23
20	1	10	16	0	0	0
21	2	10	12	16	18	22
22	3	20	0	0	0	0
23	1	10	12	16	20	0
24	1	10	16	0	0	0
25	3	6	16	20	0	0
26	3	6	16	18	23	0
27	3	8	18	20	0	0
28	3	18	23	0	0	0
29	3	16	23	0	0	0
30	3	8	18	22	0	0
31	3	8	17	18	23	0
32	3	17	18	23	0	0
33	4	13	17	18	23	0
34	4	13	17	18	22	0
35	5	13	17	23	0	0

Source: Thomas Reynolds and Jonathan Gutman, "Laddering Theory, Methods, Analysis and Interpretation," *Journal of Advertising Research*, Feb/March, 1988, 11–31.

表8-3　摘要涵義矩陣*

	8	9	10	11	12	13	14	15	16	17	18	19	20	21	22	23	
1 碳酸鹽	1.00		10.00		4.06			.01	.14		.04		.06			.04	1
2 易碎的	3.00		4.00		.04				.04	.03	.04	.01			.07		2
3 昂貴的	12.00								2.04	1.01	1.09		1.06		.05	.05	3
4 有商標的	2.00					2.02				2.04	.02		.01		.02	.03	4
5 瓶子形狀的	1.00					2.02	5.00			1.03		1.01			.01	.03	5
6 酒精較少的							.01		.01		.01	.01		.04	.01		6
7 體積較小的								3.00				.01		.02			7
8 品質			1.00	1.00									3.02		.09	.04	8
9 補充			1.00		1.00	3.00	.04	1.00	4.00	4.03	4.04		1.03		.03	.02	9
10 令人清爽				4.00					5.10	.01	.06		.04		.05	.02	10
11 花費較少					10.00	1.00									.03		11
12 解渴的							5.00					.04				.04	12
13 較女性化									14.00		.08		.06	.02	.04	.04	13
14 避免負面觀點											.02	5.00			1.03		14
15 避免浪費															.04		15
16 報酬										7.00	1.00	5.00	8.00	4.01	.04	1.05	16
17 精緻的											11.00		1.00	2.00	.06	5.03	17
18 令人印象深刻的											4.00	1.00	1.00		4.02	9.00	18
19 促進社交														3.00			19
20 成就															10.00		20
21 家庭															5.00		21
22 歸屬感																	22
23 自尊																	23

*在屬性元素之間不存在著關係。

資料來源：Thamas Reynolds and Jonathan Gutman, "Laddering Theory, Methods, Analysis and Interpretation," Journal of Advertising Research, Feb/March, 1988, 11-31.

代表配對的編碼在分數矩陣的階梯中出現的次數。

　　小數的左邊表示直接配對的次數，即兩者緊臨相接的次數（例如上例中的「昂貴」和「令人印象深刻的」）。小數的右手邊表示間接配對的次數，即其編碼會在同一個階梯中出現，但不會直接緊臨（例如從上例中的「昂貴」和「歸屬感」）。例如，表8-3顯示，在所有受訪者的階梯中，「碳酸鹽」和「解渴」直接連結了四次，間接連結了六次。

　　很顯然，矩陣中的某些格子是空的，即沒有任何連結（例如，在「碳酸鹽」和「較女性化」之間）。另一方面，我們可以很容易地檢視這個矩陣並確認出最常被顧客想到的連結是什麼。例如，在表8-3中「止渴」和「報酬」就直接連接了14次。

　　摘要涵義矩陣可以用來重新建立一個層級性價值地圖（hierarchical value map），彙集了在訪談中最常被提及的連結。在圖8-3中就有這樣一個例子。這個地圖單純地擷取最常被提及的直接和間接的連結，並將之聚集在摘要層級中。至於在價質層級地圖中直接或間接連結的最低次數，在本質上是一種主觀的判斷。

質性分析

　　上述的量化技術可以讓經理人對資料帶有某種程度的安心，並以此資料下結論。不過，如你所見，這些方法都可相當費力、花時間、所費不貲。有些人可能不會進行這些分析，因為經理人會認為成本不合理，或他們並不覺得自己有這項能力來執行分析，或喜歡採用較不費力的技術來分析訪談結果。事實上，我們

顧客調查的觀念與技術

已經發展出某種質性方法，一方面能保存那些從珍貴資料得來的重要內函，另一方面又能簡化量化分析當中大部份的複雜性。這些會在後續的內容中加以說明。

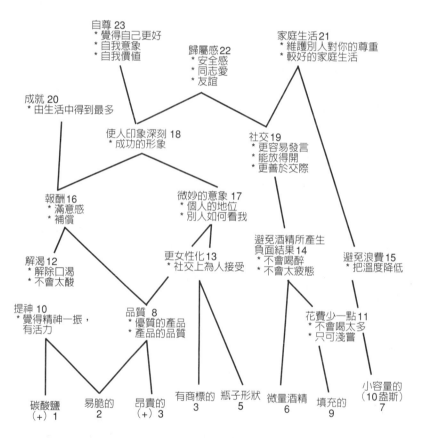

圖8-3　一假設性的葡萄酒冷卻器之層級價值圖

摘自：Thomas Reynolds and JONathan Gutman, "Laddering Theory, Methods, Analysis and Interpretation," Journal of Advertising Research, Feb/March, 1988. 11-31,〔4〕

情境分析

　　從質性方法（可能是觀察法、焦點團體、或訪談法）可獲得
一些有趣的洞察，包括在不同的使用情境下，對產品或服務之績
效會產生不同的期望。在第三章，我們提到「使用情境」會影響
到價值層級。應該進行的一種分析是，描繪出產品的各種使用情
境，以及相對應的各種產品績效考量。

　　圖8-4顯示從質性資料中擷取情境描繪的工作表。對每一個
顧客而言，可能須完成幾張這種工作表，各代表在訪談中討論到
的每一種使用情境。

　　第一欄：顧客的需求、行為、以及觸動事物。在這一欄，你
應該記下那些描述顧客的資訊，包括他們在此一情境下的行為，
任何特定的需求，或任何我們提到的「觸動事物」（請參考第三
章）等等。在這一欄，要仔細地觀察使用者（user）而不是產
品。你應盡可能具體地描述顧客的經歷、感覺、與想法。例如，
一位顧客描述「在籃球聯盟賽之後喝運動飲料」的情境之後，這
一欄可能記為：

- ·心跳速度上升
- ·覺得筋疲力盡
- ·汗流浹背
- ·需要趕快解渴
- ·小孩子和顧客在一起，沒耐性地急著要離開

　　第二欄：與產品相關的使用者行為。　在這一欄中你應該記

顧客姓名：_____ 編號 _____

使用情境類型：_____

顧客的需求、行為、以及觸動事物	與產品有關的使用者行為	比較基準與特徵	重要的影響力

圖8.4　消費情境分析

下和購買、取得、使用、以及處置產品有關的特定行為。此外，你也會想要記下顧客對於產品的任何態度與看法，以及任何價值構面（屬性、結果、或想要的最終狀態）。和第一欄相反的，第二欄的重點在於產品的特徵以及顧客與產品之間的互動。想一下上述籃球選手的例子，我們可以在第二欄中記下：

- 從隊上的冰箱取用運動飲料
- 選擇一瓶16盎司的玻璃瓶裝飲料
- 站著很快地將飲料幾口灌完
- 將空瓶丟到垃圾筒
- 喜歡橘子口味
- 偏好玻璃瓶裝，這樣就不會喝到「金屬」味

- 希望有更多種類的口味可以選擇
- 覺得精神一振，精神抖擻
- 水溶性化合物
- 覺得在做對身體有益的一件事

第三欄：比較標準和特徵。這一欄用來記下任何受訪者曾經提過的產品（或替代品），還有他們如何和特定的產品比較。這些是考量產品時的比較標準。例如：

- 不會飲用常常有人排隊的飲水器的水。
- 避免喝自動販賣機的清涼飲料，因為這會讓自己更渴。

第四欄：重要的影響力（有影響力的組織或個人）。　在這一欄中所記載的內容會延伸到其他個人（例如，產品的其他使用者、決策者、或促進者）、或對於產品的使用具有影響力的過去經驗。例如：

- 每一個星期某人會被指定帶著有飲料的冰箱
- 教練偏好運動飲料而非其他飲料（例如，果汁或水）

以這種方式，針對顧客參與的每一種情況都加以分析。一旦完成這些工作表，就不難看出如何加以組合、集群、與揀選，使能提供洞察給經理人。你應該能夠分解工作表當中的資訊，進而針對不同的使用情境，做出產品使用的摘要描述。

儘可能使工作表中的每一欄以原貌呈現是非常重要的，也就

是說，儘可能反映顧客在描述其經驗時所實際使用的話語。當然，將來自訪談文本中的評語加以濃縮是有其必要，但應該儘量以最接近顧客原先的說辭、情緒、和術語來陳述。改寫和闡釋得愈多，就愈有可能失去原意。

最後，如果可以的話，使用摘要表中的資料來進行上述的量化分析。唯一不同之處是「分析的單位」（unit of analysis）會是摘要表中的詞句，而不是訪談文本中的原始回應。用這種方法，我們可以同時獲得量化分析與質性分析的好處。

令人驚訝的，較重要的問題之一是，如何定義「使用情境」（use situation）。例如，在討論到運動飲料的消費者時，我們可能會以消費飲料的地點（location）來區別使用情境。例如說，這可能是「打完籃球之後在體育館」或「健身房」或「慢跑後」或「開車時」等等。以實際的地點來區別使用情境是較容易且直接的定義方式。

不過，你會發現很適合將較大情境中的事件做出第二層的分類。例如，以個人在健身房中做運動來說，可能會有各種不同的活動，例如「在更衣室裏做準備」、「打壁球」、「使用重量訓練機」、「慢跑」等等。要是你覺得產品使用者在這些情境下可能會有不同的需求，那你就得把這些情境細分為更精細的類別。

另一個作法不以實際的地點或活動為定義情境的標準，而是由時間線（time line）或消費週期（consumption cycle）來區別這些情境。考慮顧客整個的經驗（從購買前、實際購買、取得產品、消費產品、至處置產品），不難想出特殊的產品構面與創造出來的價值之重要性，在消費週期中會有所變化。因此，你或許會考慮想出一個情境的分類法，它不只含有實際地點，同時也包括使用者在消費週期中的位置點（例如，在家中用餐後清理與

處置產品）。

　　很顯然，為了讓使用情境之適當的分類能達成某種共識，經理人必須考慮其產品、其顧客、以及其產業的獨特面向。因為使用情境的「最佳」定義方式並無定論，有人建議先讀完訪談文本與筆記，探討顧客所描述的各種使用情境後再決定。這是對於資料中的各種情境或事件，各種情境中的細節，以及各種情境有多少變異，先取得一個印象的好方法。

　　對於使用情境定義過廣或定義過窄，這兩者間會有一個平衡點。很顯然，詳述的層次愈特定，或對情境的描述愈狹窄，資料分析的複雜程度就愈高，所要耗費的時間也就愈多。不過，對使用情境或事件描述得愈具體（例如，在慢跑、游泳、舉重、或跳韻律舞時的產品消費），就愈瞭解對產品價值的要求。

　　若以寬鬆的層次來定義使用情境，則能很快地將顧客集群於各種常見的使用情境（例如「運動」），這可以促進資料分析。不過，這種做法或許會「葬送」掉那些因細膩地描述情境或事件而可以創造出價值的機會。請務必記得，如果使用情境定義得很窄，它們可以很容易聚集成較寬廣的使用情境。相反的，若要把定義較廣的情境拆得更精細，這會比較困難，可能必須對資料做全新的分析。

　　最終，關於定義的問題並沒有正確的標準答案，你將使用情境定義在某個價值層次上，只是為了「發掘」你的產品在創造價值方面有哪些不同的機會。

價值層級分析

　　瞭解價值層級顯然是測量顧客價值的關鍵目標之所在。如果

沒有上述的編碼分析，還有兩個建議可以協助經理人瞭解顧客的
價值觀點。

摘要表（Summary Table）　第一個和最簡單的建議就是針
對所有顧客所提到的屬性、結果、以及想要的最終狀態，建立主
表，這很像階梯分析的第一個步驟（請參考本章前面的摘要編
碼）。圖8-5例示這種摘要的潛在工作表。

第一欄：產品/服務的屬性。　本欄應該用來記錄任何屬性
層次的特徵或特性，以便用來描述產品或服務；這些內容包括實
際的特性（例如尺寸、包裝、標籤、容器形式、成份、零件、或
結構），服務特性（例如運送、服務、可購得性、訂貨程序、通
路、提供服務者的協助、態度、以及效率），甚至連描繪產品的
「延伸性」內容，包括廣告、商譽、品牌/公司知名度、營業促銷
等等。

第二欄：正面的結果。　在這一整欄裡都是描述使用者在購
買、擁有、使用、處置產品或服務時體驗的正面結果。

第三欄：負面的結果。　在這一整欄裡都繪用來描述使用者
在購買、擁有、使用、處置產品或服務時體驗的負面結果（例如
成本、問題、和挫折）。

第四欄：最終狀態。　在這一欄應該包括顧客想要達到的任
何想要的最終狀態、價值、目的、或目標。如同先前所述，有些
想要的最終狀態是直接來自產品本身；也就是說，產品的營養成
份可以產生「身體好」、在健康和健身中心的全家計劃可以提供
「家人相處的美好時光」等等。換句話說，在消費產品時總會間
接提供一些與想要的最終狀態有關的例子。例如，消費者或許喜
歡參加地方的棒球聯盟，因為達到參與社區的目標。在這個案例

顧客姓名：_____ 顧客編號 _____

產品／服務的屬性	正面的結果	負面的結果	最終結果的價值：
實際的產品屬性和其他，例如可購得性、地點等等。	與產品的擁有、使用、以及消費有關。	與產品的擁有、使用、以及消費有關。	消費者的目的和目標。

*這樣的分析可用於整個產品大類或個別的品牌或包括兩者。
　屬性用來描述產品；正面的結果和負面的結果描述消費者使用產品時的結果；價值則和產品及大量消費內容有關，例如，運動。

圖8-5　價值層級分析

中，購買運動飲料並未直接讓使用者參與社區活動。不過因運動飲料是活動（棒球聯盟）的一部份，而此等活動確實能達到期望的結果，所以在消費者心中形成間接的連結。掌握直接和間接產生的期望結果都很重要。

　　在建構價值層級的摘要方面，必須指出一些重要的觀點。

・正如情境分析，和顧客實際的語詞盡量接近是相當聰明的做法。當需要做摘述時，則要避免把顧客的話轉

成你自己的話語。

- 將屬性、結果以及想要的最終狀態併列，並確保輸入表中的是（1）使用者表達的任何評鑑，不管正面或負面（例如「橘子口味真不錯」）都要列出來；（2）任何出現的情緒性字彙（例如「瓶子的大小讓我覺得很煩，因為和我的杯架不合」；（3）顯示產品構面之重要性的任何提示。（例如「價格就是我決策的因素」）。

- 確定顧客的意見是針對特定品牌（「我真喜歡X牌的味道」）或整個產品或服務大類（「運動飲料有種黏黏的感覺」）。一般的使用者都會談到這兩個層次，而你也會想要從顧客對你產品特定的意見，與眾多競爭者加以比較。不過，到了最後這兩種層次你都會想要試一試。

　　最後，就正如情境分析一樣，在價值層級摘要表中的資料，如果適當的話，還可以做為更詳細的編碼分析之投入。

　　價值層級關聯性分析法。 再者，另有一種較經驗取向的價值層級分析法相當有效。這種分析法最適合針對一群經理人，對於探討顧客如何看待組織的產品或提供的服務，可以成為重要討論的泉源與提供洞察。這需要這群經理人先確實地「建構」出一動態的價值層級。

　　這種分析法需要一些便利貼便條紙、一片空白的牆面、和已經與顧客溝通過的一份屬性、結果、想要的最終狀態之清單。（這些都可以從階梯法、上述的價值層級表、或僅是從過濾資料

和摘要的內容中獲得）。價值構面（例如屬性、結果、或想要的最終狀態）記在便利貼上，每一個價值構面用一張便利貼。經理人的工作內容就是將這些便利貼在牆上移來移去，以便實際地「建構」一個價值層級。

　　一開始，我們光是要區分出想要的最終狀態、結果、及屬性，就會花上許多力氣—也就是定出三種層次。也因為如此，這種分析法的流動性變成一種有利的條件。個別的便利貼可在牆上來去自如，隨經理人高興隨時排列或重新組合。這三種層次的區別並不總是很清楚，例如，「快速遞送」是一種屬性或結果？這就有許多討論的空間，有些重要的洞察會發生在經理人探討區別時。（一些經驗法則相當有幫助。我們比較偏向將屬性定義為和產品連結相當明確的特點，不會在各種情境下有變化。另一方面，結果就定義成「發生在顧客身上的一些事情」，且偏向在較短的時間內和在特定情況下使用產品所產生的情形。想要的最終狀態也是對顧客的描述，但這些傾向在性質上較廣泛且抽象、更長期、且可能發生在任何產品或使用情境下（例如「愛我的家人」、「和諧」、或「心情平靜」等）。）

　　接下來，經理人將會開始釐清層級中構面的聯結。再者，流動性是一種有利的條件。經理人會開始重新整理這些便利貼，使它們可以在空間上呈現出構面之間「關聯性」的程度。我們需要在各個層次內做一些篩揀（例如某些屬性或許高度關聯而集成一項），再來，應該要考慮各層次間的連結，使得各屬性和結果—及結果和想要的最終狀態—因有很強的關聯而放在一起。這對經理人有一些重要的洞察，也就是為什麼我們的產品有一些特殊的要素，會被認為重要或不重要？我們提供的產品或服務之屬性與顧客想要的結果與最終狀態如何連結？顧客有哪些想要的結果或

最終狀態是我們做得到但目前尚未提供的？

最後產生的價值層級並不是最主要的結果。我們發現，經理人之間的討論會相當有價值。價值層級和上述的分析法提供了一種格式，讓經理人能以結構化與聚焦的方式來探討他們的顧客或產品的介面。

上述分析法的潛在變動版本，只受到經理人之創造力的限制。例如，藉由使用不同顏色的便利貼，經理人可以區別出公司表現良好的面向（綠色），及公司績效普通（黃色）或不佳的領域（紅色）。這樣的價值層級可以很快地讓經理人看到公司的優點和弱點。而色彩也可以用來區別價值構面和不同顧客團體間的連結（黃色代表產品使用者的構面；綠色代表決策者的構面），儘管最好是為不同的顧客建構完整分隔的價值層級。在眼前有些價值構面對顧客較重要，有些在未來才會顯示重要性；其他則較不重要。這些都可以用顏色區分出來，提高其突顯性。

附加分析

另外還有兩種附加的分析可以補充上面所討論的技術。這些是顧客價值構面重要性分析和使用價值構面來建構顧客滿意度問卷。

重要性分析

經理人想知道的關鍵資訊之一，就是顧客對不同價值構面之相對重要性的認知。組織所提供或考慮提供的許多要素，並非全

部都受到顧客重視。對經理人來說，對顧客最重視的構面特別關照是理所當然的。價值確認程序的主要目標就是要瞭解價值層級和這些層級在特定的情境下如何呼應要求。在這些分析中，經理人能在哪些地方找到線索來回答「重要性」問題？

簡言之，答案就是價值分析提供了問題的間接線索。附加的研究通常有其必要性，以便完全瞭解顧客如何認知價值構面的重要性。第九章和附錄二對於如何測量重要性有更完整的討論。你也會瞭解到價值測量程序中所找到的構面會變成在後續研究中測量重要性的基礎。

不管如何，特別要提的是，顧客價值資料對於重要性可以產生一些起初的洞察。首先，在訪談或觀察程序中，顧客通常會指出特殊價值構面的相對重要性。他們或許會明白說明這些重要性的觀點（例如，「真正的決策最後都會顧及價格」），或重要性可能須由行為來推論（例如，顧客在閱讀脂肪內容的營養標示）。你可以假設顧客會明確地指出某些很重要的屬性，而那些不曾提到的屬性大概也不如何重要。最後，在訪談的程序中，如果重要性資訊未出現，訪談員也應該加以探討：「那個對你有多重要？」、「哪一個構面對你最重要？」。

從情緒也能夠推論重要性。顧客很少會為那些他們覺得不重要的議題變得情緒化（無論是正面或負面的方向），這也是為什麼在上述的質性研究中，我們會建議任何情緒的表示應該記錄在摘要表上，以及那些情緒的證據在錄影（音）帶中加以指認出來。

最後要提醒各位讀者，假設訪談時提到的產品和服務構面之重要性與出現頻率呈正相關，這要特別小心。例如，在階梯分析中就很可能把較高的重要性歸給經常提起的聯結。事實上這個例

子已發生過。但是除了重要性以外，仍有其他理由會影響提起的頻率。例如，某些產品或服務的特徵是非常基本的，它們經常被提起的原因在於它們是產品本身或功能的基礎—由於相當基本—因此必定會提到。然而，這不一定表示它們對顧客是最重要的構面。例如，許多經理人很在意其產品價格的重要性，因為這是顧客常提到的要素之一，並導致經理人相信他們必須在價格上競爭，要當一個低價位的領導者等等。價格可能只是顧客必須拿出來談的因素，以便藉此討論其他諸如可靠度或服務等重要事項。其他構面或許也常被提起，因為它們是供應商「被接受的入門票」，這些特徵應該是顧客可以得到的（例如及時送達），當所有競爭者都具備了這些條件，就不會用來決定供應商的選擇了。

　　一旦所有的競爭者都強調時，產品構面就會頻繁地被提起，因此由頻率來推論重要性會產生問題，這在工業界是絕對存在的，主要因為有太多的競爭存在。不過，公司或許可以從追求目前競爭者無法提供的特色，或考慮具重要性卻未被注意的屬性來獲取競爭優勢。

　　當產品構面較少被提起，卻和顧客認為相當有價值的結果或想要的最終狀態有很強的關連時，你可能會想往這個方向走。在這個情形下，你或許足以評鑑此等過去未被考量的產品構面之重要性。舉例來說，十年前牙膏的消費者很少想到「牙結石的控制」的需求。不管如何，消費者對於擁有「健康的牙齒」一直有強烈的慾望（至少有一部份的顧客是如此）。在這個例子中，提高牙結石控制以及讓你的產品能夠提供此項功能，顯然可以協助呼應顧客達到擁有健康牙齒的目標。

　　總之，價值分析可以讓研究人員洞察到重要性的所在。不過，我們建議附加研究應該建立在價值測量的結果之上，以便更

有系統地探索這些重要的策略性問題；還有得記得因為價值測量通常只在少數比例的顧客身上施測，所以即使重要性的指標已經找到了，做較大樣本的研究來證實這些見解是聰明的做法。

顧客滿意度調查的投入

我們在第四章中提到顧客價值測量和顧客滿意度測量之間仍有明顯的差距。在第五章我們也建議這兩種類型的顧客研究應該做為整個顧客價值確認程序的一部份。

首先，應該注意到次序的重要影響。也就是說，價值測量應該先於（precede）顧客滿意度測量。事實上，價值測量的結果應變成投入（input）來形成顧客滿意度測量的內容；因此，後者的效果決定於前者。例如，最近的一項研究顯示顧客價值測量階段產生的一項重要價值構面，即供應商提供管理建議給企業顧客的能力，沒有包含在企業顧客的顧客滿意度問卷中；顧客滿意度調查在修改後可以將此構面包含進去，同時除去某些由價值測量研究得知對顧客不重要的構面。

此外，價值測量的結果應該以顧客的大型樣本來驗證，請記住這是很重要的。這透過顧客滿意度測量是最有效的方法。基於此，顧客滿意度調查研究就有必要確認顧客價值測量的結果。所以我們可以看到這兩種測量，即使不同，卻相當互補，甚至是彼此互賴的。

總之，這兩種方法常常一起運用。在第九章我們會有更多關於這兩種測量同時運用於顧客價值確認程序中的討論。

顧客調查的觀念與技術

摘要

　　顧客價值測量正如我們在第七章所描述的，是一種「層層剝除洋蔥的方法」，而分析顧客價值資料則包括了許多獲得豐富意義和解釋這些資料的種種可能的不同作法。量化和質性兩種技術都能採用，有時也可同時並進。本章描述的種種方法對於引出質性資料的精華相當有幫助，從原型編碼、階梯分析法等量化技術到其他要求性較低的質性分析法（例如建立情境剖析圖、價值層級分析、以及關聯性分析法）。最後，要注意這些分析方法的成果對於後續的重要性和滿意度分析都扮演重要的角色。

　　無論用哪一種方法，經理人都會很快瞭解到將質性資料化為「資訊」的結果需要付出努力。對於微妙、豐沛、多層次複雜的使用者／產品互動，並無法以五點尺度或七點尺度的紙筆調查就能有效地捕捉。同樣的，顧客實際吐出來的話語、句子、以及經驗也是無法替代的，這些資料常常會在其他的顧客調查中佚散掉。我們相信一旦經理人開始將質性的價值測量方法併入他們對顧客研究的努力，它們就會變成顧客回饋系統中的重要成份。

參考資料

[1] Ericsson, K. Anders and Herbert A. Simon, "Verbal Reports as Data," *Psychological Review*, 87 (July 1980), pp. 215-251.
[2] Nisbett, Richard E. and Timothy DeCamp Wilson, "Telling More Than We Can Know: Verbal Reports on Mental Processes," *Psychological Review*, 84 (July 1977), pp. 231-259.
[3] Biehal, Gabriel and Dipankar Chakravarti, "The Effects of Concurrent Verbalization on Choice Processing," *The Journal of Marketing Research*, 26 (February 1989), pp. 84–96.
[4] Reynolds, Thomas J. and Jonathan Gutman, "Laddering Theory, Method, Analysis, and Interpretation," *The Journal of Advertising Research*, 28 (February/March 1988), pp. 11–31.

CHAPTER **9**

測量顧客滿意度

　　最近我們接到一通從大型銀行打來的電話，要求對其顧客滿意度測量（CSM）程序提供協助。該銀行一向都須花費大量的資源和力氣去取得顧客的回覆資料。他們的研究人員做了年度顧客滿意度調查，並從所得的資料去計算每一個分行在各項屬性和整體滿意度分數上之績效的排名。以這份報告為基礎，每一個分行的經理提出改善計畫來提升其顧客的滿意度。很可惜的是，盛行於各分行的普遍看法是，CSM資源已經浪費掉了。分行經理陳述了他們認為CSM報告在提升分行績效以期更符合顧客需求的部份，幾乎幫不上忙而感到沮喪。

　　這些抱怨顯示出其CSM的實施有些問題。例如，用諸如「服務人員」這種定義非常廣泛的屬性資料來測量分行的績效。如果排名顯現出這些屬性中有任一問題，並沒有其他資料可以協助經理人決定該如何辦。例如，排名不會指出哪一個服務人員是罪魁禍首，他們做了什麼才造成問題；或該如何做才能補救這種情況。另外，很高的績效和滿意度回覆比例落在量表的高階處（high end），使得要提高分數似乎沒有什麼空間，然而經理人的獎金卻得靠提高這些分數而定。

　　由於他們對滿意度測量程序的不滿，有些經理人開始質疑以顧客滿意度為導向的管理方式是否應該做為公司的目標。於是在打破整個CSM程序之前，銀行決定徹底的重新評鑑，以找出可以改善的地方。

顧客調查的觀念與技術

前言

　　愈來愈多的組織注重其外部顧客的滿意度。顧客不滿意的成本常會意想不到的高。例如，桑帝企業（Sandy Corporation）估計在諸如銀行、餐飲或運輸這類的服務業，公司每損失一個顧客的平均成本為189美元，這等於是失去一位顧客的收益和再獲得一位顧客的費用。〔1〕顧客的龐大替換會使這種損失在經過一段時間後，增加到相當明顯的數量。相反的，若能保持顧客對於重視的事物之滿意度─即重要的價值構面─將會增加他們重新回來向你購買的機會，而這些顧客同時也很可能產生口耳相傳的口碑效果，找回把你當成供應商的忠誠度。滿意度對這些重要顧客的行為會造成深刻的影響，使企業不得不設定滿意度的目標。

　　組織若以顧客滿意度為導向來管理，很快就會發現必須花多少力氣才能維持顧客的高滿意度。首先，經理人必須以顧客的觀點來檢視企業內部的程序。這些程序會創造並提供優質價值，讓顧客能夠得到最多的照應和資源。正如一個資深的經理人所說的：「我們的顧客滿意度目標非常簡單，主要就是改善我們所有會影響顧客滿意度的工作程序，這樣就能使我們所營運的市場之顧客滿意度達到第一把交椅的目標。」〔2〕

　　就執行面而言，以滿意度為管理導向意味著，承諾根據與顧客和市場相關的資料來做出決策。顧客的知覺最後會決定他們對你的產品之反應。你必須變成慣於運用資料來探索顧客滿意度的趨勢，還有，最重要的就是瞭解什麼是滿意度的驅力。當組織的思考達到這種境地，CSM就會變得很重要。

隨著所有注意力都以顧客滿意度為企業目標，因此在過去十年來CSM的議題會變得流行起來實不足為奇。許多技術運用（how-to）的書籍紛紛出版，讓組織著手進行測量的工作更為便利〔3〕，數目不斷成長的研究組織也使該領域的專家供過於求[1]。許多組織熱烈地支持CSM在改善競爭力的努力中所扮演的角色。在此同時，CSM需要龐大的投資以確保能夠成為重要的決策工具。

大部分的組織有定期測量顧客滿意度嗎？顯然地，進行的測量工作並沒有你想像的那麼多。組織有了顧客滿意度目標，那並不表示對於CSM會付出相對應的承諾。想一想桑帝企業（Sandy Corporation）發現服務業的調查結果：

- 42%不做顧客調查。
- 62%沒有提供顧客意見卡或顧客抱怨卡。
- 19%沒有運用任何形式的顧客監視方案。〔4〕

正如上述的情況，愈來愈多的經理人—甚至是在組織中從事測量顧客滿意度的員工，已表達他們對組織之CSM程序的不滿。他們要的是能夠發揮作用的資料，但發現這些資料毫無發揮的空間時，就會感到懊惱。例如，有些公司發現過期的滿意度資料可能掌握不住和公司績效的關係〔5〕。有時候無論改善計劃如何進行，滿意度分數的水準還是下降，或銷售成長的水平已經下降，滿意度卻仍然呈現高水平。這些案例到底如何了？我們經常發現公司並沒有改變他們的滿意度測量，好趕上市場的變化和顧客的需求。這些資料變得過時了。這個部份如同我們稍後的解釋，當中還有其他的問題。如果你投入CSM，就得不斷地尋找

方法讓你的滿意度資料更能發揮作用。

在這一章裡，我們專注在如何測量顧客滿意度。有關於我們所討論的測量議題，希望能夠協助你評鑑你的組織或建議某些改善CSM程序的方式。我們由檢視現存施行於業界的CSM開始。組織依賴許多方法來得知顧客的滿意度。不管如何，由顧客處直接得來的資料應該是任何系統的核心。我們探究執行顧客滿意度調查的程序，以便專注在這些資料上。在方法上我們側重在第三、四、七、及八章的顧客價值和滿意度的概念。最重要的是，我們強調在第五章所得的議題，顧客滿意度測量必須和我們已知的顧客價值整合在一起。

目前CSM的實務

在工作時，我們投注許多時間來維持CSM程序的運作。在我們工作的公司中、參加的CSM研討會、以及研讀的專業文獻中，我們都可以觀察到滿意度的測量。從經驗中可以很清楚地看出一件事：組織會使用許多不同的方法來得知他們的顧客滿意度。例如，下列幾種測量方法，只用在單一的行業——餐廳旅館業［6］：

直接的方法
- 現場的顧客建議卡
- 口頭的抱怨或讚美
- 書面的抱怨或讚美
- 追綜抱怨或讚美的電話

- 對已知顧客的調查
- 對顧客的親身訪談
- 同業公會的研究
- 潛在顧客的調查研究

間接的方法/指標
- 顧客再度造訪的數目
- 銷售趨勢
- 市場佔有率趨勢
- 管理報告
- 投資報酬率的趨勢
- 財產的匿名評鑑

直接與間接的 CSM 方法

為了能夠更加瞭解各種方法間的差距，我們發現將這些方法分成兩個範疇滿管用的：就是直接法（direct methods）和間接法（indirect methods）。直接法測量顧客的觀點，諸如供應商的價值傳遞做的好不好。例如，意見卡和郵寄問卷調查法都會要求顧客在問卷上寫下他們的意見。最重要的一點是，這些方法都直接從顧客身上取得回饋。

相反的，間接法則越過顧客的意見而測量各種滿意度的指標。大部分的這些指標反映了顧客的行為—就是顧客在市場上的實際活動。例如，「再度造訪的顧客」之資料測量真正再次到相同供應商購貨的顧客數目。當使用這些指標時，你應該會覺得有信心，因為這些特殊的指標與顧客的滿意度有高度的相關。換句

話說，顧客的行為在某種程度上會與他們的滿意程度一致。試考慮一家依賴銷售資料來評斷市場的公司；如果顧客的滿意度認知是促使顧客到該公司各供應商購貨的主要因素，那麼這些資料就是一項優良的指標。

你或許已經開始質疑，有些間接法的指標會與顧客的滿意度具有更高的關聯性。這要看有哪些其他因素涉入關係中。例如，滿意度和銷售的關係應該會比投資報酬更密切，因為後者的指標還包括了不相關的變項—成本或投資。而顧客對於接待人員的匿名評鑑法，只會某程度地顯示某些對顧客重要的構面在這些人員身上的評估情形。唯一可以確知效力的方法就是測試顧客滿意度與某項指標之關係的強度。在認定任何特定指標前，務必要進行試驗性研究。

我們太容易把直接或間接測量滿意度的方法相互比較，因而經理人必須從中選擇一個「最好」的。無論如何，我們認為這些方法都具有互補性，因為它們測量顧客不同的事物，每一個部份都很重要。我們稍後會探討此一議題。

直接的 CSM 法　運用直接法的最大優點就是從顧客處得到回饋。他們如何認定你的產品，以及產品為他們達到何種效果都是決定他們未來動向的主要因素。只要適當地運用直接法，就能夠提供給經理人某種預警的系統。

請仔細檢視圖 9-1 一會兒。隨著時間的滿意度資料和銷售業績標繪成圖，注意兩個曲線的關係，特別是在時間 t_1 和 t_2 上。在 t_1 上，銷售起飛成長，但滿意度資料則顯現強烈的提升趨勢以做為此暴增的標誌。在 t_2 上，銷售增加率則是呈現疲乏且即將走下坡的狀態。還有，滿意度資料則以事先顯現下滑的趨勢來預測這

種變化。注意這些滿意度趨勢可以幫你在下滑趨勢時爭取應變時間，以便推出矯正活動以因應即將來臨的銷售變化。不過，要確保你能得到預先的警訊，所以你必須定期檢視你的滿意度資料是否能夠成為銷售變化的領先指標（或其他績效的測量）。因為市場和顧客的改變，你或許得時時改變你的滿意度測量，以便維持其與績效的領先關係。

直接測量的方式有許多不同的種類，而且都具有互補性。每一種方式提供顧客滿意度不同面向的描繪。例如，現存顧客的滿意度調查協助我們擬訂留住顧客的策略，而潛在顧客調查則有助於擬訂取得新顧客的策略。抱怨資料可以孕育對策，使訴怨的顧

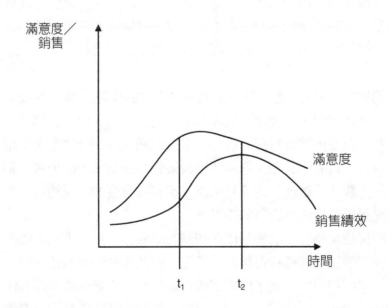

圖9-1　滿意度是績效的領先指標。

客成為滿意的顧客。在設計良好的CSM系統中，每一種資料都能符合設計和互補的目的。

直接法也相對較貴。雇用商業研究組織，單單顧客滿意度調查就可能要花費五萬到五十萬美金或更多。確實的花費與許多設計的考量有關，諸如問卷投遞的方法、樣本規模、市場區隔的數目、用來使受訪者填妥問卷的贈品等等。例如，意見卡會比調查法來得便宜，但意見卡很可能無法從目標顧客的代表性樣本處得到答案。（本章稍後會討論更多和這些設計決策有關的部份）。

如同你對直接測量顧客滿意度的瞭解，有個重點要記住。在顧客的心目中，直接法或許也意味著你對於外顯問題的重視。如果顧客花時間告訴你他們感到不滿意，他們或許期望你會有所行動。一般而言，假如你願意回應顧客告訴你的事，你應該採取直接測量顧客滿意度的方法。當然，單單滿意度資料就可以協助說服較高的管理當局正視存在的問題及應該要加以改善。

間接的CSM方法　間接法也有其重要的優點。基本的成果資料，諸如銷售、再度造訪的顧客、市場佔有率、以及利潤等，應該都可以從內部資料隨時取得，而且和滿意度調查比起來也相對較便宜。再者，經理人通常使用成果資料做為決策的依據。和使用較主觀或「軟性」的資料來測量顧客滿意度的感覺相較，他們還是覺得使用成果資料順手得多。

間接法使經理人能夠專注在利潤的績效上。另一方面，間接法不像直接法那般樣樣行得通。首先，績效資料的及時性不足，如同上述所指出的，到了由銷貨或市場佔有率衰退而顯出顧客滿意度的問題時就太遲了；顧客或許已經流失到競爭對手那邊去了。全球性企業的一位產品經理人曾向本書作者提到，他知道其

他產品經理人只要業績有成長就心滿意足了，他們不看有用的滿意度資料，即使滿意度分數在業績下滑之前就已經降低；所以在業績下滑時，他們只採取改善的行動。因為不關心滿意度資料，這些經理人損失了寶貴的前置時間（lead time）並須面對週期性的危機。

有些間接法如銷售趨勢會產生摘要性的資料，因此並不能準確指出價值傳遞方面特定的優勢或問題。其他的間接法如匿名評鑑法，也能指出公司績效做得好或壞的特定領域，當然，這假設著和驅使顧客行動的價值構面相關。但是你必須知道這些相關性。

假設某連鎖餐廳僱用「職業顧客」（professional customers），到指定的店面用餐並且以客觀的觀點來評鑑餐廳的績效，諸如供餐的速度、食物的溫度、場地的乾淨程度等等。但餐廳的哪一項績效對顧客的滿意度影響最大？若沒有額外的資料，你根本沒有辦法確定。

建立整合CSM方法的系統

要在你的CSM程序中運用哪一種方法比較好呢？要回答這個問題並不容易，但是我們可以提供兩個意見。第一，我們相信沒有一個組織能完全依賴間接法來測量顧客滿意度；傳遞價值給顧客意謂著提供他們想要的東西，也只有顧客才能告訴你從什麼地方可以找到他們想要的價值。如果想要將滿意度設定為企業目標，我們相信組織就必須聆聽顧客的聲音〔7〕；因此，至少某部份的CSM應該致力於直接測量。

第二，組織應該運用不只一種方法來測量顧客滿意度，因為

顧客調查的觀念與技術

沒有單一的方法可以符合經理人所有的需要。例如，顧客滿意度調查在獲取顧客對你公司的績效之認知幫助極大。你可以將鎖定的範圍改善得相當好，但有時得小心檢查滿意度分數和間接績效指標之間的對照，如銷售額，以確保這些分數仍能測量你的組織之績效驅動物；以其它例子來說，滿意度調查不能夠替代顧客抱怨資料蒐集程序。抱怨可以指出要改善的範圍和做法，而這些在量化的滿意度調查分數中並不明顯。

最好的公司會設計和執行顧客滿意度測量系統。這些系統可以從不同的方法中將資料聚集起來，以應付特定應用目標的要求。它們利用每一種資料的特性、包括顧客滿意度調查、銷貨、抱怨等等，來告訴經理人顧客對他們的產品有何認知和反應；而且這些公司會不斷地評鑑他們的系統，以便尋找更能回應經理人需要的方法。

連結顧客滿意度和顧客價值

在第三章中，我們介紹了顧客價值層級的概念。這種檢視顧客價值的方法也有助於我們仔細思考顧客滿意度的測量。我們已經看過了許多滿意度測量的問卷，但是有一件事值得注意：許多公司只在價值層級中的屬性層次上做滿意度測量。我們花點時間看一下圖9-2。它顯示了用於滿意度問卷中的特定屬性，問卷分別針對顧客服務組織、消費者耐久財製造商、以及工業產品製造商。

另一個思考這些屬性的方法是，它們反映了供應商所提供的產品。因此屬性基礎（attribute-base）的滿意度資料測量為顧客對你的產品之感覺。這好像在問顧客，「這就是我給你的（屬

· 260 ·

（1）
顧客服務（飯店）

- 親切的服務台人員
- 有效率的服務台人員
- 住房登記的效率
- 退房登記的效率
- 住宿期間房間的乾淨度
- 食物的品質
- 餐廳服務的速度
- 休息室服務的速度
- 訂房的準確度
- 凡事都運作正常

（2）
消費者耐久財（遊艇）

- 穩定的引擎
- 引擎的效能
- 外觀的品質
- 內部的品質
- 艙房的設計
- 工廠組裝配件的選擇
- 經銷商提供的配件
- 硬體
- 系統
- 無線電和電子設備
- 風帆
- 整體的打造品質

（3）
工業產品製造商（材料）

- 產品品質
- 產品一致性
- 產品線
- 創新
- 訂價實務
- 準時送貨
- 完整且正確的送貨
- 潔淨的器材
- 輸入訂單、處理、開列發票
- 抱怨的處理
- 詢問及要求處理
- 技術服務
- 專業技術及知識

- 及時性和可靠性
- 技術的效能
- 業務代表對自家產品的認識
- 業物代表對對手產品的認識
- 供應商的能力
- 產品資訊
- 誠實
- 即時接觸
- 傾聽顧客的需求
- 關鍵人物容易接觸與否

圖9-2　滿意度問卷中的屬性

性），現在你覺得我的績效如何？」，這種滿意度資料可以發揮作用——它們可以協助你指出產品的優勢和弱點。不過，它們沒有進入顧客的「內心世界」，來協助你瞭解你到底做了什麼（例如你的提供物）可以真正協助顧客達成他們想要的。這個重要議題我們進一步討論。

如同本章開始時我們對銀行的描述，有些組織不甚滿意他們的CSM程序或系統。我們相信這些不滿的一項原因是，顧客價值層級的屬性層次限制了滿意度調查的測量，並造成障礙。這些資料協助經理人找出讓顧客覺得「苦惱」的重要屬性會很有幫助，因為能逐步改善績效。

不過，在這個議題上請思考兩個重要的面向。首先，能如何以顧客所注意到的東西來改善已建立的屬性是有極限的。當顧客的滿意度分數在滿意度量表靠近頂端的地方趨於平坦時，你就知道這種極限已經形成了。第二，大部分的組織在屬性層次上測量滿意度，既然他們大概和你一樣瞭解這些屬性，因此競爭者也會產生和你類似的改善方式，結果會造成競爭優勢的相互抵銷。

如果想要改善CSM的應用性，我們相信組織應該超越屬性的滿意度資料。最終，你應該會想知道顧客覺得他們從你的產品和服務中得到多少價值。滿意度測量偏向顧客期望的結果，將更能夠提供這種洞察。檢視圖9-3所描述的例子，可以看出三種不同的公司從問卷能夠得知顧客期望的結果。

現在將圖9-2所列遊艇公司和圖9-3的項目相比較，來看看相同產品的結果項目和屬性項目有何不同。依照你測量的滿意度屬於價值層級的何種層次，很容易看出來你會得到差距相當大的資料。如圖9-4所示，顧客滿意度可在顧客價值層級的三種層次上加以測量。這些組織若能超越以屬性為基礎的滿意度資料就能

（1）
消費性產品
（飲料）

- 有很多口味，這樣我才不會膩！
- 不會讓我覺得太飽
- 可以彌補空虛的感覺
- 可以防止肌肉痙攣
- 提供我豐富的營養
- 快速解渴
- 讓我不會口渴
- 很快覺得舒服
- 快速補充體力
- 讓我身體不會累垮
- 讓我回復體力
- 消除脫水的現象
- 在我運動的地方容易取得
- 容易保存，方便日後使用
- 供應充足，我要喝多少就有多少

（2）
耐久性產品
（遊艇）

- 用起來很安全
- 用起來很舒適
- 很吸引我
- 裝配品質符合我的標準
- 方便我使用
- 方便我維護
- 裝備的擺放讓我覺得方便
- 設備的功能良好
- 讓我引以為傲

（3）
耐久性產品
（精緻傢具）

- 增進居家溫暖的感覺
- 增進美感
- 提供舒適的佈置
- 能接待大批或少數客人
- 和我其它的傢具可以搭配
- 可以提供有趣的話題
- 表示我很在乎我的家
- 表示我是居家型的人
- 表示我喜歡和他人相處

圖9-3　滿意度問卷指出人們期望的結果

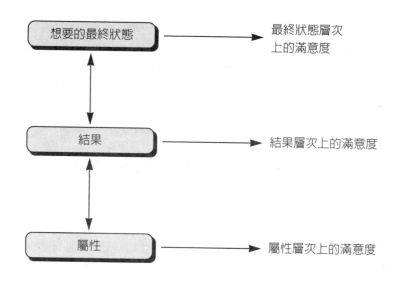

圖9-4　顧客價值如何引導出滿意度

在得知顧客滿意度方面獲得優勢。

清楚你想要測量何種滿意度概念

　　我們發現組織在測量許多不同的現象，從態度、意圖、到再度購買等等，但都叫做「滿意度」（satisfaction）。所有這些測量項目都有相關性，但問題是每一個所謂的滿意度測量都會產生不同的結果。滿意度理論能夠協助我們更瞭解其中的來龍去脈。

　　在進一步解釋之前，請回顧第四章的圖4-1。試回想滿意度理論指出顧客藉由對產品或服務的績效、認定的缺失來構築滿意

的感覺，以及滿意度會驅動對供應商的口碑、抱怨、建議或忠誠度、以及再度購買的動機等重要結果。實務上，許多經理人並沒有區別上述概念，或他們在缺失認定程序中應該扮演的角色。例如，讓我們回想一下桑帝企業對滿意度的定義：「顧客下次再度購買的意圖。」〔8〕根據圖4-1的模式，「購買意圖」確實是顧客滿意感的產物，而非只是感覺而已。這是滿意度的間接指標，不是直接的測量。此一觀察看起來或許不甚重要，實則不然。

如果你想要測量「滿意度」，那麼測量滿意度本身或滿意度程序中的某些變數會造成實際的差距嗎？答案是有可能。假設你實際上是測量顧客再度購買你公司產品的意圖，但是你認為你是在測量顧客對你產品品牌有多滿意。要是該項測量中有其他影響該意圖的原因，但與顧客滿意的感覺無關，那你的方向就偏了。

例如，假如有位顧客先前使用你的品牌並不是很滿意，但還是打算再次購買；或許這位顧客認為不滿意的經驗只是例外，並且想再給你一次機會。或可能是你的競爭者的價格或目前的轉換成本太高。不管哪一個理由，「滿意的感覺」及「購買意圖」的測量對於顧客對你產品的認知，不會給你相同的答案。意圖的測量顯示出你的績效受到肯定—也就是在短期內顧客有意再度購買你的產品。但從長期來看，顧客的不滿終究會對你的績效產生不利的影響。我們認為你一定要知道你在測量哪種概念，也必須知道你從資料中讀到什麼。

一般而言，目前的滿意度測量實務不斷在改善，而組織也正在學習面對各種議題和解決方式，使CSM的執行更加順暢。在後續的內容中，我們要探討幾個重要的議題，針對如何改善顧客滿意度調查。

改善顧客滿意度的測量

利用調查來測量顧客滿意度是調查研究法的一種應用。有許多你必須做的CSM調查設計決策，諸如須調查的市場區隔、樣本規模及其組成、問卷發送的方法、使用贈品以取回填妥的問卷、問卷的型式、取得期望的回覆率等等。這些都超出本章所要討論的範圍，但仍有一些你可以查閱的參考資料[2]。我們將焦點放在針對CSM的三個調查研究設計的議題上：（1）如何將滿意度和顧客價值聯結，（2）如何決定哪一種顧客價值構面最具策略重要性，以及（3）如何將顧客價值的質性資料轉換成量化的滿意度問卷。

在圖9-5中，我們點出CSM調查程序的主要設計活動。前兩個活動是要確保我們以顧客價值研究的結果來設計滿意度調查問卷（上述的議題1及2）。第三個活動則應用一個滿意度架構，特別是圖4-1的模式，來選擇測量哪一個滿意度變項（議題3）。剩下的兩個活動則關係到滿意度資料的分析，我們留到第十章再談。

從對顧客重要的價質構面開始

如同我們在第七章和第八章所討論的，質性的顧客價值研究是找出顧客想要的各種價值構面之好方法。不過，這些研究並不會告訴你顧客的滿意程度。顧客價值資料在引導設計滿意度問卷的內容是不可或缺的。我們想要的滿意度調查是能夠測量顧客對

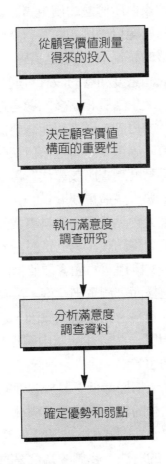

圖 9-5 顧客滿意度的測量程序

他們認定重要的價值構面之感覺。

我們再回顧圖9-3的利得結果清單,可以看到家俱製造商的價值構面清單;每一項價值構面皆得自質性研究。管理當局想要

顧客調查的觀念與技術

知道顧客對該公司的家俱所傳遞的價值構面之看法，所以就用這些來發展滿意度問卷的題目—例如顧客認為他們的家具製造商是否為「增進居家溫暖的感覺」、「增進美感」等方面提供協助。

將質性研究轉成滿意度問卷的設計可能會有些阻礙。有效的顧客價值研究通常會產生為數相當多的顧客價值構面。滿意度問卷可能無法全數囊括。再者，顧客可能想要從你這裏得到許多東西，但這些不見得都同等重要。有些價值構面對顧客相當重要，有些則否。顯然，滿意度調查應該專注在最重要的構面上，而你還必須有能力來判斷哪一些最重要。

仔細來想想一家大食品公司的飲料事業部所面對的困境。質性研究所使用的情境體驗訪談（第七章討論的技術）產生了超過140個與產品和服務支援相關的顧客價值構面。然而一份問卷並不能同時以這些價值構面來測量滿意度，沒有人會冒險去榨乾受訪者以取得低品質的資料。光是這個原因，這140個構面就必須減至合理的數目，但哪一些該從清單中刪除呢？好的CSM程序應該可以回答這個問題。

要將清單中的價值構面減低至易於管理的數目，我們需要運用篩選活動。這些活動的核心就是掃瞄標準，以便協助你判斷哪一個價值構面必須包含在問卷中。事實上，這些標準在操作上定義了你對「重要性」的看法。我們認為重要的價值構面就是那些（1）彼此不同、（2）可以有所作為、及（3）顧客從供應商處所得到的所有價值時，他們認為重要的。你或許想加入其他的標準，但目前我們還是只仔細地檢視這些標準。如果你想要知道篩選活動更多的細節，請參考附錄二。

類似準則（The Similarity Criterion）。　有些顧客價值構

面在質性研究資料中可能看起來很相似。既然這樣，你可能只想要為滿意度問卷納入其中的一個。例如，假設銀行得知顧客想要在分行有「受到歡迎的感覺」，以及「受到行員的重視」。這些價值構面的說法其實相當類似。如果銀行在滿意度問卷中將相似的構面囊括其中，受訪者可能會認為滿意度的問題重覆了。因此你得檢視價值構面清單中相似者，以刪去累贅的部份。

　　要執行這個準則，就得由質性研究的價值構面清單開始。這些構面以顧客的話語構成，之後集結成群，成為聽起來相似的一群。此時你得回溯質性研究的原始資料，以確定他們對顧客真正的意義。例如，回到我們對銀行的描述，當我們談到「感覺受到歡迎」和「受到行員的重視」[3]時，分析師可以重新研讀顧客價值訪談記錄的前後脈絡，以確認這些顧客所指的是否為相同的事情。最後，從每一個群組中，選出一個或兩個句子來重新呈現基礎相同的價值構面。

　　可以有所作為準則（The Actionability Criterion）。　如同前述，如果你瞭解到對於特定的價值構面你公司無能為力，則無論內容為何，在滿意度問卷中包括該項構面的助益不大。你會在該案例中將此一構面刪除。假設你供應原料到顧客的製造程序中，你的顧客可能想要在它的產品中，使你的原料和其他原料融合得更好。如果你知道你的原料在協助顧客達成此一目的毫無助益，那麼何必要問這方面的滿意度？除非你心中還有其他想法，否則這種滿意度資料你將無能為力。

　　使用滿意度資料的經理人必須參與此一準則的執行。只有他們才知道何種決策必須依靠滿意度資料，以及根據此種資料分析結果可以或不可以做些什麼。

顧客調查的觀念與技術

　　顧客認定重要準則（The Importance-to-Customers Criterion）。　此一準則可以將「顧客的聲音」（voice of the customer）帶入篩選的活動中。顧客因此會被問到何種價值對他們最重要，在附錄二有許多技術性資料可以參考。性質上，每一種技術都以受訪顧客對一組問題的回答來評定價值構面的重要性高低。至於問題性質的差異則視特殊的技術而定。作法是從評定過的清單上端開始，將其中的價值構面納入你的滿意度量表，依序而下到預先決定的終結點（cut-off point）為止。通常問卷可容納的長度是由這個終結點來決定，少則10個，多則25個到30個價值構面。

測量顧客滿意度

　　試回想一下滿意度理論（圖4-1）中三個主要範疇的變項：（1）影響滿意度的價值構面績效和認知的期望差距、（2）滿意的感覺、以及（3）滿意度的各種行為結果，諸如口碑效果、對品牌的承諾或忠誠度、再度購買的意圖、以及重複購買的行為等。通常，滿意度問卷會包含每一個範疇的對應測量項目。圖9-6例示了問卷的量表項目，以選定的變項來協助你瞭解各個項目間的不同，請花點時間檢視其中措辭及定尺度的差異。

　　滿意度的驅動物（Satisfaction Drivers）。　顧客很容易表達出整體的滿意度，但我們會想要知道這種感覺從何而來。滿意度理論告訴我們顧客如何經由認知到產品和服務的績效而產生總體滿意度。因此你可以測量認知到的績效或認定的差距（即以認知到的績效和標準做一比較），並分別針對每一個重要的價值構

面做個別比較，進而可從這些滿意度驅動物當中找出你的優勢和
弱點。

　　測量認知到的績效（preceived performance）相當容易。
通常會利用評比的問項來完成。例如，其中一項技術就是要求顧
客在良莠尺度（poor-to-excellent scale）上評比供應商在每一
個重要價值構面上的績效。請參考圖9-6（a），這些構面包括接
觸人員的友善、送貨的速度、產品的品質等屬性。或包括顧客相
信送修可以順利完成、有受到重視的感覺、能產生信賴、以及相
信產品的售後服務會很方便等等構面。要測量認知的差距
（disconfirmation）就有點複雜。你想要找出顧客對你的產品在
每一個價值構面的績效之認知相較於比較標準，到底是超出（正
向差距）、相等（確認）、或低於標準（負向差距）。這種複雜性
來自於必須選擇一個比較標準，以便評比你的產品績效。就目前
的實務，我們經常會看到在認定差距的問題中以「期望」來作為
比較標準。「期望」就是顧客在購買前對產品績效的預測。因
此，在問卷中，我們會請受訪者根據其期望，以5點到7點的尺
度從「比期望差很多」到「比期望好很多」來評比各項價值構
面。[4]

　　以期望為基礎（expectations-based ratings）來測量認知的
差距產生的問題是，有時候顧客在其評鑑中會使用其他標準[5]。
例如，某個研究發現顧客以數個不同的標準來評判某一供應商的
績效〔9〕。這些標準可以歸為六大類型：（1）競爭者的產品或
品牌，（2）先前其他使用的狀況，（3）其他人的經驗，（4）
在其他場合使用我們產品的經驗，（5）行銷人員提供的標準
（例如承諾），（6）內在標準（例如理想、想要的最終狀態）。
因此差距問題可以使用這些標準中的任何一個。例如，在圖9-6

(a)
績效的感知

我們的績效有多好？請評估我們在以下每一個項目的績效，圈出最能代表您意見的數字：

	優良						非常差
產品的品質	1	2	3	4	5	6	7
產品的一致性	1	2	3	4	5	6	7
創新	1	2	3	4	5	6	7

(b)
差距的認知

和你最喜歡的供應商相比，我們的績效有多好？將我們的績效和這些競爭供應商做比較，並圈出最能代表您意見的數字：

	好很多						差很多
產品的品質	1	2	3	4	5	6	7
產品的一致性	1	2	3	4	5	6	7
創新	1	2	3	4	5	6	7

(c)
滿意度的感覺（整體的評估）

想想每一個項目，你對於（產品／服務的名稱）的滿意度為何？

非常不滿意	不滿意	稍微不滿意	沒意見	稍微滿意	滿意	非常滿意
1	2	3	4	5	6	7

(d)
滿意度的感覺（整體的喜惡）

你對於（產品／服務的名稱）的感覺為何？

很喜愛高興	滿意	稍微滿意	無意見	稍微不滿	不滿意	生氣
1	2	3	4	5	6	7

圖9-6 滿意度變項的測量尺度

(e)
滿意度的結果—口碑

你可能會選擇哪一種作法：

	不選擇						一定選擇
向你的家人／朋友對 （產品／服務的名稱） 做正面的評價	1	2	3	4	5	6	7
向你的家人／朋友 （對產品／服務的名稱） 做負面的評價	1	2	3	4	5	6	7

(f)
滿意度的結果—意圖

你可能會選擇哪一種作法：

	不選擇						一定選擇
下次再度購買 （產品／服務的名稱）	1	2	3	4	5	6	7

圖9-6 滿意度變項的測量尺度（續）。

（b）中，所用的標準就是競爭產品的績效。

我們面對的問題就是，必須從許多顧客可能用來做為比較的標準中選擇，以構築差距認知的問項。這個議題相當重要，因為資料的結果會因為你所選擇的標準而不同。我們知道有家公司進行過此種差異的測試。他們改變用於另一份調查問卷中差距認知問項中的標準。管理當局驚訝地發現各測試問卷之間的平均分數有明顯的差異—如價值構面的分數總計從90幾分（非常高的分

數）到70幾分（中等分數）都有，端視使用的標準而定。有趣的是，管理高層覺得落於70幾分的問卷結果比90幾分者提供較多鼓勵改善的動力。

根據我們的經驗，我們相信顧客能夠以你暗示他們的任何標準來進行評鑑。你去問你的顧客，和競爭者比較起來你的績效如何，他們會給你答案。或問他們和你當初答應他們的承諾比起來，你的績效如何，他們也會回答你的問題。在每個案例中，顧客會將問題視為有意義。你的議題是必須探討使用哪個標準。因此我們設計了一個三階段程序來決定在特殊的滿意度研究中需要使用何種比較標準。

首先，分析顧客價值研究中的質性資料，找出顧客最常提到的比較標準。這些標準變成替代性的選擇，並注意顧客使用每一個標準時的措辭。

第二，決定這些標準中何者可以提供經理人最有行動涵義的資料。你必須考慮哪些決策會依據認知差距資料。例如，如果資料是用來促進優質產品的設計（例如做為品質功能開展〔quality function deployment, QFD〕的投入資料），那麼所謂「最好的」比較標準可能會是「主要競爭者的性能績效」。另一方面，如果資料被用來評鑑廣告的績效，那麼「行銷人員的保證」可能是比較好的評比標準。如果資料有多種用途，那你就得比較，哪一種標準具有最廣泛的行動涵義？

最後，你應該測試這些你要用在認知差距問項中的標準，對於預測總體的滿意度或滿意度的結果方面有多好。最有說服力的測試會檢驗滿意度問卷的不同版本，每一個版本都包含使用不同標準的認知差距問項。找出那個和總體滿意度的關聯性最高的特性：如再度購買的動機、將你的產品推薦給他人的可能性等等、

或將你視為供應商的忠誠度。然後再選出和你公司最重視的顧客行為相關度最高的比較標準，也就是你認為對你組織的績效最重要者。

性能績效或認知差距，哪一個是你該去測量的？研究替這個議題提供了一些方向。某研究發現「性能績效」最適合針對顧客有高度參與感的產品或服務（也就是說，和他們個人有高度的切身性，例如VCR、汽車、遊艇或投資服務等），然而「認知差距」卻在顧客不會參與的產品或服務身上扮演更重要的驅動角色（例如花卉、玉米片、或草坪施肥服務等）〔10〕。要應用這項研究發現，就得探討整體上顧客在你的產品或服務範疇內的參與度。讓他們的參與程度來指出使用問項的類型；或你也可以利用測試來找出哪一種測量與總體的滿意度與滿意度的結果最有相關性。

滿意的感覺（Satisfaction Feelings）。 滿意度問卷同時也能夠定期測量顧客整體滿意和不滿意的感覺。通常這樣的測量是為了瞭解顧客對某一供應商或其產品與服務的整體經驗。以「滿意」和「不滿意」為五點、七點或九點量表的兩端，這樣的設計在評估技術的運用上是最常見的做法。（詳見圖9-6（c））。直覺上，使用這些用語都說得通，但你必須假設顧客有相同的解讀思維。我們曾進行過一項研究計畫來澄清顧客對於「滿意」和「不滿意」等用語的詮釋；很驚訝地知道顧客在描述他們使用產品和服務的經驗時，並不常使用這些字眼。此外，我們也發現這些措辭的意義比較偏向認知（評鑑），而不是一種情緒的傾向。〔11〕換句話說，顧客可以較不帶情緒地說他們「相當滿意」（highly satisfaction）。有趣的是，這種發現支持了

許多經理人對「愉快」（delight，一種情緒）的直覺信念，這是一種和「滿意」不同的現象。

另一個測量整體滿意度的途徑著重於測量顧客「情緒」（feelings）的內涵，可以從溫和的（即高興的（pleased））到強烈的（即憤怒（angry））。這些技術使用「情緒」的措辭以鼓勵顧客表達出帶有情緒的答案。我們會使用D-T尺度（D-T scale），以「愉快」（delighted）、「高興」（happy）、「不快樂」（unhappy）以及「遭透了」（terrible）等字彙來捕捉顧客可能感覺到的情緒程度（請參考圖9-6（d））。另有其他用來捕捉顧客滿意感或情緒的量表技術。〔12,13〕

以情緒的感覺來測量滿意度的程度會有多重要呢？此一議題和當前競爭策略的想法有關。實際上，我們聽到愈來愈多的公司說他們想要讓他們的顧客感到「愉快」；換句話說，愉快會變成組織特定的目標。福特汽車公司董事會主席及執行長唐諾‧彼得生（Donald Petersen），在他的書中就表達了這個觀點：「為了多邁出一步以建立競爭優勢，我們必須學會如何讓顧客感到愉快，正如同柯達伊士曼的主席錢德勒（Colby Chandler）所說的：「激發顧客全面性的情緒反應相當重要，而且要以非常正面的方式來影響他們。」〔14〕

如果你認同這個策略觀點，就應該確保你的滿意度測量足以含括所有情緒的表達。那就是你的滿意度量表應該要測量兩個方向（正面和負面），以及顧客對你公司的產品所感受的情緒強度（從溫和到強烈）。如同愛德華斯等人（Edwards et al.）所提出的：「為了持續記錄滿意度方面的利得，是該增加滿意度測量的新構面，以掌握顧客經驗更完整的圖像。因此，開始測量顧客的情緒承諾是很有必要的」。

　　調查研究可以協助組織決定最好的技術。測試不同的滿意度測量量表可以瞭解那一種量表和最重要的顧客滿意度結果最有關聯（例如，口碑、再度購買的意願等等），或與績效指標（例如，銷售額或市場佔有率）最有關聯。我們知道有一家公司花費數個月的時間及好幾萬美元來測試不同的量表，以便瞭解那一個量表才是和市場佔有率變化最有關連。其管理當局深深覺得用在CSM的滿意度測量和市場佔有率績效應有直接的關連。公司最後選定的量表在預測市場佔有率的變化方面也確實相當準確。

　　滿意度的結果（Satisfaction Outcomes）　滿意度問卷一般都包含了選定的滿意度結果（請參考圖9-6（e）及（f）的描述）。在我們的顧問工作中，我們將這些結果區分為下列四種：（1）再度購買的意圖，（2）口碑（WOM），（3）顧客的愛用度或忠誠度，以及（4）重複購買的行為。或許你也有其他想要列入滿意度問卷中的元素。如同我們稍早所解釋的，結果測量可以讓你可以定期地檢視各種滿意度驅動物的重要性和替代的滿意度量表。你可能也想知道這些結果和組織的利潤績效之相關程度，以便判斷哪一種顧客的結果最具影響力。我們非常強調可用的滿意度關連測量（即績效、認知差距、及整體滿意度）就是因為在你的市場上它們能強烈地預測出重要的顧客行為（即滿意度的結果）。

　　滿意度問卷的其他項目　要完成滿意度問卷，通常得將幾個不同的項目合併。有關人口資料的問題可以協助區分受訪者，以確保樣本可以代表市場區隔。同樣的，關於顧客的生活風格、價值觀、以及和使用行為有關的特定問題（例如，使用的頻率、數

量、使用的模式等等）都可以用在相同的意圖上。最後，滿意度問卷的最後應該有開放性的問題，以要求受訪者寫出他們對產品或服務經驗的廣泛看法。

滿意度問卷的設計　我們相信沒有所謂的「標準」問卷，可以適用於各種不同的組織。測量滿意度即代表對你的顧客提出適當的問題，而這些問題將因組織、顧客、和產品使用情況而有別。你所取得的資料之品質和問項的內容（what）以及提問題的方式（how）有極大的關係。基於這個理由，在圖9-7中，我們將滿意度問卷的設計，以決策的程序呈現，你必須推敲這些選擇以判斷何種問卷最適合你的組織。

我們將重要的議題提出來，希望能激發在問卷設計時，你能對問項的取捨多加思考。這樣，在你備妥問卷且將寄發給顧客前，你會歷經許多次的反覆推敲。你可以經由此種做法而獲得一些助益。找出滿意度資料的潛在使用者來考慮應產生何種有效的資料。把你的問卷給你不同的研究成員、公司外的顧問、非競爭對手的研究部門參考，他們的答案都會非常珍貴。還有，使用前置性研究來測試替代性的問卷版本。這個前置問卷設計的努力對於CSM系統應放進哪些問卷會有重要的貢獻。

摘要

在這一章，我們探討測量顧客滿意度的棘手工作。我們將CSM和組織顧客滿意度的目標加以連結開始。假如你想要管理顧客，你就需要取得和產品或服務有關的資料來瞭解使用行為的

1. 取得關於產品或服務之使用行為（如購買或使用的頻率、購買的品牌等等）的背景資料。
2. 找出關於顧客價值構面的績效或缺口認知。
3. 整體的滿意度。
4. 滿意度的結果（例如口碑、再度購買的意圖、忠誠度）。
5. 受訪者的個人屬性（例如參與度、生活方式、人口屬性）。
6. 開放性的問題以取得對於產品、服務、及使用情況的看法。

圖9-7　滿意度問卷的內容。

背景（例如購買或使用的頻率、購買的品牌等等）來告訴你公司到底做得好不好。這也正是CSM的目的所在。和其他程序一樣，這個程序也需要不斷的改善。

　　要改善你的CSM程序之靈感，可以來自該程序目前的實務。我們討論了一些發生在商業世界中的趨勢，並且從討論中得到結論。例如，我們比較了測量顧客滿意度的直接和間接方法，也說明了這些方法如何互補。最後，你必須考慮使CSM系統能整合描述各種滿意度面向的資料（例如驅動物、整體性的滿意度、滿意度的結果、抱怨等等）。

　　我們同時也指出滿意度與顧客價值有其關連。使用顧客價值層級的概念，我們指出為何目前那些我們慣用以各種屬性為議題

的滿意度測量，最後將會限制CSM之應用。相反的，將測量提升至顧客價值的較高層次以探究顧客購買的動機，可以使滿意度資料更能發揮績效。經理人也更有可能在新的方法上產生創意，能實現顧客想要的結果進而達到目的。長期而言，這個作法應該比「競逐」現有的屬性更能引導出較穩定的競爭優勢。

我們專注於三種相關議題的各種討論，以便設計出調查問卷。例如提到質性的顧客價值研究應該引導問卷的設計。我們要確保滿意度測量對於顧客接收到哪些價值能夠提供回饋。此外，我們也要鎖定幾個顧客可能想要從我們身上得到的最重要之價值構面。最後，滿意度理論告訴我們總共有三種類型的變項可以測量：滿意度驅動物、整體的滿意感覺、以及滿意度的結果。每一種類型的測量，可以協助確保我們以顧客滿意度為基礎來做對每一項傳遞顧客價值的決策。

測量滿意度得到可用的資料僅是CSM程序的一半。我們必須精於分析滿意度資料以得出有意義的結論。我們將在下一章再來說明這些活動。

參考書目

[1] Sandy Corporation, *Customer Satisfaction and the Service Industry: A National Study,* 1988, p. 20.

[2] Rickard, Norman E., "Customer Satisfaction = Repeat Business," in *Creating Customer Satisfaction*, Earl L. Bailey, ed. New York: The Conference Board, Research Report No. 944, 1990, p 41.

[3] Hayes, Bob E., *Measuring Customer Satisfaction: Development and Use of Questionnaires.* Milwaukee: SQC Quality Press, 1992.

[4] Sandy Corporation, ibid., p. 11.

[5] Edwards, Daniel, Daniel A. Gorrell, J. Susan Johnson, and Sharon Shedroff, "Typical Definition of 'Satisfaction' Is Too Limited," *Marketing News*, 28 (January 3, 1994), p. 6.

[6] Cadotte, Ernest R. and Norman Turgeon, "Dissatisfiers and Satisfiers: Suggestions from Consumer Complaints and Compliments," *Journal of Consumer Satisfaction, Dissatisfaction and Complaining Behavior*, 1 (1988), pp. 74–79.

[7] Rose, Frank, "Now Quality Means Service Too," *Fortune*, April 22, 1991, pp. 97–110.

[8] Sandy Corporation, ibid., p. 26.

[9] Gardial, Sarah Fisher, Robert B. Woodruff, Mary Jane Burns, David W. Schumann, and D. Scott Clemons, "Comparison Standards: Exploring Their Variety and the Circumstances Surrounding their Use," *Journal of Satisfaction, Dissatisfaction and Complaining Behavior*, 6 (1993), pp. 63–73.

[10] Churchill, Gilbert A. and Carol A. Surprenant, "An Investigation Into the Determinants of Customer Satisfaction," *Journal of Marketing Research*, 19 (November 1982), pp. 491–504.

[11] Gardial, Sarah Fisher, Scott D. Clemons, Robert B. Woodruff, David W. Schumann, and Mary Jane Burns, "Comparing Consumers' Recall of Prepurchase and Postpurchase Evaluation Experiences," *Journal of Consumer Research*, 20 (March 1994), pp. 548–560.

[12] Hausknecht, Douglas R., "Emotion Measures of Satisfaction/Dissatisfaction," *Journal of Consumer Satisfaction, Dissatisfaction and Complaining Behavior*, 1 (1988), pp. 25–33.

[13] _____, "Measurement Scales in Consumer Satisfaction/Dissatisfaction," *Journal of Consumer Satisfaction, Dissatisfaction and Complaining Behavior*, 3 (1990), pp. 1–11.

[14] Peterson, Donald E., "Beyond Satisfaction," in *Creating Customer Satisfaction*, Earl L. Bailey, ed. New York: The Conference Board, Research Report No. 944, 1990, p. 34.

註釋

1. For example, see Dutka, Alan, *AMA Handbook for Customer Satisfaction*. Lincolnwood, IL: NTC Business Books in Association with AMA, 1994; and Naumann, Earl and Kathleen Giel, *Customer Satisfaction Measurement and Management*. Cincinnati, Ohio: Thomson Executive Press, 1995.

2. For more discussion of these survey research issues, see A. Parasuraman, *Marketing Research*. Reading, MA: Addison Wesley Publishing Company, 1991; and Don A. Dillman, *Mail and Telephone Surveys: The Total Design Method*. New York: John Wiley & Sons, 1978.

3. We can approach this analysis more qualitatively using factor analysis to examine similarity in respondents' answers to attitudinal items using all the value dimension phrases. However, this approach would require additional research.

4. For more examples of disconfirmation (and other satis-

faction-related) scales, see Hausknecht, Douglas R., "Measurement Scales in Consumer Satisfaction/Dissatisfaction," *Journal of Consumer Satisfaction, Dissatisfaction and Complaining Behavior,* 3 (1990), pp. 1–11.

5.　For example, see Woodruff, Robert B., D. Scott Clemons, David W. Schumann, Sarah F. Gardial, and Mary Jane Burns, "The Standards Issue in CS/D Research: A Historical Perspective," *Journal of Consumer Satisfaction, Dissatisfaction and Complaining Behavior*, 4 (1991), pp. 103–109.

CHAPTER 10

分析顧客滿意度資料

　　有些顧客真的不喜歡去店裡買日用品。如果你是這些人當中的一個，而且住在三藩市或芝加哥，那麼「必達到」（Peapod）公司會為你服務到家。利用他們廉價的軟體，你就可以在電腦螢幕上將想要的日用品以各種方式分門別類，例如以類別（例如軟性飲料）、以品牌（例如百事可樂或可口口樂）、或用某些其他喜好來分類。然後每一次你想買日用品，你就可以將各個項目和訂價列表後，它們就會以各種區別的方式顯現出來。在你決定要買哪些日用品之後，必達到公司就會接手、從分店選定這些項目，然後把你訂購的東西送到指定的地方。這樣同時還有附加的好處—如百事可樂的顧客會變得更精於此道—他們能更有效地運用折價券、更能精打細算、並選購真正需要的東西。

　　必達到公司也很努力從顧客身上學習。該公司在每次的訂貨時都會問每一位顧客覺得他們的績效好不好。通常約有35%的答案是在已知的情況中取得，而隨著時間過去，顧客也都會陸陸續續提供滿意度的回應。此外，服務人員在顧客有問題時都會接到電話。必達到會探索所有的答案，以便更詳細瞭解顧客的偏好。最重要的是，這些資料都會經過精心分析並且用來改善公司對顧客的回應方式。例如，資料分析曾導致在顧客訂貨程序中加一道驗證步驟，因而明顯減少遞送不正確數量的可能性。

　　該公司對顧客所花費的心血已從相當高的顧客維持率中得到回報。[1]

顧客調查的觀念與技術

前言

　　許多組織都會去蒐集滿意度資料，但其中有多少組織會利用這些資料使他們的績效崛起出眾呢？花費金錢和人力去測量滿意度的每個組織都會自問這個問題：「我們的滿意度資料真的幫我們做了更好的決策嗎？」在某些層面上，答案是依照資料的用途而定；資料必須經過分析、組合成較容易解讀的形式、且讓經理人讀過其中關於顧客的主要洞察之後，才能夠協助決策的做成。

　　在必達到公司的例子中，經理人非常習慣於仰賴顧客資料。他們超越只是取得滿意度的評比資料；他們會去整合顧客的多種資料，投入時間去探討這些資料，然後應用所得到的結論來提昇可以符合顧客需求的處理程序。必達到從未停止向顧客學習，這也是他們成功的秘密。

　　在這一章裏，我們將完成對圖9-5顧客滿意度測量程序的討論。我們會專注於該項程序中的最後兩個活動：分析滿意度資料及進行後續研究以瞭解顧客滿意和不滿意的理由。在下一個部份，我們簡略地討論一些重要的初級分析。然後再將焦點轉向三種核心的分析：（1）滿意和不滿意的診斷分析，（2）滿意和不滿意的因素分析，（3）滿意分數的分析。

滿意度調查資料的一些初級分析

　　如同你讀過的第九章，一個設計優異的顧客滿意度調查可以

測量滿意度的多項面向。為了進行全面性的分析，我們需要的資料包括顧客：（1）對於我們選定的價值構面（即屬性及／或結果）的績效（或缺點）之認知；（2）整體性的滿意度；（3）滿意度結果產生的行為（例如，口碑、再度購買的動機等等）；以及（4）顧客個人的屬性和使用行為（例如，人口屬性、生活方式、使用頻率等等）。我們想要以探討兩個議題來開始說明這些資料的分析，其中一個考慮到區隔；另一個探討顧客價值構面之效度，那是從顧客價值確認程序（CVD）的質性研究活動得來的。（你可以複習圖5-1的CVD程序）。

在市場區隔或顧客層次上分析資料

　　和我們在第二章所討論的內容一致的，我們認為顧客滿意度資料的分析應該在市場區隔的層次上完成（某些案例的市場區隔可能是個別的顧客）。我們來思考兩件事情。第一，不同的顧客、不同的市場區隔需要不同的價值。當顧客在某個市場區隔想要的價值構面（即顧客價值層級中的屬性和結果）完全不同於其他區隔時，這種差距就會出現。例如，從研究銀行的小規模顧客中，我們發現小型公司老闆通常想要「基於過去守信的表現，想博取銀行的信任」；而另一方面來說，大型公司的老闆就想要獲取最低的貸款利息。在其他案例中，市場區隔的差距則與價值構面的相對重要性有關。例如，兩個小型企業的市場區隔和銀行交涉時，可能都想要獲得信任和資金調度的彈性。不過，一個市場區隔的顧客可能最重視獲得信任，而另一個市場則更強調資金調度的彈性。

　　第二，顧客滿意的感覺，以及感到滿意的理由，在各個市場

區隔中可能都會有所不同。假如你將各個市場區隔的資料加以平均，由於抵消作用，你很可能損失許多足以讓你一探究竟的部份。假設某個目標市場區隔的顧客對你的主要服務感到不滿，但其他市場區隔的顧客卻相當滿意，如果將這兩個區隔的資料平均，你可能會認為大部分的顧客還算滿意；但是，這個結論沒有辦法指出在每個市場區隔內的真正問題。

　　以市場區隔來整合滿意度調查資料，也可以讓你檢視你目前的市場區隔方式是否可行。就一般的原則來看，有效的市場區隔應該在每一個價值構面的測量上有顯著的差異。假如你沒有發現這些差異，你大概就要質疑你目前的市場區隔方式了。例如，在我們所做的某公司研究中，跨越所有市場區隔我們並未發現顧客價值構面有差異，對於該公司之績效的認知也未顯示任何差異，這驚人的發現導致對該公司目前所用的市場區隔產生質疑，因此其管理當局得重新思考鎖定目標市場的策略。另一方面，找出顯著的差異可以使你對目前的市場區隔方式產生信心。

驗證質性顧客價值研究的結果

　　如同前述，我們相信質性研究對於瞭解顧客價值相當重要。不過，質性研究是以小規模樣本為基礎，因此你應該考慮其結果的效度。最好回答以下這個問題來進行效度的檢查。「我們從這個研究發現的價值構面是否和鎖定的市場區隔所要的相同？」。因為滿意度調查的設計觸及規模較大、具有代表性的顧客樣本，因此它能說明這個問題。

　　試回想我們在第九章提到，將顧客價值構面（即屬性及／或結果）轉換成各個問項（即題目），成為滿意度調查的內容。對

於每一個重要的價值構面，你可以發展出一、兩個題目，以測量顧客認為你在該構面之績效的好壞程度。例如，在一項高級休閒遊艇的調查中，焦點團體的研究顯示顧客想要「以擁有遊艇為榮」。因此我們將價值構面轉換成滿意度問卷的題目，以「很差」到「非常好」的七分尺度來詢問受訪者擁有該公司的遊艇有多麼感到驕傲。相同地，每一個問卷中的題目都是針對特定的價值構面來操作。

　　一個驗證的方式是詢問顧客是否滿意度調查中的題目能不能代表他們想要的重要價值構面（請參考附錄二討論如何測量價值構面的重要性）。這些資料能夠讓你將每一個價值構面，從最重要到最不重要依序排好。我們假設顧客認為越重要的題目，將越能激勵他們的行為。因此，假如你已經將有效的價值構面題目整合到滿意度問卷中，那麼在某個市場區隔中，這些題目的重要性排列形式會是什麼樣子呢？這些題目應該顯示為中度重要至高度重要。假設顧客評鑑價值構面題目的重要性低，那麼有可能該構面不會激勵顧客行為，所以你可能會想要在你的下一次的滿意度調查中將此問項剔除。

　　萬一你的滿意度調查問卷中沒有關於價值構面之重要性的問項時該如何辦？一個替代的驗證作法就是利用滿意度調查通常會產生顧客的（1）整體滿意度及／或（2）滿意度的結果等資料。我們可以利用這些後者的資料來找出何種價值績效（或缺點）的題目會和顧客的行為最有關係。這些題目都是行為的驅動物。例如，假設遊艇製造商發現「以擁有遊艇為榮」是顧客真正想要的重要結果。他們對這項遊艇價值構面的績效評鑑之認知應該和他們的整體滿意度、再度購買的動機、正面的口碑等因素都會有高度的相關。相關度愈高，「以擁有遊艇為榮」愈有可能是

該市場區隔中有效的顧客行為驅動物。

在本章的後續，我們假設這些初級分析已經完成。請記住，必須個別分析每一個市場區隔，以及驗證為調查選定的價值構面。現在讓我們來探討滿意度資料中還有什麼可以挖掘的。

滿意和不滿意的診斷分析

想要採取顧客導向管理的組織必須確認他們傳遞顧客價值的各種程序做得有多好。其中有一部份來自分析程序績效的內部資料。這些資料是技術性地測量每個個別程序的獨特品質指標。例如，某個配銷商可能會以「電話打到其公司之後，回應顧客訂單的時間」做為測量顧客服務程序的品質。不過，在確認你的顧客對於傳遞價值的認知上，內部的品質測量並不能說明多少。〔2〕你的內部資料可能顯示你的程序相當不錯，然而顧客卻不認為他們得到他們想要的。顧客的認知是真正重要的部份，也因此你就得問「顧客認為我們的績效到底有多好？」

納進顧客的看法，則顧客滿意度調查資料可以補足內部程序的品質資料。透過滿意度資料的診斷分析，我們可以標出我們的顧客認為在哪些地方我們的績效還不錯，在哪些地方我們應該改善。績效分析和缺口分析（gaps analysis）是兩個有效的方法可以從滿意度資料得知上述問題的結論。

績效分析

如同名稱所示，績效分析聚焦於顧客對供應商之個別價值構

面的績效之認知。例如，休閒遊艇製造商想要知道顧客認為其運動遊艇在諸如「使用安全」、「使用舒適」、「吸引我」、「擁有可以讓我引以為傲」等利得結果的績效如何。從這些資料中，分析集中於判斷何者顧客認為是製造商的優勢，何者是弱勢。

在開始這個分析之前，你必須定義「優勢」和「缺點」的績效所指的意義。在本書，我們定義供應商的績效優勢是一種獨特的價值構面：（1）顧客認為相當重要，以及（2）顧客認為公司在該項構面的績效良好。相反的，缺點則是顧客認為供應商績效不好的重要價值構面。這些定義會掌控著你想要使用哪一種滿意度調查中的資料。

為了進行績效分析，我們須仰賴兩種資料：（1）每一個價值構面對顧客的相對重要性量數（measures），以及（2）顧客判斷供應商在每一個構面上的績效。[1]我們可以直接或間接導出重要性量數（請參考附錄二）。將代表市場區隔的受訪者之重要性資料和績效資料加以彙總與計算平均值即可。例如，圖 10-1 顯示休閒遊艇製造商為運動遊艇進行滿意度調查後的重要性資料和績效資料。（該資料代表單一市場區隔）。我們稱這個圖為剖析圖（profile chart），我們也發現經理人喜歡這種視覺特效。

由左至右讀來，圖 10-1 的第一欄所列的是顧客想要的價值構面—在這個案例中，為利得的結果。第二欄所呈現的是顧客對構面之重要性的平均評比。這些評比是從要求受訪者作答七分量表的題目而來的，判斷每一個價值構面對於他們擁有並使用遊艇的整體價值之貢獻程度。請注意價值構面的相對重要性由中度（例如，4.9，5.1，5.4）到高度（例如，6.8，7.0）。這個型態可以協助我們驗證滿意度研究所選定的價值構面。

在下一欄中，X 代表顧客對績效的平均評比；這些可以說明

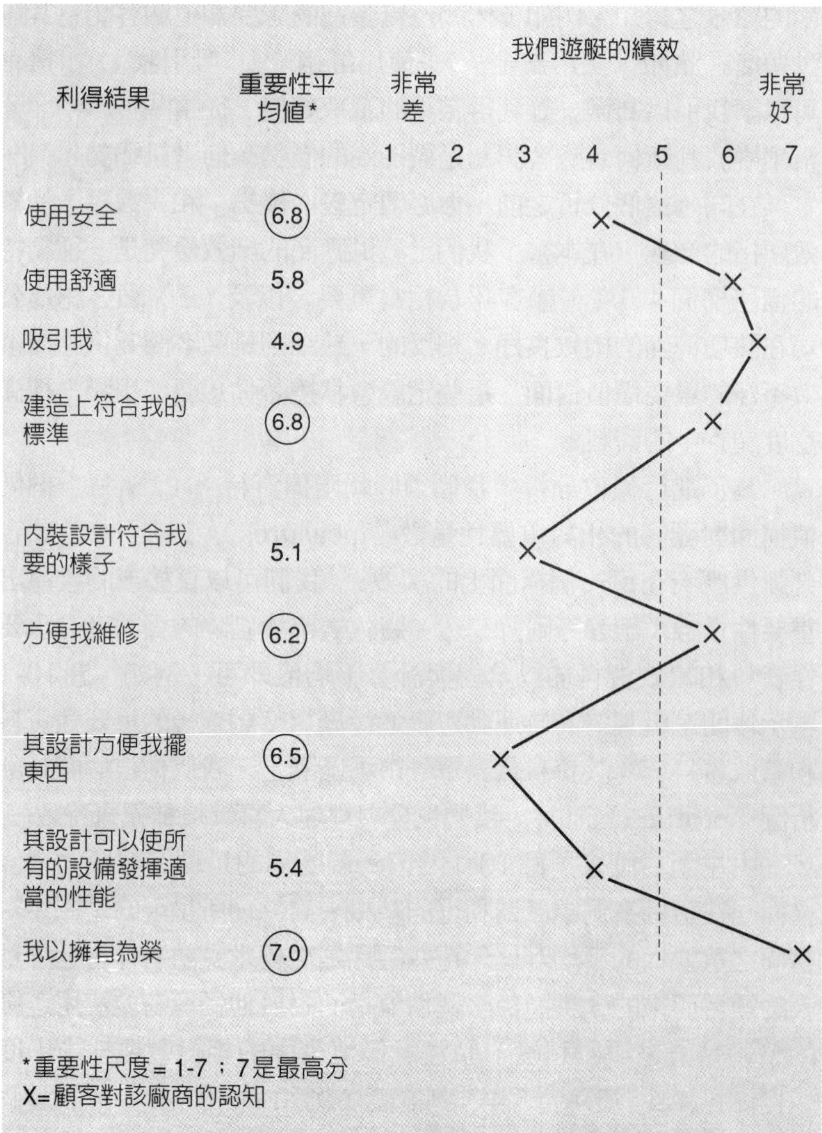

利得結果	重要性平均值*	我們遊艇的績效
		非常差 ← 1 2 3 4 5 6 7 → 非常好
使用安全	(6.8)	X(4)
使用舒適	5.8	X(6)
吸引我	4.9	X(6.5)
建造上符合我的標準	(6.8)	X(6)
內裝設計符合我要的樣子	5.1	X(3)
方便我維修	(6.2)	X(6)
其設計方便我擺東西	(6.5)	X(3)
其設計可以使所有的設備發揮適當的性能	5.4	X(4)
我以擁有為榮	(7.0)	X(7)

*重要性尺度＝1-7；7是最高分
X＝顧客對該廠商的認知

圖10-1　遊艇製造商的績效剖析圖

顧客認為製造商的遊艇在提供每一個利得結果的績效到底好不好。連接 X 的實線代表績效的概況。如同你所見，顧客的意見在這些價值構面從「非常好」到「不太好」。重要性和績效評比的這些變異都是區別優點和弱點的基礎。

　　我們來說明這個剖析圖如何找出優點及缺點。首先，必須決定你要如何來判斷何種價值構面「最」重要，以及哪一種具有「高」績效。在執行上，我們要設兩組截取的評分，一組為「最重要」的價值構面，而另一組為「高績效」。通常，就算應該以評分的分配型態為基礎，這些截取點的選取還是相當任意的。在本例中，我們訂價值構面的評比在六分以上者為「最」重要（請參考打圈者）、及績效評比在五分以上者為「高」績效（請參考虛線部份）。

　　第二，找出重要性符合標準之上的價值構面。在這個圖例中有五個屬性：「使用安全」、「建造上符合我要求的標準」、「方便我維修」、「其設計可方便我擺東西」、「我以擁有為榮」。第三，在「最重要」這一組價值構面中，找出績效評分高於截取點的價值構面。它們代表了產品的優勢，正如你所見，五個最重要的價值構面中，該公司就有三個清楚明確的優勢──「建造上符合我要求的標準」、「方便我維修」、「我以擁有為榮」。

　　最後，找出最弱的弱點。再看一次圖 10-1 中最重要的利得結果，把低於績效評分截取點的構面找出來。在這個範例中，有兩個弱點：「使用安全」、以及「其設計方便我擺東西」。

　　一旦你訂出截取點，績效剖析圖可以又快又輕易地找到優點和弱點。它可以處理任何數量的價值構面。它還可以成為有用的圖表，方便在書面報告或口頭報告上說明績效分析。

　　要充分利用績效分析，你必須知道哪一個內部程序可以傳遞

每一個價值構面。屆時就標出可以採取行動的優勢和弱點。首先由優勢開始做起，相對應的程序也許不需更動，但是你得找出方法來加深顧客對此等優勢的印象。例如，休閒遊艇製造商可以利用廣告，如以名人背書的方式，好讓目前的遊艇主人更有理由引以為傲。同樣重要的，你也想要關注你的弱點。相對應的程序或結果或許有改善的必要。例如，製造商的新產品開發中心應該重新思考和安全有關的設計決策，及儀器和裝備的設置，探討有哪些改善的可能。

還有其他價值構面「處於中間地帶」；既不是很明確的優點不是最嚴重的缺失。不過，顧客認為它們至少有中度的重要性，也因此不能忽略。就優先順序而論，它們是你處理了優勢和弱點後，需要考慮的價值構面；再一次的，你會想要知道內部程序的哪一個部份和這些構面有關連，以便決定要不要著手改善。

缺口分析（Gap Analysis）

在績效分析中，我們直接設定重要性、績效或缺點的評分截取點，以便判斷優勢和弱點。這些截取點只是許多可行的比較基準之一。你可能會覺得疑惑，你使用的基準必然會影響到分析的結論。

請看圖10-2，在此剖析圖中，我們加入第二個績效剖析圖標上「○」，並由虛線連結。假設第二個剖析圖是競爭廠商的顧客平均評分。使用競爭者的績效做為比較基礎，我們現在可以進行「缺口」分析，來找出原製造商的比較（comparative）優勢和弱點。為了探討比較基準對診斷分析的影響，讓我們來找由這些資料所指出的優勢和弱點，並看看和上述績效分析的優缺點是

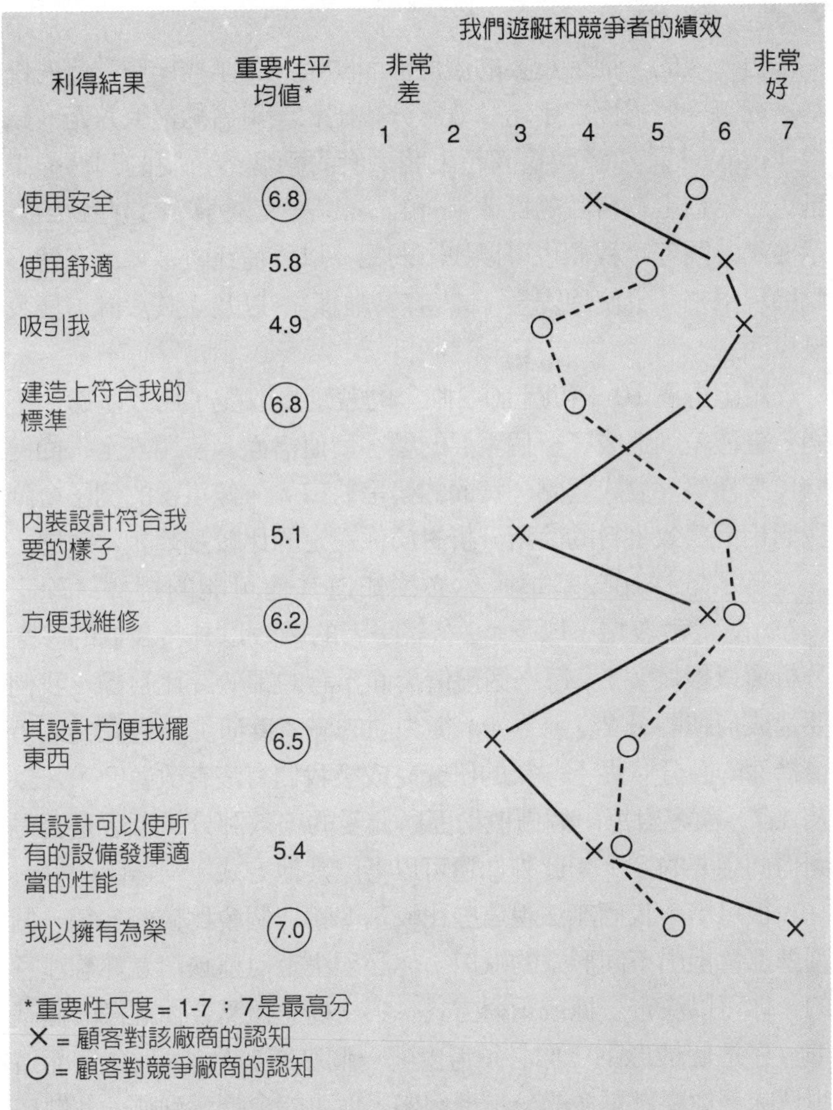

利得結果	重要性平均值*	我們遊艇和競爭者的績效

*重要性尺度＝1-7；7是最高分
　✕＝顧客對該廠商的認知
　○＝顧客對競爭廠商的認知

圖10-2　遊艇製造商及其競爭者的績效剖析

否不同。

　　再一次的，從最重要的價值構面開始。為了找出製造商的優勢，就每一個構面之平均績效評分找出和競爭者的最大差距─缺口（gap）。請注意製造商超出競爭者的兩個最重要的利得結果是：「建造上符合我的標準」、和「我以擁有為榮」。這些缺口表示優勢。同理，我們也可以找出弱點。以這種比較基準，三個弱點顯現出來：「使用安全」、「容易維修」、以及「其設計方便我擺東西」。

　　請記得圖10-1和圖10-2唯一的差別是改變了比較基礎。不過，這種差別造成了一個重要的顧客價值構面「使用安全」從優勢（高績效）變成弱點（負面的競爭缺口）。像這樣的例子會讓我們相信績效資料的診斷分析對於你選定的比較基準相當敏感。

　　為了選擇比較基準，你必須知道其他可能的選擇。除了（1）隨意截取點，以及（2）競爭者的績效以外，我們的診斷分析還以根據（3）每一個價值構面預設的績效評比目標（我們要達成何種評分？）、（4）從先前的滿意度研究所得知某個價值構面的評分（從上一次的研究完成後我們有沒有改善？），以及（5）顧客對每一個價值構面所偏愛的績效評分（顧客是否得到他們想要的？）；此外你還可以考慮其他方式。

　　很可惜，我們無法說這些比較基準哪一個會比較好。每一個基準都會指出不同形式的缺口。你必須決定何種缺口是你想注意的，你可以決定一種或兩種方式。第一種途徑需要你選擇一個基準。在這個情形下，你必須考慮哪一個基準對你「最好」，而這也意味著你要做更多的分析。例如，你可能會瞭解到哪一個缺口和顧客滿意度的行為結果最有關連。在「預測」口碑或動機時，用競爭者的比較缺口會不會比使用與過去階段的比較來做為基準

效果會更好？另外一個考慮因素為資料的成本，即採取特定的比較基準來取得資料會有多貴？

　　另外一種處理這個議題的方式是在你的診斷分析中依賴數種不同的比較基準。在這些基準中尋求一致性。無論用何種基礎，如果某個價值構面顯示一直是優勢或弱點，你就可以信心十足地把行動焦點放在這個構面上。就算在不同的缺口分析中不一致，你也可以知道一些重要的訊息。例如，假如將顧客的平均績效評分和你的目標相比，顯示某個價值構面為優勢；但和競爭者的評比相較時，這項優勢卻反而成為弱點，那麼你可以從這個市場區隔所面對的競爭壓力程度得到結論，就是你的目標設得太低，以及你的顧客想要的比你想像的多得多了。

診斷資料的呈現方式

　　要如何呈現診斷資料才會突顯組織的優勢及弱點？圖10-1和10-2的績效剖析圖是描繪與呈現資料的一種方法。另外一種更常用的方式就是使用矩陣將診斷資料呈現出來，如圖10-3（a）和（b）。

　　矩陣以顧客的認知為基礎，將價值構面分在不同的方格內。這些矩陣是由滿意度調查研究得來的價值構面資料建構而成，例如圖10-3（a）重要性及績效評分矩陣。橫著讀或由上往下讀完矩陣，請注意這些特定的類型是以「高分」對「低分」來劃分。確定你知道如何區分「高分」和「低分」。有些分析師使用中位數來劃分──在中位數以上的評分認為是「高分」，低於中位數者為「低分」。還有其他的方法。例如，你可以只考慮到前三分之一或前四分之一的評分為「高分」，其下者為「低分」。因而每一

（a）

重要性／績效矩陣

顧客價值構面的績效

	低	高
低	沒有策略性意義	有節省成本的潛力
高	業者的弱點	業者的優勢

顧客價值構面的重要性

（b）

重要性／競爭差距矩陣

有競爭差距的價值構面

	低	高
低	沒有策略性意義	競爭特點
高	競爭標準	競爭差距的優勢

顧客價值構面的重要性

圖10-3　缺口分析結果以矩陣形式呈現

個格子都包含特定的價值構面，並且符合該類別的標準。

　　每一個矩陣都有不同的策略或戰術意義，決定於這些矩陣如何架構。在圖10-3（a）中，顧客價值構面依照重要性和績效評分來加以分類，每一個格子的標記反映出一種策略意義；例如，那些代表優勢的構面（即高重要性、高績效）被分在右下方的格子中，而弱點則被分在左下方的格子中。和剖析圖一樣，矩陣可以又快又便利地解釋資料。

　　圖10-3（b）所示的矩陣依照重要性和競爭比較缺口來重組價值構面。因為用來解釋顧客評分的比較基準是從圖10-3（a）的轉變而來，策略和戰術的意義性標記也會跟著改變。例如，該矩陣會鼓勵經理人致力於思索如何善用歸入右下方格子內的價值構面，或將價值構面移至右下方的格子內，以建構競爭力。

　　你喜歡哪一種呈現診斷資料的方式？我們發現有些經理人偏愛剖析圖表，而有些人則喜歡矩陣。使用者個人偏好的方式會影響到決策。

滿意和不滿意的原因分析

　　診斷分析點出優勢和弱點，但對於背後的理由並未說明。然而我們看到許多組織會要求其經理人只依據這些資料提出計畫並進行改善行動。遺憾的是，如果你不完全理解造成低績效評分的原因是什麼，你只能猜測哪些行動可能造成下一次的評分會較高。經理人必須「瞎子摸象」，試著以不同的行動來看看哪個方法最有效。這種「嘗試錯誤」的作法花費高而且令人挫折，並且會使整個CSM程序瀰漫著不愉快。

顧客調查的觀念與技術

如果你知道什麼造成顧客對績效評分的高低，你就很有可能及早採行適切的因應之道。我們在滿意度測量程序中設計了最後一個步驟，來提供這樣的洞察（請參考圖9-5）。因為滿意度調查尋求原因的能力有限，因此我們轉向其他種類的資料來做後續分析。為了說明這種分析，我們專注在找出的弱點上，雖然我們也必須去瞭解顧客為何認定其他價值構面的績效是我們的優勢。弱點的原因或許可以藉由（1）抱怨資料、（2）顧客互動資料、以及（3）質性研究中發現。

抱怨資料

即使不是那麼確定，某些顧客仍會抱怨和供應商服務有關的問題。這些抱怨可能會包含了一些線索，可以幫我們找到弱點的理由[2]。假設從供應商的顧客滿意度調查所得來的評分顯示某款汽車是「不符合我的標準」；同時，該公司的抱怨資料也顯示顧客經常抱怨該款汽車行駛中有嘰嘰嘎嘎的聲音，綜合這些發現，再透過CSM系統，顯示出「不符合我的標準」這項認知最可能的原因，就是過多嘰嘰嘎嘎的聲音。這種資料的組合提供付諸行動時所需的方向；透過改善車體的結構應可以提升往後滿意度調查的評分。

大家都知道絕大部分的顧客在遇到問題時總會選擇吞忍了事。或許顧客並不想添麻煩，或覺得抱怨也沒什麼用。在這種狀況下，你必須積極地將抱怨的資料誘導出來，例如讓顧客發洩的通路能夠變得更順暢。有些公司是取得抱怨資料的先驅；例如惠而浦就採取令人印象深刻的免費專線服務。顧客打電話到該公司，會有訓練有素的服務專員予以對談，這些專員有問必答。每

一通電話的內容都會存入資料庫，以便日後其他部門參考，其中包括產品設計、維修服務、行銷和銷售。誘導抱怨的其他方式可以透過調查、顧客的售後電訪、以及經銷商訪談等。

和顧客的互動

大部份的供應商和顧客會有定期、經常性的接觸。銷售人員會打電話給顧客、工程師會拜訪當地的顧客、財務經理則會和顧客討論信用額度等等。在接觸的程序中，觀察或聽取顧客的建議都能夠產生一些見解，找出缺點的理由。不過，假使你沒有適當的陳報，這些見解都會白白浪費，對此沒有一個組織會坐視不管。要讓這些互動發揮效用，接觸顧客的人員必須瞭解如何陳報發生的事情及將這些資料傳達到組織核心。供應商人員和顧客都知道這些資料會促使供應商採取行動。

原因的質性研究

有些組織會對滿意度調查的受訪者做後續訪談，特別是那些曾對一個或更多顧客價值構面之績效打過低分的人。通常問的問題採取開放式，也鼓勵受訪者說出評鑑低分的理由。這些資料對於弱點形成原因能夠提供重要見解。例如，請看一下圖10-1，「其設計方便我擺東西」這項價值構面的平均分數很低，令人費解，因為製造商花許多資源在內裝設備的規劃。某個應用性質性研究顯示該船的儀表板對駕駛員而言還算容易辨視，但對於坐在駕駛員身旁的領航員卻不甚方便。後續的產品設計便專注於方便駕駛及領航員辨視儀器的改善。

顧客調查的觀念與技術

　　某家供應商甚至藉由聆聽顧客的意見，及希望進一步解決問題，而展顯出該公司對顧客用心。這種付出可以造就日後更好的整體滿意度。

　　在第七章和第八章我們討論過測量顧客價值構面的質性研究方法—深度訪談、焦點團體、以及觀察法—這些對後續研究也相當有用。現在只是將研究焦點集中於一個或少數幾個弱點或問題上。例如，某家公司舉行焦點團體研究以便得知顧客在各項問題的原因。透過針對滿意度調查顯示某些價值構面的弱點，由受訪者對這些部份的經驗進行討論。有時候焦點團體法也可以結合對實際使用狀況的觀察。質性研究的結果接著提交給產品設計、業務和廣告等部門，他們必須為改善行動共同負責。

　　一般而言，滿意度調查資料的優勢和弱點診斷，結合後續的原因分析後，會變得更具效力。你熟練必要的偵測技術就可以瞭解為什麼顧客會滿意或不滿意。如果能修正顧客認知的原因，你所採取的改善步驟將更可能成功。

滿意度分數分析

　　第三種顧客滿意度資料方析已經普遍運用於各種組織，可以用它來計算總分以得出整體（overall）顧客滿意度。這些分數提供以顧客認知為基準的滿意度，能顯示組織內特定運作單位的績效，例如某層級員工（例如顧客服務人員）、某個部門（例如銷售人員）、某項業務（例如某個分店）、或地理區域（例如某個國家的某個區域）。在談到分析之前，我們先來探討這些分數如何使用。

　　總體顧客滿意度分數通常還能刺激營運單位進行別種分析。在一項應用上，這些分數藉由認出高績效和低績效的單位而促進改善。從這些部門得到高低不等的顧客滿意度分數，你也可以瞭解到許多和績效結果有關的趨動因素。對顧客在意的價值構面績效做深度分析相當有用。例如，某個製造商利用對經銷商的滿意度分數，來判斷經銷系統中顧客評鑑的經銷商排名。進一步的分析則顯示出顧客如何評判這些經銷商在傳遞價值方面的作法。經理人同時也可以用來檢視不同的內部程序之績效，諸如花了多少的廣告費、廣告費如何運用、售貨人員的流動率、售貨人員的訓練、以及存貨處裡的方式等等。就實際效果來看，頂尖經銷商的做法提供了辨識低績效經銷商之弱點的基礎。這些分析指出了改善績效的機會。

　　整體滿意度分數也可以顯示資源應該如何配置。在某些案例中，它能有意義地提供更多資源給績效優良者。例如，某些組織員工的加薪或紅利是以滿意度分數為基礎；同樣的，因為有較高的回報機會，使顧客滿意度高的部門、產品或服務、及業務應能得到較多的資源。相反的，在其他的案例中，可能得在績效不佳者身上花費更多，以便把它們拉回標準中。例如，得低分的員工可能必須加強訓練、低滿意度分數的產品就要投注更多的資源來加以改善。

　　使用整體滿意度分數來激勵營運單位，有件事須銘記在心。這種分數應視為鼓勵高度回應顧客的誘因。每個單位都應該明白自己的績效會影響整體滿意度分數。對顧客有更好的回應應該會引出更高的滿意度分數，反之亦然。例如，假設某銀行計算出所有分行的滿意度分數，並且以提升滿意度分數做為分行經理人紅利發放的基礎。你可以確定每個分行經理都會隨時留意其分行的

活動和滿意度分數間的變化關係。再進一部假設某分行的總體滿意度分數達到量表的頂端。現在，該分行已經沒有可以改善的分數了，挫折於是產生。我們看到這種情節常常發生。以分數基礎做為工作的誘因，你必須確定滿意度分數與營運單位的績效息息相關，而且必須測試和改善滿意度測量的技術。

最後，如果顧客對你相當滿意，為什麼不對外宣傳？你或許會想要知道對外宣傳的顧客們把你總體服務的分數評得有多高。環繞滿意度分數的主題傳達出一種組織會回應顧客的氣氛。例如，根據包爾斯（J.D.Powers）的汽車年度滿意度調查，豐田（Lexus）汽車打了多年的廣告，指出其總體顧客滿意度分數名列眾汽車公司之首。這個主題強化了該公司以品質和價值為其策略性定位。

滿意度分數的計算

基本上，有兩個計算整體滿意度分數的方法。第一種方法就是利用大部分的滿意度調查問卷都會有的整體滿意度問項，如圖9-6（c）和（d）。這個問項的平均分數是彙總樣本得來（請參考圖10-4（a））。為了說明更清楚，你可以將平均分數轉換成整數。例如，在10分的滿意度量表中，平均評分為8.2。乘上10，將這個數字轉化成100分的82分。

我們有時候會看到組織決定使用滿意度結果的量數，例如再度購買的動機或顧客會向朋友推薦，做為整體滿意度的指標。在這個案例中，結果的平均評分得出總體滿意度的指標分數（請參考圖10-4（b））。請特別注意這種指標分數只有在滿意度結果和顧客滿意度的感覺有相當高的正相關時，才能代表整體滿意

(a)

$$整體滿意度分數 = \frac{\sum_{i=1}^{n} 整體滿意度評分_i}{n} \times 10$$

其中：$i = i^{th}$ 該項調查第 i 個受訪者
n = 受訪者的數目

(b)

$$整體滿意度的指標分數 = \frac{\sum_{i=1}^{n} 再度購滿的動機_i}{n} \times 10$$

在此：$i = i^{th}$ 該項調查的第 i 個受訪者
n = 受訪者的數目

(c)

$$整體滿意度分數 = \frac{\sum_{i=1}^{n} \sum_{j=1}^{m} 價值構面評分_{ij} \times 重要性加權_j}{n} \times 10$$

其中：$i = i^{th}$ 該項調查第 i 個受訪者
$j = j^{th}$ 顧客所要的第 j 個價值構面
n = 受訪者的數目
m = 價值構面的數目

圖10-4　總體滿意度分數的計算

度。有時候，你可能會想要測試這種相關性。

第二種方法是整合平均滿意度問卷對每一個顧客價值構面的評分，來計算滿意度分數。請回顧圖10-1和10-2，每一個這些從劣到優的題目都可以和其他題目加總再算出平均，以得出彙總分數（請參考圖10-4（c））。你可以將個別的價值構面的績效分數以平均的重要性分數加權計算，確保較重要的價值構面對平均值的影響會比那些較不重要的價值構面多。再一次，計算的結果常轉換成整數的單一分數。

因為計算各種滿意度的方法有所不同，你必須選定一種。該如何決定呢？

大部分的經理人都會使用彙總滿意度分數，且是能預測顧客行為的指標。例如，我們的滿意度分數如果可以預測顧客留存率（retention rate）的話，則我們會相當重視。你應該進行測試來比較各種替代的滿意度分數之預測準確度。比較以不同方式計算出來的各種滿意度分數與績效指標之間的相關性，像顧客留存率、銷貨、和市場佔有率等等。「最好」的滿意度分數會一致地與一個或多個這些績效量數呈高度相關。

顧客滿意度資料的分析

假設我們已經選定一種計算彙總滿意度分數的方法，那我們該如何應用呢？這些分數可以幫我們評鑑營運單位的好壞（例如顧客服務人員、產品或服務、各部門、各種業務、以及各個地理區域）。讓我們仔細探討三種不同的分析：（1）評鑑單一營運單位，（2）比較相似的營運單位，以及（3）比較單一或多個營運單位歷時的績效。

　　單一營運單位的評鑑　要是滿意度資料按營運單位來區隔，你可以計算在某個時段各個營運單位的分數。例如，你或許想要知道在一個月、一季、或一整年當中顧客對你公司0800免付費電話熱線之回應的觀感如何。

　　每個營運單位的單一分數例如78分，再和其他事物比較時，會具有更多的意義。有許多可能的比較方式，且各有其目的。假設你先設定一個滿意度分數，然後將實際的滿意度分數和此目標加以比較，再來看看營運單位的績效是否超出、相等或落後設定的目標；或將營運單位的分數和過去時段比較。現在你可以看出顧客認為該營運單位改善了多少的績效。正如這些例子所顯現的，改變比較基準會產生對顧客的新體認，因此你也會想要操作多種比較。

　　相似營運單位的比較　如果你有可以比較的營運單位，那麼分析這些單位是有道理的。如此，每一個營運單位都可做為其他單位的一個比較標準。例如，豐田汽車利用滿意度分數來比較不同經銷商的績效〔3〕，做法和多店面（multi-store）的管理相同，例如銀行或餐廳。我們的目的就是要辨認這些單位的相對績效，以便在各單位間分配管理的時間。通常，基層的執行者人員需要較多協助；還有，如同我們先前所見，將各個優越的執行單位和那些績效不理想的單位加以比較，可以找出那些可以達到高績效的實務。然後你可以利用這些實務來提升績效不良單位的績效。

　　當你使用滿意度分數來比較各個營運單位時應該要小心。研究顯示，各個不同類別的滿意度分數（例如針對產品或服務、各地理區域、不同部門的受雇人員等）會受到非營運單位所能控制

的因素之不相同的影響。例如，某種產品會因為相對市場的競爭程度不同，而比其他產品更容易得到高滿意度的分數。請把這些無法控制的因素也考慮進去，甚至在做跨類別之營運單位的比較前，必須將分數做適當的調整。

　　績效的歷時比較　最後，為了比較營運單位的績效趨勢，還可以增加時段的數目。請確定每一個時段的分數都是根據可比較的資料和計算方法。你必須確保從一個時段到下一個時段滿意度分數的增加或減少，不是因為測量滿意度的方法之改變造成的，因而能指出改變績效趨勢的驅動事件。這些事件可能是市場的改變，諸如新競爭者的加入、內部運作績效的好壞等等。例如，某汽車經銷商可能會看出其服務部門的滿意度分數，定期在每一年的第三季下降。此種分數的下降，和每年在這個時候新車款式問市的事實有關，服務部門對現有的顧客和同時湧入的新車顧客難以招架。這個期間的抱怨資料可以協助管理當局決定要採取何種相關的行動。

摘要

　　從你決定採用哪一種分析方法開始，就會影響到能從滿意度資料獲益的程度。在本章中，我們介紹了四種分析方法，每一種都和其他方法互補。所有的方法都有助於供應商瞭解顧客對其產品的反應情形。我們通常由初級分析開始，檢視可用的市場區隔和資料的效度。之後滿意度診斷分析的加入，可以協助你判斷各項顧客價值構面的優勢和弱點；再來，我們轉向探討滿意或不滿

意的原因分析，以協助經理人瞭解顧客對我們提供的產品和價值
之認知的理由。我們會想要對這些理由採取改善行動。最後，滿
意度分數分析能夠讓我們評鑑特定營運單位及其市場區隔的整體
績效。我們會想要知道在何處以何種方式來佈署改善的資源並且
獎勵高度回應顧客的單位。

　　顧客滿意度分析旨在促進改善以期更能滿足顧客的需求。這
些努力將不斷進行，因此你需要定期重複施行滿意度測量以瞭解
目前做得有多好。如同一位主管所說的：「除非可以定期獲得顧
客的回饋，不然要判斷趨勢或確認持續改善對績效品質的影響是
不可能的」〔4〕。

　　截至目前為止，我們已經探討目前的顧客價值為何，以及他
們現階段的滿意度程度。但是，你的顧客價值在數年後的走向又
會如何呢？無可諱言的，這是個很難回答的問題。不過，我們認
為你可以做一些合理的預測。在下一章，我們會告訴你如何應付
這項挑戰。

顧客調查的觀念與技術

參考書目

[1] Pine II, B. Joseph, Don Peppers, and Martha Rogers, "Do You Want to Keep Your Customers Forever?" *Harvard Business Review*, 73 (March-April 1995), p. 109.

[2] Kitaeff, Richard, "Customer Satisfaction: An Integrative Approach," *Marketing Research*, 5 (Spring 1993), p. 4.

[3] Bounds, Greg, Lyle York, Mel Adams, and Gipsie Ranney, "Toyota, Part II: Customer Satisfaction Measurement," in *Beyond Total Quality Management: Toward the Emerging Paradigm*. New York: McGraw-Hill, Inc., 1994, p. 642–662.

[4] Lunde, Brian S., "When Being Perfect Is Not Enough," *Marketing Research*, 5 (Winter 1993), pp. 24–28.

注釋

1. Performance analysis, as well as gaps analysis, can be based on either measures of performance or of disconfirmation. As we explained in Chapter 9, the difference between these two kinds of measures depends on whether or not the questionnaire item specifies a comparison standard. Recall that performance measures ask customers to evaluate a supplier's performance on a value dimension without a reference to any comparison standard. Disconfirmation measures ask customers to consider a stated standard, such as expectations, performance of a

competitor, or your promises, when evaluating a supplier's performance. The illustrations in this chapter are based on performance ratings, which do not specify a standard, but the analysis is the same when disconfirmation measures are used.

2. For more information on complaint data analysis, see Rust, Roland T., Bala Subramanian, and Mark Wells, "Making Complaints a Management Tool," *Marketing Management*, 1 (2, 1992), pp. 40–45.

3. For example, see Anderson, Eugene W., "Cross-Category Variation in Customer Satisfaction and Retention," *Marketing Letters*, 5 (January 1994), pp. 19–30.

CHAPTER 11

預測顧客價值的改變

　　實在很難看到一個大公司在市場大好的時機卻喪失
其主流地位。IBM曾趕上企業用戶需要大量運算的機器
來建立版圖的潮流，其獨創的大型電腦租賃方案，也使
該公司快速成長。當科技轉向個人電腦時，市場隨後也
接著改變。新的競爭者加入這場激戰以迎合浮現的需
求，而IBM調整的速度卻過於緩慢。

　　同樣的狀況也出現在百貨業。希爾斯（Sears）曾
經很難維持其競爭優勢，新的勁敵像Kmart、Target、
和華爾頓（Wal-Mart）的加入，協助希爾斯重新定義以
折扣為基礎的策略，並保住其優良商店和全國性連鎖的
招牌。顧客對他們的價值定位反應良好。

　　通用汽車對日本汽車高品質產品的調適速度也不夠
快。日貨精巧的設計滿足了顧客對於較小型、較經濟和
較穩定車種的需求。

　　無可避免的，有時候連最好的公司都會失算。市場
和顧客的改變，不管公司有多大，都必須改變。喪失競
爭力通常來自於公司無法調整其內部程序，無法提供優
異的價值給顧客。這個悲劇在於過去的成就創造了特徵
是勝利和自滿的公司文化；管理當局會因為誘因或能力
不足而無法適時改變策略，因而逐漸地使其市場地位動
搖。新的競爭者逐漸展露頭角，充分利用新的市場機
會。有時候，公司須冒險開始做內部程序所需的改革，
以便有效地投入市場。IBM、希爾斯、和通用汽車都開
始有了反應，顯然這場競爭才剛開始。〔1〕

顧客調查的觀念與技術

前言

在前四章，我們專注於如何得知顧客目前認知的價值和滿意度之技術與程序。我們極力強調進行這些顧客價值確認程序（CVD）的重要性。如同我們在第六章所討論的，這些資料可以刺激一些想法來改善你的價值傳遞方式，以留住更多的顧客。此外，你執行價值傳遞策略的成效會影響顧客對你的口碑，這一點是你招攬或流失新顧客的重要因素。如同可口可樂總裁所述：「對我們公司有良好經驗的顧客平均會和五個人分享，但那些有不愉快經驗的人則會向十個人抱怨。」〔2〕

不管如何，經驗告訴我們，組織會致力於得知顧客現階段想要什麼。雖然我們很高興看到愈來愈多的公司更努力於瞭解他們的顧客，但是我們必須自問對於目前的顧客價值是否全力投注；有些組織逐漸對此抱持否定的看法。

動態的顧客價值

我們都知道顧客對價值的認知必定會隨著時間而轉變，從研究中就可以看出這些改變有多複雜。例如，你的顧客可能會改變最初和後續的購買行為中重視的價值。在某個研究計畫中，我們發現顧客在購買時考慮最多的是產品的屬性；而在評鑑使用經驗時，想得最多的卻是消費的結果。〔3〕顯然，顧客在特定交易時所用的購買基準，不盡然和造成他們稍後感到滿意與否的價值構面完全相同。

在另一個計畫中，我們訪談了最近才加入健身中心的顧客，而在九到十月之後，又做了一次訪談。我們得知某些顧客改變其價值構面的期間；例如，健身中心取消免費提供褓母服務的政策並且開始計費，於是某位顧客變得很懊惱，因為她事先並不知道。某天她到中心來健身時，對於得付褓母費感到很吃驚。從此，她的信任感—當她加入該健身中心時，並沒有放在心上—就變成重要的價值構面。遺憾的是，她並沒有在這個構面上好好評鑑該健身中心。

顧客價值的二項不同面向是會改變的。第一，新的價值構面也會顯露重要性。例如，今天仍持續改變的最普遍價值之一，就是顧客期望供應商提供協助。顧客總是想要一些額外的服務，諸如協助他們學會如何使用產品或服務、發生問題時可以有方便抱怨的通路、更快回應顧客需求的程序。旅行社、醫療照護組織、金融業等服務業皆不斷地由這些回應的創新中獲利，而生產實體產品的公司在服務面同樣也有相當多的機會〔4〕。第二，價值構面的相對重要性可能會改變；例如，當顧客更重視服務時，產品的特性或價格多少都會削弱。

顧客價值的改變替那些看出跡象的供應商開創市場機會，使其他廠商遠遠落後。重點在於你對於浮現的顧客價值能夠因應得多好。

顧客價值策略需要前置時間

事實上要回應顧客價值的轉變得花上時間。有些只需要跑完製程或制定決策的時間即可。試想像新產品的上市。電話公司可能會花兩年的時間來設計新的話機，出版商則需要花上三年的時

間來設計和出版新的教科書，而汽車製造商更可能會花四年以上，讓新型的車款問市。你只能祈禱顧客價值不要在這些開發期間改變。

即使決策已定，仍有很長的一段時間才會徹底投入新的行動；產品的績效成果也得有足夠的時間，才能使投資回本。例如，美國跑車市場曾有驚人的成長，以頂級顧客所要求的安全、樂趣和意象，造成了大賣狂潮。見此市場機會，賓士汽車於是在美國設廠生產自有品牌的跑車。由於合約簽了，經銷商和車種也選定了，賓士汽車不能隨隨便便打退堂鼓，必須要在一片看好的前景中賭上一把。

未能看出顧客價值改變的組織會遭到競爭者加入的危險。再者，你所需要回應價值改變的前置時間愈長，你的風險愈高。組織必須找到方法在可以忍受的限度下預防風險。在本章，我們的焦點在於防止風險的活動上。下一個部份則檢視兩個互補的方法，可用來處理顧客價值的改變。隨後，本章其他部份則討論處理顧客價值改變的困難。我們將推出一個影響改變之主要力量的架構。我們使用這個架構來介紹預測顧客價值的程序。最後，我們提出一些建議以便設計持續的顧客價值預測活動。

回應顧客價值的改變

組織有數種方法可回應顧客價值的改變。其中一種就是藉著設計和落實較迅速與較具彈性的內部程序，以便能夠更迅速地回應顧客的需求。另一種方法是事先預測顧客價值的轉變，以便產生更多緩衝的時間來做成價值傳遞決策。顯然這兩種活動是互補

的。另外還有第三種選擇，就是兩者同時進行。

快速回應策略

我們聽到許多質疑顧客價值是否可以預測的聲音。許多經理人也不相信這對他們的顧客有效，即使有足夠的準確度可以協助他們制定重要決策。如果你是這麼想，那你幾乎沒有選擇，就得在顧客價值明顯改變時，因應變化的策略就得變得又快又有彈性。或許這種觀察說明了為什麼許多組織會執迷於「快速回應」（quick-response）策略了。例如，在過去幾年中，AT&T將其新電話產品的研發週期由兩年縮短成一年。值得注意的是，他們以這種創新的方式增加了在市場上打敗競爭對手的機會。〔5〕

許多公司發現增加彈性和速度的方法，例如電子資料的交換、及時運送協議、彈性的製造程序、以及策略聯盟等等皆是。透過簡化或內部程序再造（reengineering internal processes），組織提升了工作的效率。你可以從這種努力獲取多重利益，包括更低的成本、更大的潛力回應顧客需求、及更快速的回應時間。

當一連串漸增的短暫變動決定著顧客價值未來的長期動向時，快速反應策略會相當有效。幸運的是，改變通常以此種方式發生。例如，要求服務支援更多的需求並非成於一夕之間；這種改變反而是經過好幾年的蘊釀。同樣的，美國消費者期待餐廳的食物能更健康，就算大部分的供應商最終看到了這個趨勢，也花了好長一段時間。

快速反應策略依靠來自市場的快速回饋才能發揮績效。你必須找出有哪些替代策略對浮現的顧客價值能回應得最快。某些組

織利用先進的資訊技術來達到這種效果。例如花王，日本日用品製造商，利用他們的回聲系統（Echo System）來掌握顧客對新產品的反應。將銷售點（point-of sale）的資料、焦點團體、顧客來電、以及來信的資料加以整合，經理人很快就能確定新產品的效益如何。其中一項推測是新產品推出後兩個星期內，他們一般都會知道市場的反應會如何，這種回應的時間短得驚人。這或許可以協助說明該公司在過去數年來快速獲取日本化妝品市場佔有率的原因。〔6〕

花王的例子描繪出一個議題。你無法全然消除預測市場行為的必要性。不過快速反應策略只是減少預測所需的時間長度。你只需要預測未來幾週或幾個月顧客的偏好和行為，而不是幾年後的未來—這樣任務確實輕鬆多了。還有，預測的焦點是放在顧客對管理當局之決策的反應，而不是直接針對顧客價值的轉變本身。缺點是你可能無法完全瞭解哪些價值的改變會使顧客對你的決策產生回應。

預測顧客價值的改變

快速反應可以利用對顧客價值改變的預測。預測程序何時開始和何時結束對於反應的速度來說同等重要。我們相信這樣的預測，藉著協助經理人很快地知道變化，可以提高你對市場和顧客的改變之回應能力。事實上，結合快速反應的能力和預測顧客價值改變的能力，你可以開發出強力的資源，使你的競爭優勢更持久。

大眾商業期刊談論了許多關於改變顧客對價值的認知，且不遲疑地做了這方面的預測。〔7,8〕奇聞軼事一再指出預測出新

的價值如何協助組織在符合顧客需求上能更創新。例如，電路城
電器公司（Circuit City Stores）考慮到將來必須瞭解不斷增加
的服務導向消費者，以及如何滿足其需求。該公司的總裁認為未
來公司必須將每個顧客的資料納入電腦化的資訊系統，其中包括
連接資料至維修服務人員以確保更高的績效。如果顧客因為他們
電視的問題而打電話給顧客服務代表，則電視機製造時的資料、
型號、使用時間和保固狀態就馬上會送給服務技師，他們可以在
抵達顧客住處前，就先看看可能需要準備哪些零件。電路城電器
公司要求技術人員在現場能解決問題，也因此創造了更高的滿意
度。〔9〕

　　顧客價值的改變無疑地會驅使組織改變價值傳遞程序。問題
是這兩者的時間點。程序的改變是否來自危機，或因為管理當局
已預測到顧客的需求？漢莫和培赫樂（Hamel and Prahalad）
在他們的著作中提到：

　　　　假設改變無可避免，對經理人而言真正的議題是，
　　該項改變的發生是否應在危機氣氛的逼迫下，還是應在
　　有遠見的平靜氣氛下進行？公司是否應以競爭者的觀點
　　或自己的看法來設定轉變的順序？或這種轉變應突發且
　　猛烈，或應持續與溫和？〔10〕

　　在檢視有無必要預測顧客價值改變的理由時，透過我們的觀
察，相當少的公司已經能適當地處理這種預測，這點著實令人驚
訝。或許理由之一是對於如何（how）預測顧客價值的改變，文
獻著作出奇的少。不管如何，我們認為這種技術是存在的，且組
織能夠也應該設計和運用這種技術[1]。在下面的兩節中，我們會

說明該如何進行。

顧客價值改變的來源

　　如果你想要知道顧客在未來重視的是什麼，為什麼不直接問他們？已經有人試過這種看似簡單、直接的方法。焦點團體是最普遍的技術，這也是獲知顧客到底在未來想要什麼的方法。[2]然而，他們的猜測往往不見得有用。大部分的情況，我們不該指望顧客預測未來會比任何人準確。他們無法總是能告訴你他們認知的價值會如何改變。

　　80年代的消費者能否預測到在90年代顧客的價值導向會如何轉變？經濟趨勢的低成長、組織瘦身、重整，付出了龐大的社會成本，使許多顧客丟了工作、或保障泡湯。現在看這些真是一點也不意外，即顧客會以勒緊褲帶、物超所值的購買方式來回應。然而在80年代大部分的消費者過度沈迷於眼前榮景，而忽略了經濟驟變的來臨，或疏於準備應該如何因應。簡言之，大部分的顧客不可能會告訴你他們恣意揮霍的方式會突然在幾年內停止。

　　如果無法直接詢問顧客關於價值改變，那我們能做什麼呢？我們認為另一個選擇是間接的程序，也足以完成這些預測。我們可以判斷和檢視可能「造成」顧客價值改變的驅力發生了什麼，並用這些知識來做有立論的猜測。為了讓這個作法有效，你必須假設（1）顧客價值的改變並非任意發生，以及（2）造成價值改變的驅力會比改變本身來得容易預測。我們認為這些假設相當合理。

造成顧客價值改變的驅力

　　第一個步驟就是將這些可能導致顧客價值改變的驅力歸類。圖11-1將值得我們深思的主要驅力放在一起；或許還有遺漏，但視你有興趣的特殊市場區隔而定。

　　大環境的驅力（Macro-environmental Forces）。經濟、社會、科技、政治、以及自然界的驅力造成區域的大環境。這些驅力的組合創造出對顧客而言相當複雜的背景，且常常影響他們的行為。最重要的是，每一種驅力都處於流動的狀態，並可能影響顧客對價值的認知。想想橫掃東歐的經濟轉變。從計畫經濟轉為以自由企業為基礎的經濟系統，使所有國家在這個程序中皆適應困難。新興的事業開始浮現，而原有的企業也不得不轉變，以提供更多的產品和服務。顧客已經感受到衝擊。他們得面對市場上眼花撩亂的產品，因此他們必須找出新方法，來做出更複雜的決策。擁有過多選擇的消費者必然會發展出一套新的價值概念，而政策決策者和企業經理人必須予以回應。

　　市場中人口結構的轉變也是意義深遠。當人口結構改變時，需求也會跟著改變，並且，你會看到顧客改變他們對價值的認知。例如，美國許多公司的產品或服務內容都鎖定年輕的消費者，這種做法行之有年。然而，美國人口的年齡組成轉變得相當劇烈，我們來看看下述的事實。

・將近80％的美國人預期可以活超過65歲。
・在1983年時，全美超過65歲的人口變得比青少年還

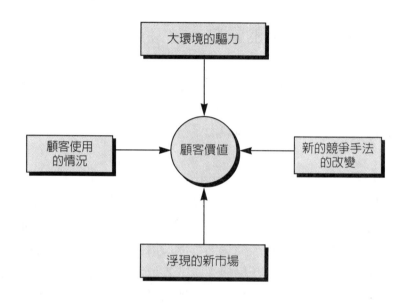

圖11-1　顧客價值改變的來源

多。

・到2000年時，全美超過65歲的人可能會接近總人口
的五分之一，約四千至四千五百萬人左右。〔11〕

　　當消費者的年歲漸長時，他們的需求也會改變。結果，許多
組織就必須長遠認真地思考，這些年老的消費者在下一個十年
內，會需要他們提供什麼。有些預言家已經觀察到，包括對更好
的醫療照護服務的大量需求、健康教育、以及退休後的住所。無
疑地，其他較不顯著的需求同時也一併浮現。這些公司能事先預

測這些需求，必然能比別人更早在新機會上取得競爭優勢。

競爭性創新。 當代偉大的創新──汽車、飛機、電視、個人
電腦、及夜間運送服務等等──已接連創造出新的產業，同時也讓
別的產業沒落。當然，自從亨利・福特的發明在商業上成功後，
馬車產業隨即蕭條，而電視的猛烈衝擊，使無線電產業必須改變
以找出自己的利基定位。當顧客接觸到新發明時，他們也看到新
的可能。他們開始想像擁有比眼前更好的事物，這很可能成為顧
客價值改變的來源。

支援性服務、促銷、及配銷方面的創新也讓顧客價值改變。
想像發生在配銷通路的進步所帶來的衝擊。大型折扣零售商如華
爾頓百貨（Wal-Mart）的營運改變了大眾化、品牌產品的銷售
方式，並使該公司以誘人的物美價廉（price-to-quality）的價
值而開創自有品牌的產品。特別是在顧客變得更有價值概念時，
這些自營品牌甚至可以很成功地凌駕全國性品牌的銷售量。

在企業對企業的行銷上，及時運送則是改變供應商和顧客關
係的主要改變來源。這種創新涉及到從製造與物流、行銷至財務
等所有企業層面，造成企業顧客從供應商的服務中發展出新的價
值概念。結果之一是，大型零售商能夠降低成本，變得更具競爭
力來應付顧客從設備到各種產品的需求。

組織似乎很難及時看到革新，並做出有效的回應。當創新出
自於組織所屬的行業時，這種觀察更是令人驚訝。以通用汽車為
例，顯然沒有察覺到安全的因素對美國汽車買主的重要性。消費
者逐漸學會要求諸如緊急剎車緩衝裝置（antilock brakes）、安
全氣囊、以及四輪驅動等等。歐洲汽車製造商趁隙強調創新的安
全特性以符合顧客逐步浮現對行車安全的要求。〔12〕

顧客調查的觀念與技術

　　主要的重要發明更常來自服務特定市場的產業之外。要預測這些改變較為困難，但是對新的競爭者來說仍有機會。以郵局為例，並沒有發明信件或包裹保證隔夜送達的服務。這種疏漏使聯邦快遞（Federal Express）以提供許多顧客新的利益價值而創造優勢。該公司的取貨服務、包裹探索資訊系統、以及準時送達的記錄已經刷新了郵務業的標準。

　　現有的公司及產業往往會依賴現有的科技，我們通常會聽到有人說：「如果沒有破洞，就別去補它」。事實上這很容易落入現有的產品和商業程序是符合顧客需求的最佳方法之思維陷阱。總之，只有當某人以更好的方法來經營公司，其他人才開始瞭解哪些東西需要修補或需要替換。然而營運狀況到了那個地步往往已經太遲了，因此技術預測應該是所有組織重要的運作實務。

　　新市場的興起　就字面上來看，新市場的興起宣示了價值的新觀點。這些新興市場的顧客和現有市場的顧客在某些重要面向上有所差異，對供應商也會有新的要求。他們的期望最終會變成機會的重要來源。當企業開始尋求品質提升之道時，也使得教育界重視管理教育課程的品質創新、程序、和技術。有些大學和顧問公司最先看到這個機會，立即以創新性的計畫投入新市場。在另一個領域中，則考慮到有環境意識的顧客日益成長。研究發現39%的美國人認為他們自己關心環境議題。〔13〕他們重視可以使用對自然環境破壞較少的產品。同樣的環保關懷也在其他已開發的國家形成。何種產品才能符合這些要求仍有相當大的空間。

　　新興市場通常會興起是因為有一個或多個驅力驅策著。事實上，所有這些驅力都有相互的關係。例如，顧客的環保意識可以

由律師、政客、企業發言人、以及媒體對大環境議題的激烈辯論
等趨力而形成。你應該從對這些不同驅力的預測來找尋洞察，以
試著瞭解何種新興市場會出現。

　　顧客的使用情境　如同我們在第三章所述，我們的顧客價值
層級概念相當仰賴顧客之使用情境的想法。顧客認知的價值與產
品或服務的使用背景有關。此種背景就是使用情境。例如，在我
們的研究計畫中，一位母親談到在惡劣天候下載著她的孩子開
車，想要有安全和支配的感覺。對她而言，當一個好母親意味著
她在暴風雨期間或結束後都能夠保護小孩的安全，這就是使用的
情境，也因此她很重視這種感覺。

　　使用情境對企業顧客也很重要。通常一項價值的關鍵決定於
情境的一些特徵。本書作者之一，就曾服務於專業儀器供應商，
供應以新型微處理器為零件的儀器。這種儀器設計來做為工業設
備的精確溫度測量。有微處理器被認為應該是新產品的強勢，然
而管理當局驚訝的發現潛在顧客對配有微處理器的設備並不重
視；後續對顧客使用情境的研究發現其原因。顧客在工廠中使用
溫度測量儀器，在一般使用的狀況下，有人推著載有儀器的推
車，一路沿著顛頗的水泥走道前進，儀器一路上碰碰撞撞。顧客
的優秀工程師並不認為微處理器夠耐用能經得起這種碰撞的狀
況。針對這個新的洞察，供應商推出促銷計畫，說明儀器中的微
處理器可以應付惡劣的使用情況。

　　使用情境是動態的，其改變會引發顧客對新價值的認知，也
知道什麼能滿足其新需求。只要瞭解新的使用情境，你或許可以
預料會產生何種新價值。再想想溫度測量儀器供應商的例子，假
設有個顧客決定建造新的廠房，規劃人員打算將儀器配置在既定

的測量區，優秀的工程師再也不必推著儀器在粗糙的地面上到處跑。我們大概可以很確定的預言這些工程師根本不必憂心微處理器所受到的傷害。無論如何，其他的價值構面也可能會出現，例如儀器壽命的延長。

建立你自己的架構

你也許能想到其他會影響顧客對價值認知的驅力。如果是這樣，就把它們加在圖11-1的架構中。你必須對於在你的市場區隔中找到創造顧客價值改變的驅力感到有自信。下一段我們會專文討論預測這些驅力的步驟。

預測顧客價值

圖11-1的架構是驅動我們間接預測顧客價值的引擎。如果你瞭解這些驅力可能會如何改變，你就可以瞭解顧客所認知的價值最終可能會如何改變。圖11-2描述了利用這個想法的步驟。我們想要從預測這些驅力的改變來導出對價值改變的預測。

建構特定產業的因果驅力架構

圖11-1的架構能用在各行各業。我們只列出可能會影響顧客價值的各種驅力類別。然而，你的組織可能會有不同的經驗和資訊，可以集中在更特定的驅力上。基於這個理由，預測的步驟一開始是修改我們的架構來符合你公司的行業及市場。

　　回想一下休閒遊艇製造商在美國、歐洲、及亞洲的業務。該公司的管理當局從經驗得知國家的稅法會影響顧客對擁有該公司產品之價值的認知。如果休閒遊艇被課以特定稅率，那麼擁有遊艇的實際成本就上升了。這種改變會扭轉正向價值和負向價值的平衡。既然這樣，稅法就是大環境驅力下這個行業特有的因素，應該列入製造商的驅力因素清單中。圖11-3是休閒遊艇製造商可能需要注意的各種驅力。

　　如果你漏掉重要的驅力因素，你的預測就會偏離市場。因此得確定對所有主要的驅力你都花了足夠的時間和努力去做系統化的研究。在你的組織中，人也是重要的資訊來源之一。行銷、業務、產品設計、顧客服務、以及和顧客接觸的其他功能都會在研究中產生不同的觀點。當然，顧客訪談也有幫助。此外，對過去的顧客價值改變預測進行事後檢驗也會很有價值。通常這些分析會發現有哪些在下次的預測時需要更注意的驅力。例如，西爾斯無疑地已經從先前他們低估的折扣零售創新手法的影響中得到經驗。如果是這樣，該公司或許會投入更多心力去留意逐漸形成的零售策略趨勢。

檢視每個顧客價值改變的驅力

　　大部分會影響顧客價值知覺的驅力改變，經過一段時間就會漸漸發生，而不是突發而至。透過檢視或探索每一個驅力，你可以發展出初期的警報系統（early warning system）。重複測量一個驅力會顯示出足以推斷未來的趨勢或模式。

　　有些驅力的改變很緩慢。既然這樣，只須偶而測量即可。稍早之前，我們談到美國人口的老化現象。透過這個趨勢來檢視人

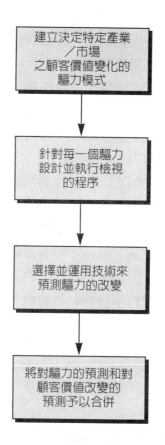

圖11-2　顧客價值預測程序的步驟

口普查局每十年一次的人口研究就相當足夠。老化現象受到非常規律、可預測的出生和死亡率的影響；其他的領域則需要更多經常性的探索以檢視其狀態。例如，社會態度和生活風格比年齡的趨勢形成得更快，因此檢視的工作可能兩年或三年就得做一次。

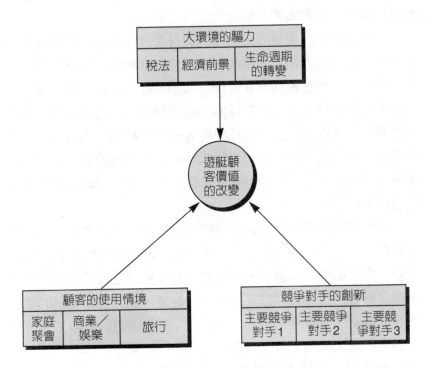

圖11-3　休閒遊艇製造商的顧客價值改變模式

至於競爭的新手法可能得不斷地探索。

　　某些在你清單中的驅力是無法預料的，那些可能隨時會發生的趨力就屬於此類。假設某一個飲料製造商的管理當局知道異常的天氣形態，諸如可以預期的炎夏、會影響到顧客對於使用如開特力（Gatorade）、好力道（Powerade）等營養補給飲料的價值看法。然而，預測天氣形態的科技能力只能做到預測前幾天的

天候。這種時間的長度根本不夠協助飲料公司做出重要的決策。像這種驅力尚無影響力，所以可以將之刪除。

用來探索顧客價值改變驅力的資料有許多來源，這些來源各有不同。有時候你需要的這些資料可以向其他商業組織購買。例如，假如你想要檢視顧客在美國經濟中的前景，你可以訂購任何與顧客相關的研究資料。要探索其他的驅力，你就得搜集屬於自己的資料。重複的調查可以找出顧客的價值構面，也可以用來搜集競爭者的創新手法。你可以從競爭對手所發佈的新聞稿、媒體報導或公司年報等公開資料著手；觀察競爭對手的產品或服務內容也是不錯的方法。

雖然探討所有和上述活動有關的議題超出本書的範圍，我們還是提供一些觀察[3]。首先，可能有多項趨力會影響顧客價值的改變。你必須決定要檢視哪些驅力，而這些決定會受到你所用的基準之影響。請確定你設定的基準很清楚，並且也和資料的使用者達成共識。需要考慮的基準為：（1）某驅力對顧客價值改變有強大影響力的可能性，（2）預測每一個驅力之趨勢的能力，（3）檢視每一個驅力所需蒐集和分析資料的成本。另外，有些人應該為這些資料的品質和及時取得負責。這個人或許是資訊專業人才，或指定成立資訊部門，像商業資料調查部門。最後，使用那些探索資料的人員，則需要訓練如何解讀這些資料。

預測每一個驅力的改變

下一個步驟是預測每一個驅力可能會發生什麼。你可以向專業人士諮詢這些預言，如未來學者。[4]不過，我們認為在內部先做這些預測是有好處的。首先，在前一個步驟中為此目的建構適

當的資料庫，誰能夠抵擋以這些資料為基礎的預言呢？不像其他
未來學者的猜測，你的資料庫是為這些驅力訂做的，而管理當局
又相信這些驅力會影響顧客對未來價值的看法。另外一個自行預
測的理由是，你可以摸清改變的性質及其可能發生的理由。這些
結論會鼓勵你去思考你的公司會有何種將來。

　　儘管對未來的預測有些質疑，組織似乎仍執意去做，或至少
覺得他們得試一試。因此，許多技術都已發展和運用來預測事件
的規模量，諸如經濟發展、產品的銷售量、以及顧客的觀點等未
來議題，這一點也不令人驚訝。要深入探討這些技術超出本書的
範圍，讀者若想要對預測技術有更多的瞭解，可以參考其他預測
的參考書籍[5]。我們同時也提供附錄三作為許多預測方法的分類
和簡述概要。現在我們則只要討論預測的任務。

　　圖11-4展現出預測的活動。首先，選定特定的驅力做為預
測的目標。（前一個步驟則需提供清單以供選擇）。接下來，將
得自檢視或探索活動的資料集中用於該項驅力，再予以評鑑。將
這些資料用於預測，應能讓你感到有信心。這種評鑑通常會考慮
資料的品質、資料和價值改變驅力的關係、以及蒐集和分析的成
本等因素。

　　你對資料之適當性的評估會成為決定使用哪些預測技術的主
要因素。你會想要選出最能利用可得資料的技術。如圖11-4所
示，當你試著決定使用的技術組合時，預測程序會在資料和技術
選擇之間循環。

　　接下來，以適當的資料來執行選定的預測技術，開始初步的
預測。這個步驟應由技術的要求來引導。例如，某些技術需要電
腦模式和數值資料，而其他技術則可能需要在一群專家身上建立
起共識（詳見附錄三）。這個步驟具有專業性，因為預測的準度

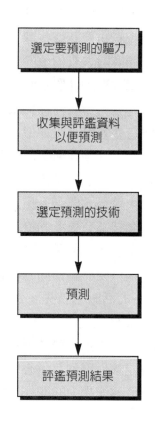

圖11-4　預測影響顧客價值變化的驅力

相當依賴技術執行的品質。

　　最後，合理地評鑑預測。沒有一種預測技術是完美的─它們都可能漏掉某些東西。你為了克服技術上的弱點，可以做的一件事是評鑑額外的驅力是否需要列入考慮。我們知道有個案例預測

競爭者的創新，並以當時的產業趨勢為基礎預測出未來為低層次的創新。然而，許多經理人相信新的競爭者已經準備要進入該產業，因此新的產品理念也會帶進來。以這項判斷為基礎，管理當局主觀地提高創新出現的可能性。

預測顧客價值改變

最後，你必須將對這些驅力的預測轉換成對顧客價值改變的預測。以此做為出發點，我們發現將驅力的預測和一兩個情境描述（scenario）結合會滿有用的。這些情境描述建構了未來顧客可能會如何的背景，並且希望可以刺激和價值認知可能會如何有關的想法。

情境描述是一套和未來有關的假設。〔14〕既然是這樣，每一個驅力的預測代表這些假設。你必須把這些預測組合，評鑑是否吻合對未來顧客的描述。例如，先前提到的特殊溫度測量儀的製造商根據對下列情況的可能性之預測建立了一套情境描述：（1）在主要顧客的產業中，對用於品質控制的精確測量實施嚴格的政府法規，（2）經濟成長，（3）競爭者在高度精密儀器市場有技術創新，（4）顧客使用程序的改變，以及（5）有新的競爭者進入市場。

要處理預測不確定的方法之一，就是允許每個驅力有一個以上的預測。可能有一個估計是你認為最可能的結果，其他則是可能性較低的情況。例如，你或許認為很可能達到2.5%的經濟成長率，但是1.5%的成長率還是有可能。這種作法鼓勵建構各種情境描述，使能更完整地掌握未來可能會發生的事情。多種情境能夠讓你思考顧客價值認知可能會改變的幅度。

顧客調查的觀念與技術

　　表11-1顯示溫度測量儀製造商認為兩種可能的情境描述。情境描述一說明了明顯的變化足以影響到顧客的價值認知。情境描述二則完全不同，在有興趣的期間只有些微的變化。基於對這兩個情境描述的評鑑，經理人對「明顯改變」的情境描述較有信心，於是著手探討顧客價值會跟著起什麼變化。

　　將情境描述運用於對顧客價值改變的預測。最後一個步驟，則是仔細思考顧客會如何以其價值改變來回應這些情境描述。我們認為那些會應用到預測結果的人應該參與這個步驟。例如，你可能會想組一支策略規劃小組，並要求他們對於各種情境對顧客價值改變的意義達成共識。腦力激盪技術可以激勵他們推測可能會發生在價值構面及其相對重要性的變化。或你也會想要使用費城（Delphi）技術，以避免來自於組員面對面互動時產生的偏差。

　　我們再回到儀器製造商的例子，管理當局以表11-1的情境描述一做為預測的根據，指出顧客的價值會在兩方面改變。第一，新的法規會造成顧客想要比以前更精確的測量。此外，顧客期望裁減技術性勞工成本會產生稱為「在顧客工廠中判讀儀器的速度」的新價值構面。

　　預測顧客價值改變最終是一種主觀的猜測。不管如何，圖11-2所顯示的整個程序之目的在於確保這些猜測是以顧客在未來會面臨的合理境況為根據。經理人必須思考未來的動向，以及會和現在有什麼不同。我們相信花時間思索顧客的未來是真正的顧客價值導向中相當重要的部份。最重要且是你能提供的一種價值是，你可以讓你的顧客有機會參與他們的未來，並在時機來臨時能因應改變的需求。

表11-1　多種情境		
顧客價值改變的原因	情境 1	情境 2
（1）政府法規	提高對溫度的要求	按兵不動
（2）經濟成長	3.0%	2.5%
（3）技術創新	無	無
（4）顧客使用情境	測量程序中，縮減測量技術人員的時間成本之新需求	沒有新的顧客需求
（5）競爭進入	競爭者進入高度精密儀器市場	沒有新的競爭者
情境的可能性	p=0.070	p=0.030

從預測到運用

　　預測顧客價值改變應該會產生更好的決策。再者，當經理人有更多前置時間來發展新或改良的價值傳遞策略時，這種現象也會產生。你當然希望能避免危機壓力下太快下決策時所犯的錯誤。還有，預測出新的價值構面或價值構面相對重要性的改變，應能為新的策略指出方向。如果你認為特殊的價值構面會出現，你就得想辦法傳遞該項價值。事實上，所有我們在第六章所討論的顧客價值資訊之運用，能夠利用我們對顧客之未來的推估。

　　我們知道只做出有效的預測並不表示它們就可以發揮效用。經理人必須對這些資訊有信心，認為值得好好思考。或許確保信心最好的方法就是讓經理人直接參與顧客價值的預測程序。圖

11-2指出這個程序提供給經理人參與的機會。首先，經理人應該在第一個步驟接受訪談，以便協助判斷市場中可能會影響顧客價值改變的驅力。經理人也應該在第三個步驟中協助預測這些驅力的變化。最後，如同前述，這些經理必須對預測顧客價值實際改變的最後步驟負起主要的責任。這種全程參與可確保經理人瞭解如何完成預測的步驟，以及其邏輯的根據，這也是建立信心的關鍵。

摘要

顧客如何思考價值是動態的，而組織必須回應這些改變。有些組織採取快速回應策略。我們認為更多的組織應該試著預測顧客價值改變來延長決策的前置時間。最好的方式就是兩個途徑並行。

我們探討過直接詢問顧客問題以預測未來顧客價值的做法。這或許不妨一試，但顧客往往不見得知道他們未來會重視些什麼。我們認為比較間接的預測程序會比較有用。你必須瞭解會影響顧客價值改變的驅力，而我們預測顧客價值改變的程序即是以預測這些驅力為基礎。

我們相信預測顧客價值改變的利益有賴於預測程序的執行及預測的準確度。所有的預測，不管是銷售、市場佔有率、或顧客價值改變都是一種猜測。沒有人可以確定未來會發生什麼情況；真正的挑戰是發展出一種對各種可能性的察覺。緊接在預測顧客價值改變程序之後的應該就是策略，而且應該足夠完善到能因應這些可能性。奇異電器總裁傑克·威爾許（Jack Welch）在談

到他對「各種可能性」的需求時指出：「我不是大師，也不是來做預言，我來這裡是要確保我的公司有足夠的能力回應任何的變化」。〔15〕

　　本書的內容探討組織如何對顧客提供卓越的貢獻。我們談到取得競爭優勢必須越來越依靠傳遞優異的顧客價值。然而，說你採取顧客價值取向是一回事，執行內部程序以確保顧客可以獲取優異的價值則又是另一回事。每一件事的落實都要靠執行。你必須非常瞭解你的顧客，特別在你將價值傳遞出去前，要知道他們要的是哪些價值；並且要知道顧客對他們所獲得的價值之感受。未來你改變和提升價值傳遞的能力，對你的顧客會有重大的差異，並影響你持續保持競爭力的能力。

　　瞭解顧客是一種資訊性活動。你手上有多少資訊，決定了你成為顧客價值導向的層次有多高。每一個組織都必須花費心力去檢視其蒐集、分析、和使用資訊的程序，以便得知整個市場的機會，特別是顧客價值。我們相信本書所提到的顧客價值確認程序，是以顧客價值層級的概念為基礎，相當適合於評鑑和提升你的外部資訊程序。我們認為確保這個程序完全發揮績效是很重要的，畢竟，有優異能力瞭解顧客的組織，在未來的市場上將保有強大的競爭優勢。

顧客調查的觀念與技術

參考書目

[1] Loomis, Carol J., "Dinosaurs?" *Fortune*, May 3, 1993, pp. 36–41.

[2] Waldrop, Judith, "Educating the Customer," *American Demographics*, September 1991, pp. 44–47.

[3] Gardial, Sarah Fisher, D. Scott Clemons, Robert B. Woodruff, David W. Schumann, and Mary Jane Burns, "Comparing Consumers' Recall of Prepurchase and Postpurchase Evaluation Experiences," *Journal of Consumer Research*, 20 (March 1994), pp. 548–560.

[4] Rose, Frank, "Now Quality Means Service Too," *Fortune*, April 22, 1991, pp. 97–110.

[5] Dumaine, Brian, "How Managers Can Succeed Through Speed," *Fortune*, February 13, 1989, pp. 54–59.

[6] Stewart, Thomas A., "Brace for Japan's Hot New Strategy," *Fortune*, September 21, 1992, pp. 61–74.

[7] Dumaine, Brian, "What the Leaders of Tomorrow See," *Fortune*, July 3, 1989, pp. 48–62.

[8] Sellers, Patricia, "Winning over the New Consumer," *Fortune*, July 29, 1991, pp. 113–126.

[9] Dumaine, ibid., pp. 58, 62.

[10] Hamel, Gary and C.K. Prahalad, "Competing for the Future," *Harvard Business Review,* 72 (July-August 1994), p. 128.

[11] Dychtwald, Ken and Joe Flower, *Age Wave*. New York: Bantam Books, 1990.

[12] Mitchell, Jacquiline, "Automobiles," *Wall Street Journal*, October 12, 1993, B1.

[13] Rice, Faye, "How to Deal with Tougher Customers," *Fortune*, December 3, 1990, pp. 38–48.

[14] O'Connor, Rochelle, *Planning under Uncertainty: Multiple Scenarios and Contingency Planning*. New York: The Conference Board, 1981.

[15] Henkoff, Ronald, "How to Plan for 1995," *Fortune*, December 31, 1990, p. 70.

註釋

1. For more on the importance of spending time on thinking about the future, see Gary Hamel and C. K. Prahalad, *Competing for the Future*. Boston, MA: Harvard Business School Press, 1994.

2. For more on applications of the focus group technique, see Bellenger, Danny N., Kenneth L. Bernhardt, and Jac L. Goldstucker, "Qualitative Research Techniques: Focus Group Interviews," in *Focus Group Interviews: A Reader*, Thomas J. Hayes and Carol B. Tathum, eds. Chicago: American Marketing Association, 1989, pp. 10–25.

3. For more discussion of tracking activities, see Celente, Gerald and Tom Milton, *Trend Tracking*. New York: Warner Books, 1991.

4. For example, see Naisbitt, John and Patricia Aburdene, *Megatrends 2000: Ten New Directions for the 1990's*. New York: Avon Books, 1990.

5. A very thorough forecasting reference is Makridakis, Spyros and Steven C. Wheelwright, *The Handbook of Forecasting: A Manager's Guide (2nd Edition)*. New York: John Wiley & Sons, 1987.

編碼程序

本附錄補充說明，如何使用編碼方法來分析量化資料。詳言之，本附錄詳述如何發展與使用編碼表、準備編碼用的文字紀錄、編碼員訓練、編碼，以及協調程序與品質控制。

編碼表的編製與使用

編碼表的基本要素

表I.1是一個編碼表的範例。這是針對健身中心的研究所使用的編碼表，為其中的一部份。

請注意到這個編碼表有兩個部分。第一個部分，詳列主要編碼類別，用羅馬數字來代表。在這個部分，我們將所希望編碼的重要資訊列入紀錄：想法的客體、時間點、屬性、結果，和想要的最終狀態。主要編碼類別的數字，決定了文字記錄中各個想法應指派的數字。

第二部分則是反應類別，用數字來區別，分別代表每個主要編碼類別中可能的層次或類型。例如，在「想法的客體」這個類別裡頭，有四個可能的答案：顧客可能談到他或她目前所屬的健身中心（反應1），或以前所屬的健身中心（反應2），也可能是泛指一般的健身中心（反應3），或廣義的健身活動（反應4）。

每個主要編碼類別下的反應類別，其數字和類型顯然會變，這取決於你想要什麼類型（與特性）的資訊。上面的例子中，有四種反應類別。就許多的主要編碼類別來說，研究人員會考慮多種反應，如同上述範例一樣。不管如何，最低限度之下，每個主要編碼必須要有兩種反應等級；主要類別所代表的特性可以是

顧客調查的觀念與技術

表I.1　編碼表範例

I.　想法的的客體。這個類別是用來辨認顧客談及健身或在健身中心時，其意見的客體是什麼。換言之，就是句子中的主詞。

　　1=顧客目前所屬的健身中心。例如，「我喜歡這裡（目前的設施）的工作人員。」

　　2=顧客以前所屬的健身中心。例如，「我以前去的健身中心一向都不太乾淨。」

　　3=廣義的健身中心。例如，「他們（泛指所有的健身中心）都會強行推銷，要你加入會員。」

　　4=廣義的健身。例如，「現在有越來越多人對健身有興趣，參加固定的健身課程。」

　　5=其他

　　6=不適用

II.　時間點。這個類別用來標示顧客提到的經驗屬於過去、現在或未來。

　　1=顧客說的是過去式。例如，「我第一次加入這間健身中心時，會員並沒有很多，所以週末也不會那麼擁擠。」

　　2=顧客說的是現在式。例如，「他們換了壁球室的照明設備，現在你不用一早來到這裡，還要等他們暖機。」

　　3=顧客用的是未來式。例如，「我知道他們計劃增加額外的有氧課程，諸如有氧階梯運動。」

　　4=沒有特別提到時間或不適用。

III.　屬性（或產品特色）。這個類別是用來描述健身中心提供的產品特色（實體或服務），包含價格、廣告，或其他廣泛的產品特性。

　　1=摸得到、看得到的實體產品，包括對整體設施與（或）運動設備的意見。例如，「他們增加了很多新設備。」

　　2=工作人員的人際特性，包括行政人員、教練與維修人員，以及其他。例如，「有個有氧運動教練真的很棒，因為她讓我們大家都情願七點就來運動。」

　　3=健身中心提供的服務，包括停車、兒童照護、游泳（或其他）課、個人訓練課程、健身評鑑等等。例如，「我對我的體能測

· 348 ·

表I.1　編碼表範例（續）

試結果很失望，我真的很期待能多一些回饋，讓我知道我處於
什麼狀態。」

4＝整體意見，可能包含若干前面的類別。例如，「我覺得這個健
身中心很棒。」

5＝不適用

IV　結果的類型。產品或服務或其使用導致的消費經驗，不論是心理
期望或實際的結果。

1＝時間。例如，「健身花掉我一整個下午。」

2＝金錢。例如，「入會費讓我必須勒緊褲帶。」

3＝肉體的。例如，「我覺得健身讓我更強壯。」

4＝心理的。例如，「我更喜歡我自己。」

5＝其他

6＝不適用

V　對結果的評價

1＝正面結果。例如，「健身中心給我的成效不錯。」

2＝負面結果。例如，「我們必須小心節省其他開支，才有錢來這
裡。」

3＝無法判別為正面或負面的結果。例如，「我流了很多汗。」

4＝不適用

VI　想要的最終狀態。顧客表達的信念中提到他們想要達成的最終狀
態。

1＝個人價值（或個人對自己的看法）。例如，「我認為健康的身
體可以讓你對生命有更美好的看法。」

2＝組織價值（或團體抱持的集體價值觀）。例如，「我家人認為
應該多花點時間在一起。」

3＝角色價值（期望的最終狀態，跟在團體中佔有某個位置有關）
例如，「加入會員，讓我有機會跟我的家人共處，當一個好爸
爸。」

4＝其他

5＝不適用

「有」（一般寫做，反應＝1）或「無」（反應＝0）。

這些反應類別必須用一種可辨識的方法，來輸入資料庫。所以，每個反應類別被編上一個特定的反應碼。例如，如果一個主要的編碼類別只有兩種反應－有或沒有－那麼就可以分別用1、0代表來輸入資料庫，也可以用其他的反應碼，諸如1、2或A、B。反應碼所代表的意義決定於進行資料分析的研究員之喜好。

顯而易見，主要編碼類別、反應類別的數字與類型，及反應碼，都會因為每個研究而不同。編碼表的內容是由研究員來斟酌裁量。不管那些特殊的內容如何，每個主要編碼類別與反應類別，都要有清楚、明確的定義與例子（參見編碼表範例）。這樣可以協助編碼員更快地從文字紀錄中，找出跟範例相同的類別與反應。

反覆測試，修正編碼表

製作編碼表是一個反覆的程序，這一點十分重要。很少有研究員能在第一次的草稿中，就編出最周延、最有效的編碼表。通常，在編碼表「拍板定案」之前，必須經過好幾次的反覆試驗。

最初的編碼表完成之後，幾個研究員（最少兩人）必須個別地使用它來編碼同一份文字紀錄裡的想法。個別測試之後，研究員聚在一起討論這份編碼表的效果，他們可能會發現編碼表有若干地方需要修正，包括：

・定義不明。研究人員可能覺得有必要進一步定義或釐清每個主要編碼或反應類別究竟要代表什麼。這使得

研究人員用更精確的字句來重新定義，或提供更清楚
的範例給編碼員。

- 無效的代碼。研究人員常會發現，他們定義了太多代
  碼。很多情況下，你會發現文字紀錄中根本找不到某
  類的細節。這種情形下，你可以把一些定義得太細的
  類別合併或刪除。

- 其他。有時候，編碼表經測試後，發現文字紀錄中的
  某些資訊，並沒有被編碼表完整地涵蓋。例如，研究
  人員發現有些重要資訊，在制訂最初的編碼表時，並
  沒有設想到。這種情形下，研究人員應該在編碼表
  上，增加一些適當的主要編碼類別或反應類別。

編碼表修訂完成之後，你需要測試一下，做份文字紀錄的編
碼。這種「定義／測試／修訂」的程序可能要重複好幾次，直到
你對編碼表感到滿意為止。我們的研究團隊，曾經做過六次的文
字修正，才做好編碼表給編碼員使用。還有一種可能，就是在編
碼員使用之後，才發現編碼表需要再次修訂。我們應該重視編碼
員的回饋，在編碼的程序中，如果必要的話，應該開放再修訂的
可能性。然而，顯而易見的，這種事情在編碼的程序中，越早發
生越好，因為先前編碼過的文字紀錄會因為編碼表的更動，而需
要重新編碼。

準備需編碼的文字紀錄

第一步是要把文字紀錄上顧客的每一個反應，從頭到尾編上

號碼（從1到n）。文字記錄應該把訪談員的問題跟顧客的答案，清楚區分開來，這樣編號就能夠更簡單、更迅速。

（我們喜歡用粗體字來顯示訪談員的話，這樣可以跟顧客的回答有所區分。）顧客的每一個反應，應該被當成分析的基本單位。顯然這些反應長短不一，從一個字（如，「是」）到許多句子都有。但至少在一開始時，我們覺得把顧客整個回答視為一個編碼單位，這樣的做法會比較容易。總而言之，我們發現多數顧客的答案都很簡短，很輕易就可以編上號碼。

然而，在某些情況下，整個答案就顯得太龐大了，可能會包含數個想法。要是發生這種情況的話，就需要把答案分成幾個小單位。如果在編碼的程序中，編碼員發現有必要把特定的答案分割，而且沒有什麼異議的話，那麼就應該這麼做。這種狀況下，編碼員必須把較大的答案分成幾個獨立的「想法」，每個都代表顧客想要表達或行動的獨特觀點。有了這些分類，就比較容易為這些個別反應重新編號。例如，把答案26，分成26a 和26b等等，而不需要把接下來所有的答案都重新編號。你必須注意到，分割這些答案的程序非常費時，而且研究人員之間可能對於應該如何分割，也會有很多爭論。

相反的情形也有可能會發生─有些答案可能需要合併成一個。這種情形可能發生的情況，就是顧客在還沒有思考完整之前，就對訪談員的問題，提出若干的答案。一旦發生了這種情形，這些想法的編號，應該要反映這種合併的情形（諸如，反應3到反應6合併，重新編碼變成3-6）。

編碼員的訓練

在編碼員的準備方面，有幾項議題要考慮，包括由誰來擔任
編碼員、需要多少人，以及如何訓練。

編碼員的數目

做文字紀錄的編碼，並不是精確的科學。要如何編碼，不全
然能夠直接了當，而且還有很大的解釋與推論空間。因此，我們
覺得每份文字紀錄，至少要由兩個人來做編碼。這兩位編碼員可
以彼此「檢查」對方的工作。他們也可以相互驗證彼此對文字記
錄的解釋，還可以討論並化解彼此的差距。（後面的討論，我們
會假設用了兩位編碼員）。

我們也建議，至少要有一名編碼員（最好是兩個都是）能夠
「不知情」－也就是，對研究計畫的目標一無所知。有時候，跟
研究計畫太接近，反而可能產生自證預言現象，或從文字紀錄看
到他們想看的東西。最理想的狀態是，編碼表非常清楚明確，任
何一個人都能拿起文字記錄，填上代碼，做相同的解釋。不知情
的編碼員會對所有人誠實，能大幅提高研究的效度。如果研究人
員想要自己來做編碼工作，我們的建議是，至少要隨機選出文字
記錄的一部分（諸如四分之一），交由不知情的編碼員來編碼，
以便檢驗效度。

顧客調查的觀念與技術

編碼員的訓練

編碼員需要接受訓練，以便完成工作。訓練應該包含（1）對編碼程序和原理有完整的認識、（2）熟習編碼表，以及（3）至少做過一次的文字記錄試稿編碼，以做為學習的經驗。

編碼程序與哲學　在放手讓編碼員去做之前，你需要跟他們討論一些議題。第一件事，就是在運用編碼表之前，應該要讀多少文字紀錄。雖然我們建議，每一個顧客反應都應該被視為分析的獨立單位，但如果把若干連續性的答案放在一起閱讀，通常較容易理解顧客的意思。因此，我們建議編碼員最好先讀一大段文字記錄（約半頁到一頁），然後再將個別的答案編碼。這樣不僅能夠提供解讀個別答案的上下文（參見下面有關情境的重要性的討論），而且編碼員也可以決定是否有必要細分或把複雜的答案縮減成一個，如同我們先前描述的做法。

應該訓練編碼員，瞭解在解釋顧客的意思時，其背景的重要性。在很多情況下，個別答案根本無法解釋，除非考慮它週遭的背景。例如，有可能需要參考先前的答案，或訪談員的問題，才能解釋後面的反應。甚至不相連的答案（諸如，前面或後面一頁的答案）或許可以用來解釋某個回答。如果是這樣的話，編碼員大可參考上下文，把該回答做正確的編碼。編碼的議題是，盡可能正確地詮釋顧客的意思。上下文會有一定程度的協助，因此背景的使用很重要。

編碼員應該瞭解的另一個相關議題是，在編碼時，有多大的解釋空間。換句話說，在編碼時，標碼員照字面所做解釋的程度

如何？（「是，我知道顧客說這個，但她實際上是指那個。」）總
而言之，應該要盡可能的接近顧客原先的用字。編碼員應該試著
不要去推測顧客所講的話。這點做得越成功，編碼員之間的歧異
就會越少，外界對文字記錄之詮釋程序的批評也就越少。

如前面所提過的，要知道顧客並非總是能講出完整的想法與
句子，這一點很重要。有些人天生表達能力就比其他的人強。總
而言之，有時候，顧客的意思並不是那麼明顯，也沒有表達得很
完整。在這種情況下，常常需要編碼員用他們的感覺來「補強」
顧客的意思。

當然，這麼做極可能引來外界的批評。然而，有兩點要特別
注意。第一，編碼員要獨立作業。如果兩個獨立作業的編碼員，
從一份文字記錄，解讀出同樣的意義，那麼你對此推論就會有較
高的信心。這就是為什麼，同意率（本附錄稍後會討論）在評鑑
編碼的品質時會非常重要的原因，這代表編碼員「善體人意」。
第二，必須訓練編碼員使用「通情達理」原則。換句話說，一個
通情達理的人，在閱讀文字記錄時，會不會有同樣的解釋？編碼
員對顧客本意的臆測與推論越多，通情達理的人就越不可能同意
這些詮釋。總而言之，編碼員必須盡可能吻合文字記錄與顧客的
實際用語。只有在推斷或結論很明顯時，才倚賴自己的解釋。

編碼表　訓練程序的第二部分，是仔細審視編碼表。編碼員
在實際使用編碼表之前，應該有機會提問題，釐清代碼的定義，
以及他們要如何使用這份表格。編碼員對個別代碼，以及如何使
用的問題，甚至可能促使研究人員重新考慮他們的編碼表、定義
等等。

編碼試作　訓練程序的一個要件，就是留下一份文字記錄做
為樣本（或合理比例的部分），用來訓練編碼員。下面是這個程
序的描述，編碼員應該獨立作業，根據他們最佳的詮釋，以及訓
練時的指示，來進行編碼。編碼完成之後，訓練者接著把編碼員
集合在一起，三個人一起討論，並協調這些代碼。

編碼試做，是訓練的重要步驟。首先，它使得編碼員可以瞭
解實際編碼的情形。不管訓練有多完備，都比不上實際用文字記
錄來試做看看，更能瞭解這個程序如何運作。例如，時常有這種
情形，在訓練期間，代碼似乎定義得非常清楚，但在實際運用
時，卻產生問題。試做的第二個原因，是讓編碼員討論他們使用
不同代碼的根本原因。這通常能使他們對代碼的定義，有夠有更
清楚的釐清，知道何時或如何使用這些定義。第三，如果一個編
碼員對代碼有所誤解，越早發現問題所在越好，而不是在編碼進
行了好一陣子之後才發現。第四，編碼試做可以讓研究人員先行
對編碼員可能的工作品質，心裡有數。最後，在編碼試做之後，
接下來的協調（通常是冗長）的討論，可以讓所有人有較高的信
賴水準，準備好來應付更大更多的文字記錄。

編碼與協調文字紀錄

我們在第四章曾討論過，文字記錄的實際編碼工作，需要用
編碼表，來把每個記錄單位或想法編上代號。每個想法都分派到
一組數字－一個主要編碼類別和一個反應代碼。這個程序的目
標，是用代碼來表示這些想法的意義。

在編碼的程序中，兩個編碼員應該獨立工作，分別對文字記

錄進行編碼，彼此沒有互動。他們可以從兩種方法中，選擇其一來記錄他們的原始編碼。編碼員可以選擇就在文字記錄的空白處，鄰近顧客想法的地方，寫上代碼。或他們可以使用圖I.1.的編碼表。

　　編碼幾份文字記錄之後，編碼員應該集合，比較他們各自給的代碼，找出相同與有異議的地方。這時候，編碼員應該找出文字記錄中，彼此同意與不同意的代碼之數量與類型，並把協調程序做一記錄。代碼定義得越好越明確，就越不容易發生意見不同的情形。如果代碼定義不明，就容易產生歧義，編碼員也較難在文字記錄的詮釋上取得同意。一般說來，八成或更高的同意率，代表編碼表與程序有高信賴水準。同意率若低於八成，研究人員就應該重新審視編碼表、編碼員的訓練水準，或編碼員的能力。圖I.1.顯示一個協調程序的結果。表的第一欄記載受訪者的號碼。每個受訪者都有一個獨特號碼，從1到j。第二欄的號碼，則代表文字記錄中某個反應單位或想法。這應該是從1到n的整數，除了我們先前提到的兩個例外情況：（1）若編碼員決定把一個答案加以分割，這樣就會出現下一層的編號（諸如，na，nb等），或（2）多個答案被合併（諸如3-6）

　　第三欄，載明編碼員。如果編碼有差異，必須協調，那麼每個反應需要列出三行：兩個編碼員原始的反應編碼，以及一個「協調」後的編碼。可以看看圖I.1.的例子。在受訪者1這一行，對於想法1，兩個編碼員在第二個主要編碼類別上面，有不同意見。第一行代表第一個編碼員（巴布）對該想法的認定，第二行則是第二個編碼員（莎拉）的編碼，第三行代表兩個編碼員討論與協議之後，彼此同意的代碼（R）。在另外一方面，如果兩個編碼員都獨立地同意編好的代碼，那麼只需要輸入一行：編碼員

顧客調查的觀念與技術

受訪者	反應編號	編碼員	I	II	III	IV	V	VI
					代碼			
1	1	巴布	1	2	1	1	5	3
〃	〃	莎拉	1	3	1	1	5	3
〃	〃	協商後（R）	1	2	1	1	5	3
1	2	兩者同意	2	4	1	3	2	6

圖I.1.　編碼員協調記錄一覽表

「兩者」都同意的代碼。

　　這種一覽表，可以用來估計兩個編碼員之間的同意程度。首先，要計算出一個整體的同意率。要做到這一點，你必須把編碼者彼此同意的代碼數目，除以所有的代碼總數。例如，針對前兩個顧客的想法，兩名編碼員在十二個代碼中，有十一個相同（每個想法包含六個主要編碼類別的答案）。同意率的計算方法是，把同意的數目（11）除以總數（12），同意率就是百分之91.67。或，可以用代碼的總數除不同意的數量，來計算不同意率。計算整組文字記錄的同意度，可以粗略估計出同意或異議的水準。（注意：要計算一覽表上所有的代碼〔分母〕有個捷徑，就是簡單地把主要反應類別的數目，乘以反應單位的數量。你這麼做時，一定要注意到，有哪些想法被合併或分割，因為這會分別減少或增加代碼的總數。）

　　第二種分析也是可能的。跟編碼員的異議之隨機分散的情形相反，編碼員也會對某些代碼有系統性的異議。要找出這點，就

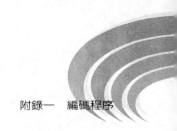

必須計算個別的同意率，把每一個主要編碼類別的同意的數目，除以已經編碼的想法總數。如果編碼表中的某個編碼類別的同意率明顯偏低，這可能代表該類目的定義含混不清。此外，也可能意味著需要重新定義代碼或重新訓練編碼員。

品質控制的議題

　　最後，編碼的程序必須要有品質控制。在很多研究中，要其中一位研究員參與所有的編碼與協調，實在太浪費時間了。在這種情況下，可以定期檢查編碼員的情形，以便儘早發現問題。因此，我們有兩個建議。第一，研究員之一（最好是訓練者）應該定期召開編碼員協調會，決定要如何編碼。第二，研究員最好定期抽查編好碼的資料是否正確。

找出策略上重要
的顧客價值

　　顧客價值確定程序的第一步（見圖 1.3），是建立一張清單，包含許多顧客想要的價值構面之屬性與結果。這些構面有助於滿意度調查的問卷設計，也可以讓我們確定顧客對產品或服務的看法。

　　就如我們在第九章提到的，這張清單往往比我們設計的滿意度問卷還包含更多的價值構面。因此，我們必須決定哪些構面較重要。只有這些構面才可以放入問卷中。在我們的研究中，我們用選定的準則來系統化地篩減原始的構面清單（見圖 II.1）。在第九章中，我們介紹了下面三個準則：（1）相似性指標（2）可行性指標，以及（3）對顧客的重要性指標。本附錄將會詳述每個指標要如何運用。

相似性指標（Similarity Criterion）

　　在分析質性研究的文字紀錄時，編碼員會盡可能把所有被判斷為顧客價值構面的想法通通紀錄下來，以求其完整。其目的是要從資料中，找出最大量的價值構面。

　　因此，這張清單的某一些構面看起來可能會相當類似。雖然顧客使用不同的字眼，但他們可能表達的是同一個類似的價值概念。假想我們正在分析顧客的文字記錄，描述他們在健身時喝飲料的經驗。從一些資料中，我們可以知道顧客想要「止渴」。在其他的資料中，顧客講的是「擺脫口渴的感覺」。這兩個敘述仍可以列入價值構面清單。然而，我們覺得「止渴」的意思就是「擺脫口渴的感覺」。在設計滿意度問卷時，我們可能不需要同時用兩種敘述來做題目。但是，我們要如何做決定呢？

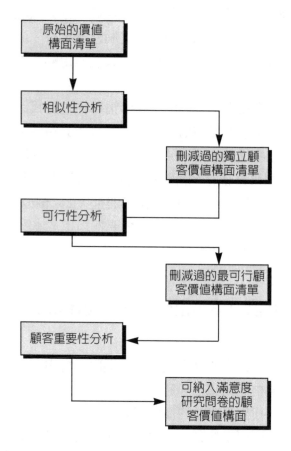

圖II.1　確定顧客價值構面的重要性

　　運用這個指標的方法之一，是由評審來鑑別相似性。他們可以是研究小組中的成員或顧客「專家」，諸如產品部經理、研究專員、廣告部經理等等。他們的任務是檢視這份價值構面清單，然後用主題或參考議題加以分類。當一個或更多評審把相同的敘

述放在同一個類別時，我們就更能確定這個類別是有意義的。下一步是檢視每個類別裡頭的價值構面，判斷其中是否有類似或重複。

我們再回到先前那個飲料的描述。下面的清單代表兩種好處：

類別一：強化或修補身體
1. 修補我的肌肉
2. 協助我的肌肉更強健
3. 進入我的肌肉，提供一切所需
4. 直接進入我的肌肉
5. 協助肌肉合成
6. 讓你的細胞活動

類別二：提供能量
1. 給我能量
2. 激發我的能量
3. 恢復我的能量水準
4. 給我衝勁
5. 給我更多力氣
6. 幫我打氣
7. 讓我覺得更有力氣
8. 讓我保持巔峰狀態

類別名稱是從這些敘述所指的共同事物來定的。你可以看出，每個類別看起來都滿相似（諸如「幫我打氣」和「讓我覺得

更有力氣」)。相似性指標要求刪除每個類別中重複的敘述。

　　一般而言，我們希望能從顧客的觀點來解釋相似性。也就是說，兩個被判斷為類似的價值構面對顧客而言，應該是指同一件事。這一點表示要用第二種研究法：我們可以讓顧客藉由他們對產品與服務績效的評價，來找出相似性。如果顧客一致地認為某產品或服務，在兩個價值構面上的評價類似，那麼可能代表相同或類似的意義。

　　為了執行這項指標，我們需要進行研究。請目標市場顧客選出的樣本，完成一份問卷，分別對每個價值構面，給產品或服務的績效打分數。接下來，運用資料刪減技術，諸如因素分析[1]，來計算個別的績效評分之間是否有高度的相關性。這些高度相關的敘述構成一個「因素」，而且假設對受訪者而言，具有相同意義。藉由這個分析，你可以只選擇一個或一些項目來代表每個因素，把你的價值構面清單加以縮減。效果上，用顧客績效評分的因素分析，是取代前述的評審法。

可行性指標（Actionability Criterion）

　　對經理人來說，能夠用來作為行動依據的資料，才有價值。如果你發現，你根本無法對某特定的價值構面，改變其價值傳遞，那麼收集這方面的滿意度資料，可能一點意義也沒有。可行性指標協助你把這些價值構面找出來。舉例來說，假設你想知道某個較高層次的價值：「在我運動的地方，能輕易地取得某種產品」。這個價值構面的滿意度資料，可能可以告訴你，顧客對於你的產品易得性是否滿意。然而，假設你覺得要拓展產品目前的

配銷通路有其困難，無法再推展到更多的運動場所。那麼，該價值構面的滿意度資料，對你可能沒有什麼幫助。

我們認為，使用滿意度資料的人，應該也要參與可行性指標的評估。要求這些經理人檢視顧客價值構面清單，然後試著想像一下，針對各種滿意度調查結果，應該做何種反應，並選出那些具可行性的價值構面。例如，如果某個價值構面的分數很低，這表示有執行上的問題，你應該能夠提出一些行動建議，來提高分數。如果你無法想到任何行動，那麼不管這份滿意度資料的結果如何，這個價值構面顯然不具可行性。應該要考慮把它從清單上移除。如同我們前面說過的，測量顧客對某特定價值構面的知覺，同時也暗示了會根據這些回應有所行動。如果你繼續問一些你的組織無法改善的問題，你極可能讓顧客失望。

組織能力的內部測量，也對可行性分析有所幫助。你若知道哪些內部程序可以視為優點，跟這些程序緊密相關的顧客價值構面，在行動的順序上，也可能較優先。如果顧客對這些程序不滿意，管理當局會有較大的壓力來作出回應與改善。

對顧客的重要性（Importance to Customers）

最後，我們想知道，清單上面的顧客價值構面，哪一些對顧客來說最重要。「最重要」的構面，就是那些能夠影響顧客對供應商提供的產品之評鑑與購買行為。例如，醫院應該知道「我會康復的信心」是一個很重要的價值，或有利的結果。顧客不太可能去那些他們沒有信心足以讓他們康復的醫院。

有兩種不同的方法，可以找出哪些價值構面是重要的：（1）

顧客調查的觀念與技術

直接測量法，以及（2）間接測量法。〔1〕下面分別說明有代表性的測量方法。

直接測量法

這一類技術要求顧客告訴我們，他們覺得各個構面有多重要。目前多半使用評分量表，並有若干種改良形式。〔2〕以下用一些範例來表示可供選擇的範圍。有些量表要求顧客評鑑每個價值構面。例如，這一類最常使用的量表，一端是「非常重要」，另一端是「一點都不重要」。顧客對每項價值構面的評分，會落在這兩個極端之間。常見的有五點、七點、十點量表。我們有時候也會嘗試其他的用詞。例如，我們用過一個重要性量表，

· 直接量表測量法
   （1）重要性量表
   （2）固定總和量表
   （3）皮爾斯（Pierce）比較量表
   （4）競爭優勢／重要性雙量表

· 間接測量法
   （1）聯合分析
   （2）迴歸分析

圖II.2　測量價值構面之重要性的方法

從「一點貢獻價值也沒有」的一端，到另一端「非常有貢獻價值」。這樣的用詞可以協助顧客釐清「重要性」的意義。

還有量表要求顧客做比較。例如，有一種方法要求顧客以一百分為滿分，來對若干價值構面加以評分，分數越高，表示該構面越重要。顧客必須考慮各個不同價值構面之間的相對重要性。你也可以讓顧客用價錢來比較價值構面，問他們「在這個構面上，某廠商的產品，比其他的廠商好，你願意付多少錢來買？」量表分數可以從零分，到五十分。顧客願意付越高的價錢，表示產品的這個價值構面越重要。

也可以試試雙重量表。例如，有人認為，除了價值構面的重要性之外，顧客還會考慮到不同產品與服務之間的差距。〔3〕根本邏輯是，對你的組織較具策略重要性的是（1）顧客認為重要的事情，以及（2）認為競爭者傳遞該價值的能力，與你公司有顯著的差異。這時需要兩個量表，分別測量這兩個面向。

使用這兩種量表的邏輯是，顧客如何從供應商當中做選擇。如果競爭者在價值構面上沒有差別，甚至在重要性上面也沒有差別，那麼就不可能影響到市場中的顧客選擇。在使用這些量表時，你可能要用一點判斷。假設你知道所有競爭者在這價值構面上的績效類似，都一樣的差。你若相信你的公司在這個構面的績效上可以有顯著的改善，你大概可以考慮把它列入策略上重要的清單中。

第一個量表，重要性量表，測量的方法就跟我們先前提過的一樣。第二個量表，「競爭差異」，一端可以是「完全不同」，另一端是「沒有不同」。五點、七點、十點量表都可以用。注意一點，價值構面的重要性，是由顧客對這兩個量表的反應來決定。

看一下圖II.3。落在左上格子裡面的價值構面（代表低重要

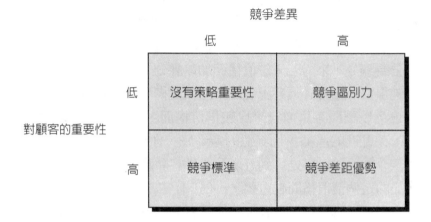

圖 II.3　價值構面的策略重要性

性與低競爭差異）沒有策略重要性。如果你改善這些狀況，顧客也不會注意到，或他們可能認為你整個價值傳遞沒有比以前好。相反的，那些在右下格的價值構面（高重要性，高競爭差異）就有相當高的策略重要性。顧客認為這些價值很重要，競爭者之間的差異使得他們會去找能提供最多價值的競爭者。你可以從這些價值構面上，找出創造優勢的機會。

　　那些在圖 II.3 右上格的價值構面（重要性分數低，競爭差異分數高）創造了競爭區別力。一個或多個價值構面得到高分，可以讓你脫穎而出，受顧客注目。例如，有些航空公司讓旅客可以在出發前，選擇特製餐點（諸如，低卡特餐）。雖然這個價值構面可能在你選擇航空公司時，並不是那麼重要，但提供了一個讓人印象深刻的機會。旅客會記得航空公司提供個人化餐點的用

心。

最後，在左下格的價值構面（高重要性，低競爭差異）是競爭標準。你跟同業在傳遞這價值構面上，並沒有相對的優勢，但你的績效最好至少要跟競爭對手一樣。這些價值構面對顧客很重要。還有，如果你能從競爭者中突顯出來，把這些構面移到右下格，你可以因此創造優勢。

間接測量（Indirect measurement）

這些技術是從顧客對產品或服務的評鑑，推論出重要性。一種方法就是以這樣的想法做基礎：當顧客在評鑑賣方提供的產品或服務時，越重要的價值構面，會比不重要的價值構面，對整體評鑑的影響較大。這個想法可以加以應用，以便檢視各種價值構面評鑑跟整體價值測量的關係。如果整體價值測量跟整體滿意度一樣，是一個連續變數，那麼可以用迴歸分析來找出哪些價值構面最重要。請注意，重要性分數（即，迴歸係數）就可以從資料中得出。另一方面，如果整體評鑑可以分類，諸如不同滿意程度的團體（例如高滿意度的受訪者與不滿意的受訪者），那麼就適用區辨分析。

還有其他方法，可以找出受訪者對競爭產品或服務的相對喜好之重要性分數。我們假定顧客會選擇在重要價值構面績效較好的供應商。聯合分析是一項普及的技術，可以適用於此。讓受訪者看產品／服務的介紹（或價值構面的組合），通常一次展示兩種，然後要求他們說明比較喜歡哪一個。然後以電腦運算，找出重要性分數，將之加總，就能顯示受訪者的喜好順序。

重要性指標之應用

　　沒有任何一個指標可以單獨完成工作，從原始清單中找出最具策略重要性的價值構面。我們認為你應該有順序地使用多項指標（見圖II.1）。第一步是用相似性指標做篩選。如此可以得到一個獨立的顧客價值構面。接著選擇一群經理人來研究這張清單，找出最具可行性者。移除可行性低的，這樣清單又再度縮減了。最後，這張清單成為測量顧客知覺重要性的焦點。再刪除顧客認為重要性低的價值構面，剩下的價值構面，則可以作為滿意度調查問卷的題目設計。

參考書目

[1]　Wyner, Gordon A. and Hilary Owen, "What is Important?" *Marketing Research*, 5 (Summer 1993), pp. 48–50.

[2]　Dutka, Alan, *AMA Handbook for Customer Satisfaction*. Lincolnwood, IL.: NTC Business Books in Association with AMA, 1994.

[3]　Alpert, Mark I., "Identification of Determinant Attributes: A Comparison of Methods," *Journal of Marketing*, 8 (May 1971), pp. 184–191.

註釋

1. It is beyond the scope of this Appendix to provide an explanation of factor analysis. For a more thorough description of this technique, see A. Parasuraman, *Marketing Research.* Reading, MA: Addison-Wesley Publishing Company, 1991, pp. 757–764.

2. There are several good sources for more extensive explanations of conjoint analysis and its application, including Paul E. Green and Yoram Wind, "New Way to Measure Consumer Judgments," *Harvard Business Review*, July/August 1975, pp. 107–117; A. Parasuraman, *Marketing Research.* Reading, MA: Addison-Wesley Publishing Company, 1991, pp. 771–775; Paul E. Green and V. Srinivasan, "Conjoint Analysis in Consumer Research: Issues and Outlook," *Journal of Consumer Research*, 5 (September 1978), pp. 103–123; Dick R. Wittink and Phillippe Cattin, "Commercial Use of Conjoint Analysis: An Update," *Journal of Marketing*, 53 (July 1989), pp. 91–96; and Paul E. Green and V. Srinivasan, "Conjoint Analysis in Marketing: New Developments with Implications for Research and Practice," *Journal of Marketing*, 54 (October 1990), pp. 3–19.

顧客價值改變之預測技術

　　在第十一章，我們討論了預測顧客價值改變的程序。這個程序高度倚賴影預測那些會響顧客價值及顧客價值改變本身的驅力。要執行這個程序，我們必須選擇特定的預測技術。在本附錄中，我們介紹了現有技術的分類。要知道更多細節，你可以參考其他關於預測技術的書籍。[1]

　　圖III.1.把我們認為最適合預測影響顧客價值改變之驅力的技術，加以分類。主要分成兩類：（1）正式的模式技術，或（2）資訊判斷技術。

　　正式模式是運用統計的力量來做預測。開始先建立一個數學模式來描述應變項—即你想計算的—與其他你認為跟應變項有關係的自變項之間的關係。舉例來說，想推估未來的「商業娛樂費用」，這是會影響顧客對擁有特定產品如休閒遊艇之價值的驅動力，你可能要把未來的費用，視為過去的商業娛樂費用（自變項）的函數。下面的章節會簡述兩種正式模式：（1）趨勢模式，與（2）因果或描述模式。

　　資訊判斷法，則是倚賴「專家」（諸如經理人、廣告公司、顧問）的能力，以他們的知識為基礎，所做的主觀預測。挑戰來自於如何取得專家的判斷，所以我們需要求助於技術。本附錄稍後會簡短描述幾個例子：

　　（1）圓桌共識，（2）費城技術（Delphi），以及（3）決策樹分析。

趨勢模式（Trend Models）

　　趨勢模式利用一個事實，就是顧客價值改變的驅力會隨著時

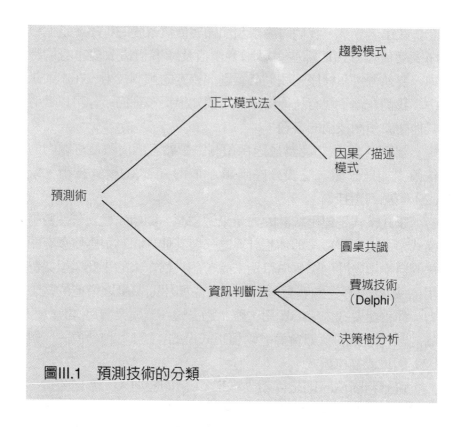

圖III.1　預測技術的分類

間演進。如果我們已經知道過去發生的事，我們可以把過去投射到未來。事實上，趨勢技術可以讓你看到未來，如果歷史趨勢繼續朝同一個方向，以同樣的速度改變。

　　這些模式從歷史資料中，找尋變化的形式（趨勢）。一旦找出形式，就可以推斷未來。例如，想想你要預測的驅力是對健康與健身的生活態度。你看過研究機構對生活型態的年度調查，已經注意這項態度有一段時間了。保健與健身態度的分數，已經有持續幾年的成長。你可以用趨勢技術來找出分數已經成長多少，

並且推斷未來的成長。

　　有時候可以藉由檢視其他現象已經存在一段時間的地點,來預測某市場所在地的驅力。你可以假設這個現象會在你感興趣的地點發生,如同之前在其他地方一樣。想想英國的零售策略。最近,法國、亞洲和美國的零售同業,把折扣戰引進英國市場。[1]假想你要預測在未來幾年內,這個現象會發展到什麼地步;你就需要看看美國市場行之有年的折扣戰是如何發展的。實際上,你假定美國折扣戰的成長形勢,可能會同樣發生在英國。

　　趨勢技術可以應用在如圖II.1所顯示的那些會影響顧客價值改變的驅力。唯一的要求就是持續收集資料,不論是量化或質性的資料。許多組織例行性地收集這一類資料,諸如經濟成長、法律規章、競爭性創新、以及顧客對產品與服務的使用情形。

因果或描述模式（Casual or Descriptive Models）

　　組織有時可能有資料,描述那些被視為影響顧客價值改變的驅力之「原因」—或至少是高度相關的變項。這些資料可以用來建立一個模式,描述這些驅力如何隨著這些因素的變化,而有所改變。不直接對驅力進行預測,而是預測模式中的原因可能的變化。

　　例如,在一九九〇年代早期,一些預測家預估美國經濟在未來幾年內,會有意想不到的高度成長。我們可以從這些預測的原因,得到一個因果或描述模式:(1)資本支出增加,(2)組織員工增加,(3)低利率,(4)消費者清償債務,(5)銀行

貸款給小公司的意願增加，（6）出口貿易活絡。下面的描述性模式，把六個因素納入模式。做完每個驅力的預測之後，模式計算出1994到到1995的經濟成長，約有百分之四，這個結果出乎意料的高。〔2〕

經濟成長＝f（資本支出、員工人數、利率、消費者債務、貸款利率、出口量）

圓桌共識（Round Table Consensus）

當正式模式不能使用時，諸如手邊沒有研究資料，那麼你該如何做呢？這樣還是可能用一些判斷技術來做顧客價值改變驅力的預測。其中一種方法，叫做圓桌共識。就是利用有些特定人士可能對某特定驅力，有特殊的知識。例如，聯邦外科公司（United States Surgical）是一家手術用品製造商，定期派遣業務員到美國各家醫院的手術室。[3]他們有絕佳的機會，觀察到使用情形，包括醫生與護士對手術程序的看法。業務員探討這些程序的變化，注意他們顧客的需要。這些資訊帶回公司後，會與其他的因素，一同影響新產品的決策。

運用圓桌共識法先要集合一組專家，要求他們討論某特定驅力會影響顧客未來的價值改變，希望他們達成共識。這個團體的成員，可能是公司的主要經理人、業務人員、外界顧問、廣告公司或研究機構等服務公司的人員，甚至是顧客本身。藉由面對面的圓桌討論，這些專家貢獻他們的知識、經驗與意見，作成一個

共識的預測。

　　舉個例子來說，有個出版商集合編輯與作者，想發展一個新的主題。組員定期開會，來預估潛在競爭者的主題設計與宣傳方法。各個組員帶回各種資訊，包括對競爭對手新主題的觀察；與顧客、對手的業務員，以及其他作者的對話；出版商行銷研究的結果。小組討論這些資訊的可能性，預測對手在設計與介紹新主題的這幾年內可能的做法。

　　這個例子顯示出，你必須能夠找出有特殊知識的「專家」，並且獲悉他們對顧客未來的洞見。想得到後者，最簡單的做法，就是面對面討論。藉由討論他們對未來的觀察以及理由。沒有人能擁有所有相關資訊，圓桌共識技術可以結合專家的知識，做出共識的預測。

費城技術（Delphi Technique）

　　這項技術適用來克服圓桌共識法的缺陷。一般會擔心，當人們面對面談話時，會產生一些額外的變數，對預測造成影響。這些變數來自受訪者的屬性，諸如他們的溝通技術、聲望，以及職位。這些都跟預測未來所需的知識與洞見無關，然而卻可能輕易的影響到決策結果。費城技術很受歡迎，因為它排除了面對面互動的需要。

　　集合一組專家，但不告知受訪者有哪些人會在小組中。不發生面對面的互動。相反的，由每個專家自行填答問卷，同時作出對現象的預測，以及可以修正這項預測的事實與意見清單。團隊成員反覆填寫問卷之後，逐漸達成共識。每個後續的問卷包括：

（1）參與前一輪問卷的人所做預側的清單，但不能註明誰做了哪個預測；（2）所有小組內所做預測的理由清單，但還是不能標明預測者；以及（3）要求修改預測與理由。實際上，每次重複都能累積各個團隊成員的知識與洞見，在反覆進行上述問卷之後，受訪者的預測會越來越接近。持續反覆地進行，直到達成共識為止。

決策樹分析（Decision-Tree Analysis）

　　最後一個是決策樹分析法。這個技術鼓勵預測員考慮各種改變結果的可能性。更進一步，也同時考量超過一種的顧客價值改變驅力。

　　例如，假設一個公司的顧客群才剛剛開始在新的使用情境下使用其產品。管理當局相信，競爭者革新的速度，會受到新市場潛力的預測之影響。如果這個新市場有高度的潛力，競爭者較可能在兩年內發展新產品，但若是僅有中度潛力的市場就較不可能。如果沒有銷售潛力，競爭者根本不會進行創新。圖III.2的樹枝圖，就是描述這些事件。

　　樹枝圖描繪出各種可能性，以及顧客價值改變驅力之間的相互依賴關係。根據主觀的機率估計，每一個決策樹的分枝可以指出有多高的可能性，並計算出期望值。例如，如果可以估計出在高度、中度與低市場潛力下伴隨的銷售金額，那麼就可以用可能性算出市場的期望潛力。競爭者開發出新產品的年數，也可以計算出期望值。

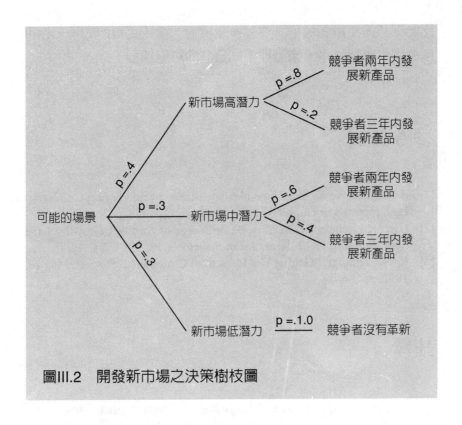

圖III.2　開發新市場之決策樹枝圖

選擇預測技術

　　每一種預測技術都同時有其優點與缺點。若某個預測對於做出決策十分重要，那麼你最好多嘗試幾種技術，看看估計結果是否相符。若結果相近，那麼你就有較多的信心，相信這個預測不是方法所造成的假象。如果結果迥異，那麼你就要檢視一下這些預測如何做出來，以便找出造成估計不同的原因。這些原因可以

顧客調查的觀念與技術

協助你評鑑使用各種估計要冒多少風險。或，更可能的是，你可以發展出應變計畫，來處理不同預測的可能情形。

參考書目

[1] Associated Press, "British retailers are shaken by new concept: discount-ing," reported in *Marketing News*, October 11, 1993, p. 3.
[2] Harper, Lucinda, "U.S. May Be on Verge of Stronger Growth, Some Signs Suggest," *Wall Street Journal*, October 12, 1993, A1, A6.
[3] Reese, Jennifer, "Getting Hot Ideas from Customers," *Fortune*, May 18, 1992, pp. 86–88.

註釋

1. For example, see Makridakis, Spyros and Steven C. Wheelwright, eds., *The Handbook of Forecasting: A Manager's Guide*. New York: John Wiley & Sons, 1987; and Charles W. Gross and Robin T. Peterson, *Business Forecasting*. Boston: Houghton Mifflin Company, 1983.
2. For more on the Delphi technique, see Linstone, Harold A. and Murray Turoff (eds.), *The Delphi Method: Techniques and Applications*. Reading, MA: Addison-Wesley Publishing Company, 1975.

弘智文化價目表

書名	定價		書名	定價
社會心理學（第三版）	700		生涯規劃：掙脫人生的三大桎梏	250
教學心理學	600		心靈塑身	200
生涯諮商理論與實務	658		享受退休	150
健康心理學	500		婚姻的轉捩點	150
金錢心理學	500		協助過動兒	150
平衡演出	500		經營第二春	120
追求未來與過去	550		積極人生十撇步	120
夢想的殿堂	400		賭徒的救生圈	150
心理學：適應環境的心靈	700			
兒童發展	出版中		生產與作業管理（精簡版）	600
為孩子做正確的決定	300		生產與作業管理（上）	500
認知心理學	出版中		生產與作業管理（下）	600
醫護心理學	出版中		管理概論：全面品質管理取向	650
老化與心理健康	390		組織行為管理學	800
身體意象	250		國際財務管理	650
人際關係	250		新金融工具	出版中
照護年老的雙親	200		新白領階級	350
諮商概論	600		如何創造影響力	350
兒童遊戲治療法	500		財務管理	出版中
認知治療法概論	500		財務資產評價的數量方法一百問	290
家族治療法概論	出版中		策略管理	390
伴侶治療法概論	出版中		策略管理個案集	390
教師的諮商技巧	200		服務管理	400
醫師的諮商技巧	出版中		全球化與企業實務	出版中
社工實務的諮商技巧	200		國際管理	700
安寧照護的諮商技巧	200		策略性人力資源管理	出版中
			人力資源策略	390

書名	定價		書名	定價
管理品質與人力資源	290		全球化	300
行動學習法	350		五種身體	250
全球的金融市場	500		認識迪士尼	320
公司治理	350		社會的麥當勞化	350
人因工程的應用	出版中		網際網路與社會	320
策略性行銷（行銷策略）	400		立法者與詮釋者	290
行銷管理全球觀	600		國際企業與社會	250
服務業的行銷與管理	650		恐怖主義文化	300
餐旅服務業與觀光行銷	690		文化人類學	650
餐飲服務	590		文化基因論	出版中
旅遊與觀光概論	600		社會人類學	390
休閒與遊憩概論	600		血拼經驗	350
不確定情況下的決策	390		消費文化與現代性	350
資料分析、迴歸、與預測	350		全球化與反全球化	出版中
確定情況下的下決策	390		社會資本	出版中
風險管理	400			
專案管理師	350		陳宇嘉博士主編 14 本社會工作相關著作	出版中
顧客調查的觀念與技術	出版中			
品質的最新思潮	出版中		教育哲學	400
全球化物流管理	出版中		特殊兒童教學法	300
製造策略	出版中		如何拿博士學位	220
國際通用的行銷量表	出版中		如何寫評論文章	250
許長田著「行銷超限戰」	300		實務社群	出版中
許長田著「企業應變力」	300			
許長田著「不做總統，就做廣告企劃」	300		現實主義與國際關係	300
許長田著「全民拼經濟」	450		人權與國際關係	300
			國家與國際關係	300
社會學：全球性的觀點	650			
紀登斯的社會學	出版中		統計學	400

書名	定價		書名	定價
類別與受限依變項的迴歸統計模式	400		政策研究方法論	200
機率的樂趣	300		焦點團體	250
			個案研究	300
策略的賽局	550		醫療保健研究法	250
計量經濟學	出版中		解釋性互動論	250
經濟學的伊索寓言	出版中		事件史分析	250
			次級資料研究法	220
電路學（上）	400		企業研究法	出版中
新興的資訊科技	450		抽樣實務	出版中
電路學（下）	350		審核與後設評估之聯結	出版中
電腦網路與網際網路	290			
應用性社會研究的倫理與價值	220		**書僮文化價目表**	
社會研究的後設分析程序	250			
量表的發展	200		台灣五十年來的五十本好書	220
改進調查問題：設計與評估	300		２００２年好書推薦	250
標準化的調查訪問	220		書海拾貝	220
研究文獻之回顧與整合	250		替你讀經典：社會人文篇	250
參與觀察法	200		替你讀經典：讀書心得與寫作範例篇	230
調查研究方法	250			
電話調查方法	320		生命魔法書	220
郵寄問卷調查	250		賽加的魔幻世界	250
生產力之衡量	200			
民族誌學	250			

顧客調查的觀念與技術

作　　　者／Robert B. Woodruff and Sarah F. Gardial

譯　　　者／李茂興

出　版　者／弘智文化事業有限公司

登　記　證／局版台業字第6263號

地　　　址／台北市中正區丹陽街39號1樓

E-Mail／hurngchi@ms39.hinet.net

電　　　話／（02）23959178．0936-252-817

郵 政 劃 撥／19467647　戶名：馮玉蘭

傳　　　眞／（02）23959913

發　行　人／邱一文

書店經銷商／旭昇圖書有限公司

地　　　址／台北縣中和市中山路2段352號2樓

電　　　話／（02）22451480

傳　　　眞／（02）22451479

製　　　版／信利印製有限公司

版　　　次／2004年6月初版一刷

定　　　價／450元

ISBN 986-7451-02-3

國家圖書館出版品預行編目資料

顧客調查的觀念與技術 / Robert B. Woodruff,
Sarah F. Gardial合著 ; 李茂興譯. -- 初版
. -- 臺北市 : 弘智文化, 2004〔民93〕
　面 ; 公分
譯自 : Know your customer : new approaches
to customer value and satisfaction
ISBN 986-7451-02-3（平裝）

1.顧客關係管理　2.市場學

496.5　　　　　　　　　　　　93007489